高职高专“十二五”电子信息类专业系列教材

模拟电子技术及应用

第2版

主　编　曹光跃
副主编　余战波　谢　义
参　编　陈宗梅　马宁丽　张海丹　郭茂玉

机械工业出版社

本书是机械工业出版社高职高专“十二五”电子信息类专业系列教材。

本书以现代电子技术的基本知识、基本理论为主线，使电子技术的基本理论与各种新技术有机地结合在一起；以培养学生的工作能力为目的，将理论知识的讲授与技能训练有机地融为一体，使能力培养贯穿于整个教学过程。主要内容包括半导体二极管、半导体三极管及放大电路基础、差动放大电路及集成运算放大电路、反馈放大电路、信号产生电路、功率放大电路和直流稳压电源等。每章都有本章小结、技能训练以及思考与练习题。技能训练内容丰富、实用，并引入计算机仿真技术 EWB。本书内容简明、文字精练，重点突出，便于自学。

本书可作为高等职业院校、高等专科院校、成人高校、民办高校及本科院校举办的二级职业技术学院电类相关专业的教学用书，也适用于五年制高职、中职相关专业，并可作为社会从业人士的业务参考书及培训用书。

为了便于教师教学，本书配有免费电子课件、习题解答和模拟试卷等，凡选用本书作为授课用教材的老师，均可来电索取，咨询电话：010-88379375。

图书在版编目（CIP）数据

模拟电子技术及应用/曹光跃主编. —2 版. —北京：机械工业出版社，2014.1（2024.2 重印）

高职高专“十二五”电子信息类专业系列教材

ISBN 978-7-111-45310-9

Ⅰ.①模… Ⅱ.①曹… Ⅲ.①模拟电路-电子技术-高等职业教育-教材 Ⅳ.①TN710

中国版本图书馆 CIP 数据核字（2014）第 000559 号

机械工业出版社（北京市百万庄大街 22 号 邮政编码 100037）
策划编辑：于 宁 责任编辑：于 宁 王宗锋
版式设计：霍永明 责任校对：刘秀芝
封面设计：陈 沛 责任印制：刘 媛
涿州市般润文化传播有限公司印刷
2024 年 2 月第 2 版第 5 次印刷
184mm×260mm · 13.5 印张 · 332 千字
标准书号：ISBN 978-7-111-45310-9
定价：39.80 元

电话服务 网络服务
客服电话：010-88361066 机 工 官 网：www.cmpbook.com
010-88379833 机 工 官 博：weibo.com/cmp1952
010-68326294 金 书 网：www.golden-book.com
机工教育服务网：www.cmpedu.com

前　言

“模拟电子技术”是电类专业入门性质的重要技术基础课程，也是一门实践性很强的课程，通过本课程的学习使学生掌握电子技术方面的基本理论、基础知识、基本技能和综合技能，培养学生分析问题和解决问题的能力，并为学习后续课程和今后在实际工作中应用电子技术打好基础。

根据高职高专培养目标的要求以及现代科学技术发展的需要，本书在内容取舍上以现代电子技术的基本知识、基本理论为主线，使电子技术的基本理论与各种新技术有机地结合在一起；以培养学生的工作能力为目的，将理论知识的讲授、课内外讨论、知识拓展、技能训练有机结合、融为一体，使能力培养贯穿于整个教学过程，做到“读、做、想、学”等方面环环紧扣，师生互动，以期达到最佳的教学效果。技能训练内容丰富、实用，并引入计算机仿真技术EWB。在编写过程中，按高职教材在理论上“必需、够用”的原则，着重讲清物理概念，避免繁琐的理论计算和推导，着重介绍比较实用的工程计算和近似估算方法，使教材在内容上做到清楚、准确、简洁，通俗易懂，可读性好。

通过本课程的学习，可使学生达到如下基本要求：

1）熟悉常用电子元器件的特性和主要参数，具有识别元器件和检测元器件的能力，具有查阅器件手册和正确选用器件的能力。

2）掌握常用基本单元电路和典型电路的结构、工作原理和功能，熟练掌握分析电子电路的基本方法，能对电子电路进行定性分析和工程估算，具有根据需要选择适用电路和使用集成电路的能力。

3）具有识读整机电路图的能力。

4）掌握电子技术的基本技能，具有实际操作的能力。

本书由安徽电子信息职业技术学院曹光跃老师担任主编，负责全书的统稿工作，并编写了第3章和附录；重庆三峡职业学院余战波老师和安徽电子信息职业技术学院谢义老师担任副主编，余战波老师编写了第1章，谢义老师编写了第6章和第7章；重庆电子工程职业学院陈宗梅老师编写了第2章；西安航空职业技术学院马宁丽老师编写了第4章；烟台职业学院张海丹老师编写了第5章。安徽富源电子科技股份有限公司郭茂玉先生作为顾问为本书的编写提供了许多有价值的参考资料，并提出了一些具体的编写意见。在本书编写过程中，得到了安徽电子信息职业技术学院的领导和老师们的大力支持，在此一并表示衷心的谢意。

限于编者的水平和经验，书中错误之处在所难免，恳请读者批评指正。

编　者

目　　录

第 7 章　直流稳压电源 ………………… 157

附录 ………………………………… 176

参考文献 …………………………… 208

常用符号说明

一、下角标符号意义

i、o　分别表示输入和输出量

s、f　分别表示信号源量和反馈量

L　负载

REF　基准值

二、常用符号意义

1. 放大倍数与增益

A　放大倍数、增益通用符号

A_u　电压放大倍数、增益

A_{ud}　差模电压放大倍数、增益

A_{us}　源电压放大倍数、增益

2. 电阻

R　直流电阻或静态电阻

r　交流电阻或动态电阻

RP　电位器

R_i　输入电阻

R_o　输出电阻

R_S　信号源电阻

R_L　负载电阻

R_f　反馈电阻

3. 电容、电感

C　电容通用符号

C_B　基极旁路电容

C_E　发射极旁路电容

C_S　源极旁路电容

C_j　PN 结结电容

L　电感、自感系数

4. 频率与通频带

f　频率通用符号

ω　角频率通用符号

f_H　电路高频截止频率(上限频率)

f_L　电路低频截止频率(下限频率)

f_T　特征频率

BW　3dB 通频带

BW_G　单位增益带宽

5. 功率与效率

P_o　输出功率

P_C　集电极功率损耗

P_{CM}　集电极最大允许功率损耗

η　效率

6. 其他

F　反馈系数

K_{CMR}　共模抑制比

Q　静态工作点、品质因素

VD　半导体二极管

VF　场效应晶体管

VS　稳压管

VT　晶体管

T、t　时间、周期、温度

φ　相角

三、$U(I)$ 不同书写体电压（电流）符号的规定

1）大写 $U(I)$ 大写下角标，表示直流电压(电流)值，例如 U_{BE} 表示基极与发射极之间的直流电压。

2）大写 $U(I)$ 小写下角标，表示交流电压(电流)的有效值，例如 U_{be} 表示基极与发射极之间的交流电压的有效值。

3）小写 $u(i)$ 大写下角标，表示含有直流电压(电流)的瞬时值，例如，u_{BE} 表示基极与发射极之间电压的瞬时值。

4）小写 $u(i)$ 小写下角标，表示交流电压(电流)的瞬时值，例如 u_{be} 表示基极与发射极之间交流电压的瞬时值。

5）大写 $U(I)$ 小写 m 下角标，表示交流电压(电流)的最大值，例如，I_{cm} 表示集电极交流电流的最大值。

6）大写 V 大写双字母下角标，表示直流供电电源电压，例如，V_{CC} 表示集电极直流供电电源电压。

第1章 半导体二极管

☞ 要求

熟悉半导体材料的基础知识，掌握二极管的特性及相关应用。

知识点

- 了解半导体材料的基础知识。
- 了解二极管的结构及特性。
- 掌握二极管的主要参数。
- 掌握二极管的相关应用。
- 理解特殊二极管的应用。

重点和难点

- 二极管的结构及特性。
- 二极管的选择和相关应用。

1.1 半导体的基础知识

自然界中的物质按其导电能力可分为三类：导体、半导体和绝缘体。常用的导体有银、铜和铝等，绝缘体有橡胶、塑料和胶木等。导电能力介于导体和绝缘体之间的物质称为半导体。自然界中属于半导体的物质很多，用来制造半导体器件的材料主要有硅(Si)、锗(Ge)和砷化镓(GaAs)等，其中硅用得最广泛，其次是锗。

将上述半导体材料进行特殊加工，使其性能可控，即可用来制造构成电子电路的基本元件——半导体器件。

1.1.1 半导体的特性

半导体除了在导电能力方面不同于导体和绝缘体外，它还具有以下一些特点：光敏性，当半导体受光照射或热刺激时，其导电能力将发生显著改变；掺杂性，即在纯净半导体中掺入微量杂质，其导电能力会显著增加。

利用半导体的这些特性可制成光敏二极管、光敏晶体管、光敏电阻和热敏电阻，还可制成其他各种不同性能、不同用途的半导体器件，例如场效应晶体管等。

1.1.2 本征半导体和杂质半导体

1. 本征半导体

纯净的、结构完整的半导体称为本征半导体。

(1) 本征半导体的原子结构和单晶体结构　常用的半导体材料硅和锗都是四价元素，其原子最外层轨道上有四个电子（称为价电子），为便于讨论，采用图1-1所示的简化原子结构模型。在单晶体结构中，相邻两个原子的一对最外层电子成为共有电子，它们不仅受到自身原子核的作用，同时还受到相邻原子核的吸引。于是，两个相邻的原子共有一对价电子，组成共价键结构。故在晶体中，每个原子都和周围的四个原子用共价键的形式互相紧密地联系起来，如图1-2所示。

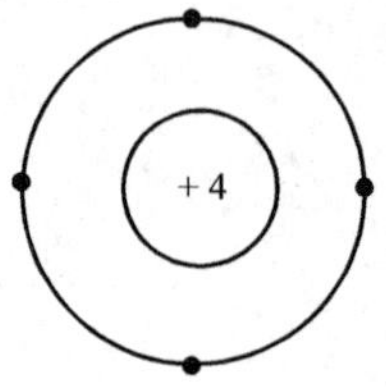

图1-1　硅和锗简化原子结构模型

(2) 本征激发和两种载流子（自由电子和空穴）　在绝对零度时，本征半导体中没有可以自由移动的电荷（载流子），因此不导电，但在一定的温度和光照下，少数价电子由于获得了足够的能量摆脱共价键的束缚而成为自由电子，这种现象称为本征激发。价电子摆脱共价键的束缚而成为自由电子后，在原来共价键中必然留有一个空位，称为空穴。原子失去价电子后带正电，可等效地看成是因为有了带正电的空穴。在本征半导体中自由电子和空穴总是成对出现，且数目相同，如图1-3所示。

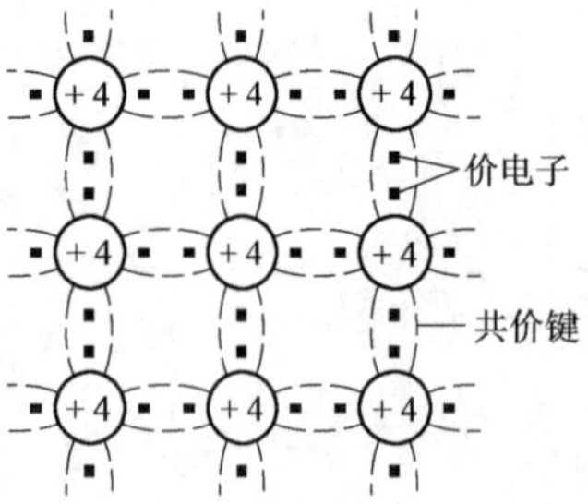

图1-2　本征半导体共价键晶体结构示意图

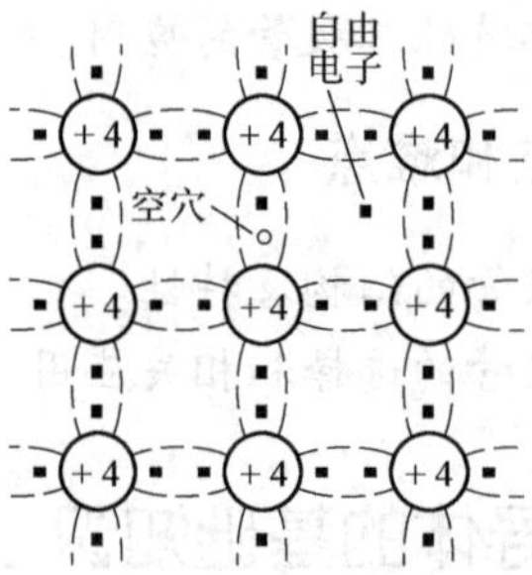

图1-3　本征半导体中的自由电子和空穴

空穴很容易吸引邻近共价键中的价电子去填补，使空位发生移动，这种价电子填补空位的运动可以看成是空穴在运动，称为空穴运动，其运动方向与电子的运动方向相反。自由电子和空穴在运动中相遇时会重新结合而成对消失，这种现象称为复合。温度一定时，自由电子和空穴的产生与复合达到动态平衡，自由电子和空穴的浓度一定。

本征半导体中的自由电子又叫电子载流子，空穴又叫空穴载流子，因此半导体中有自由电子和空穴两种载流子参与导电，分别形成电子电流和空穴电流，这一点与金属导体的导电机理不同。在常温下，本征半导体中的载流子浓度很低，随着温度的升高，载流子浓度基本上按指数规律增加，因此，半导体中载流子的浓度对温度十分敏感。

2. 杂质半导体

在本征半导体中掺入微量杂质元素，可显著提高半导体的导电能力，掺入杂质后的半导体称为杂质半导体。根据掺入杂质的不同，可形成两种不同的杂质半导体，即N型半导体和P型半导体。

(1) N型半导体　在本征半导体中，掺入微量五价元素，如磷、锑、砷等，则原来晶体中的某些硅（锗）原子被杂质原子代替。由于杂质原子的最外层有五个价电子，因此它与周围四个硅（锗）原子组成共价键时，还多余一个价电子。这个多余的价电子受杂质原子束缚力较弱，很容易成为自由电子，并留下带正电的杂质离子，称为施主离子，半导体仍然是电中性，如图 1-4a 所示。掺入多少个杂质原子就能产生多少个自由电子，因此自由电子的浓度大大增加，这时由本征激发产生的空穴被复合的机会增多，使空穴的浓度减少，显然，这种杂质半导体中电子浓度远远大于空穴的浓度，主要靠电子导电，所以称为电子型半导体，又叫 N 型半导体。N 型半导体中，将自由电子称为多数载流子（简称多子）；将空穴称为少数载流子（简称少子）。

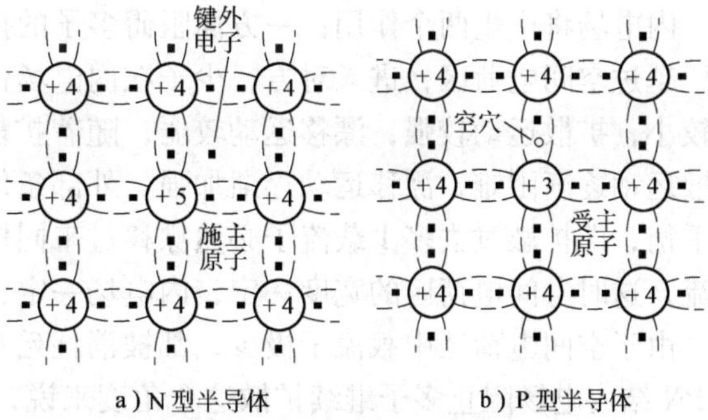

a）N 型半导体　b）P 型半导体

图 1-4　杂质半导体结构示意图

（2）P 型半导体　在本征半导体中，掺入微量三价元素，如硼、镓、铟等，则原来晶体中的某些硅（锗）原子被杂质原子代替。由于杂质原子的最外层只有三个价电子，因此它与周围四个硅（锗）原子组成共价键时因缺少一个价电子而产生一个空位，室温下这个空位极容易被邻近共价键中的价电子所填补，使杂质原子变成负离子，称为受主离子，如图 1-4b 所示。这种掺杂使空穴的浓度大大增加，这种杂质半导体是以空穴导电为主，所以称为空穴型半导体，又叫 P 型半导体，其中空穴为多子，自由电子为少子。

杂质半导体的导电性能主要取决于多子浓度，多子浓度主要取决于掺杂浓度，其值较大并且稳定，因此导电性能得到显著改善。少子浓度主要与本征激发有关，因此对温度敏感，其大小随温度的升高而增大。

1.1.3　PN 结

1. PN 结的形成

在同一块半导体基片的两边分别做成 P 型半导体和 N 型半导体。由于 P 型半导体中空穴的浓度大、自由电子的浓度小，N 型半导体中自由电子的浓度大、空穴的浓度小，即在交界面两侧两种载流子的浓度有很大差异，因此会产生载流子从高浓度区向低浓度区的运动，这种运动称为扩散，如图 1-5a 所示。P 区中的多子空穴扩散到 N 区，与 N 区中的自由电子复合而消失；N 区中的多子电子向 P 区扩散，并与 P 区中的空穴复合而消失。结果使交界面附近载流子浓度骤减，形成了由不能移动的杂质离子构成的空间电荷区，同时建立了内建电场（简称内电场），内电场方向由 N 区指向 P 区，如图 1-5b 所示。

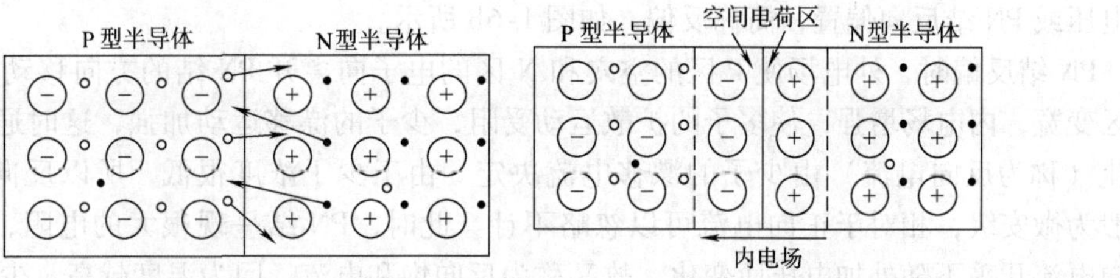

a）P 型和 N 型半导体交界处载流子的扩散　b）动态平衡时的 PN 结及内电场

图 1-5　PN 结的形成

内电场将产生两个作用：一方面阻碍多子的扩散，另一方面促使两个区靠近交界面处的少子越过空间电荷区，进入对方，少子在内电场作用下有规则的运动称为漂移。起始时内电场较小，扩散运动较强，漂移运动较弱，随着扩散的进行，空间电荷区增宽，内电场增大，扩散运动逐渐困难，漂移运动逐渐加强。外部条件一定时，扩散运动和漂移运动最终达到动态平衡，即扩散过去多少载流子必然漂移过来同样多的同类载流子，因此扩散电流等于漂移电流，这时空间电荷区的宽度一定，内电场一定，形成了所谓的 PN 结。

由于空间电荷区中载流子极少，都被消耗殆尽，所以空间电荷区又称为耗尽区。另外，从 PN 结内电场阻止多子继续扩散这个角度来说，空间电荷区也可称为阻挡层或势垒区。

2. PN 结的单向导电性

如果在 PN 结两端加上不同极性的电压，PN 结会呈现出不同的导电性能。

（1）PN 结外加正向电压　PN 结 P 区接高电位端、N 区接低电位端，则称 PN 结外接正向电压或 PN 结正向偏置，简称正偏，如图 1-6a 所示。

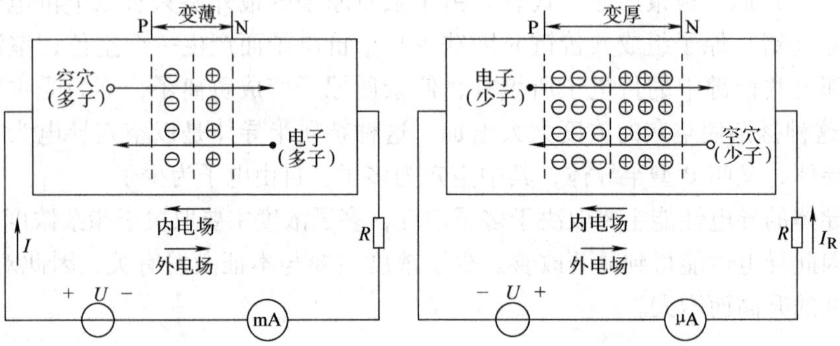

a）PN 结加正向电压　　b）PN 结加反向电压

图 1-6　PN 结的单向导电性

PN 结正偏时，外电场使 P 区的多子空穴向 PN 结移动，并进入空间电荷区和部分负离子中和；同样，N 区的多子电子也向 PN 结移动，并进入空间电荷区和部分正离子中和。因此空间电荷量减少，PN 结变窄，这时内电场减弱，扩散运动将大于漂移运动，从而形成较大的扩散电流，扩散电流通过回路形成正向电流。这时 PN 结所处的状态称为正向导通（简称导通）。PN 结正向导通时，通过 PN 结的电流（正向电流）大，而 PN 结呈现的电阻（正向电阻）小。为了限制正向电流值，通常在回路中串接限流电阻 R。

（2）PN 结外加反向电压　PN 结 P 区接低电位端、N 区接高电位端，则称 PN 结外接反向电压或 PN 结反向偏置，简称反偏，如图 1-6b 所示。

PN 结反偏时，外电场使 P 区的空穴和 N 区的电子向离开 PN 结的方向移动，使空间电荷区变宽，内电场增强，使多子的扩散运动受阻，少子的漂移运动加强，这时通过 PN 结的电流（称为反向电流）由少子的漂移电流决定。由于少子浓度很低，所以反向电流很小，一般为微安级，相对于正向电流可以忽略不计。此时，PN 结呈现很大的电阻，称为截止。反向电流几乎不随外加电压而变化，故又称为反向饱和电流。因为温度越高，少数载流子的数目越多，所以温度对反向电流的影响较大。

综上所述，PN 结正偏时导通，呈现很小的电阻，形成较大的正向电流；反偏时截止，呈现很大的电阻，反向电流近似为零。因此，PN 结具有单向导电特性。

读一读

【知识拓展】

在各种电子设备中，其主要组成部分是电子线路，目前电子线路已高度集成化。电子线路中最重要的核心组成部分是半导体器件，如二极管、晶体管及场效应晶体管等。半导体器件是现代电子技术的重要组成部分，由于它具有体积小、重量轻、使用寿命长、输入功率小和功率转换效率高等优点而得到广泛应用。集成电路，特别是大规模和超大规模集成电路，不断更新换代，致使电子设备在微型化、可靠性和电子系统设计的灵活性等方面有了重大的进步，因而电子技术已成为当代高新技术的龙头。

1.2　半导体二极管的特性及主要参数

1.2.1　二极管的结构与符号

在 PN 结的两端各引出一根电极引线，然后用外壳封装起来就构成了二极管，由 P 区引出的电极称为正极（或阳极），由 N 区引出的电极称为负极（或阴极），其结构示意图如图 1-7a所示，电路符号如图 1-7b 所示。

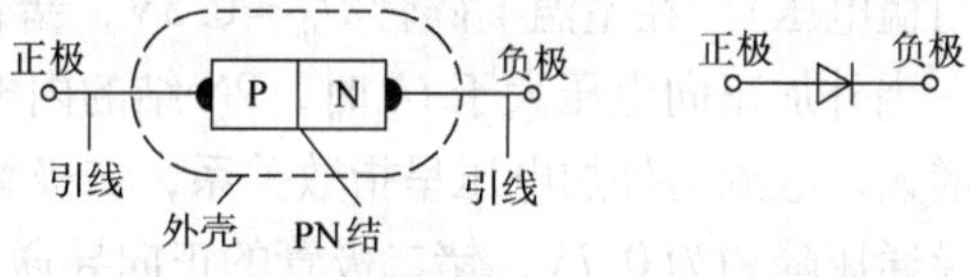

a) 结构示意图　　b) 电路符号

图 1-7　二极管的结构与符号

按 PN 结面积的大小，二极管可分为点接触型和面接触型两大类。点接触型二极管的 PN 结结面积很小，结电容小，不允许通过较大的电流，不能承受较高的反向电压，但其高频性能好，适用于作为高频检波、小功率电路和脉冲电路的开关元件等。例如，2AP1 是点接触型锗二极管，其最大整流电流为 16mA，最高工作频率为 150MHz，但最高反向工作电压只有 20V。

面接触型二极管的 PN 结结面积大，结电容大，可以通过较大的电流，能承受较高的反向电压，适用于低频电路，主要用于整流电路。例如，2CZ53C 为面接触型硅二极管，其最大整流电流为 300mA，最大反向工作电压为 100V，而最高工作频率只有 3kHz。

按照用途的不同，二极管分为整流、检波、开关、稳压、发光、快恢复和变容二极管等。常用的二极管有金属、塑料和玻璃三种封装形式，其外形各异。图 1-8 为常见的二极管实物图。

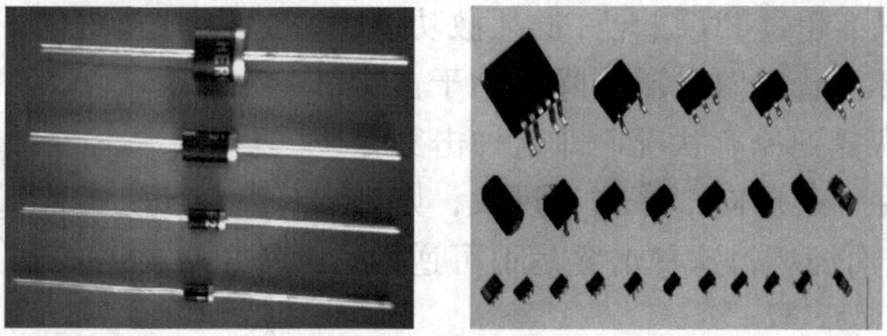

图 1-8　常见的二极管实物图

有关二极管的器件型号命名的方法参见附录 A。

1.2.2　二极管的伏安特性

二极管由一个PN结构成，因此它的特性就是PN结的单向导电性。常利用伏安特性曲线来形象地描述二极管的单向导电性。二极管的伏安特性，就是指二极管两端的电压 U_V 和流过二极管的电流 I_V 之间的关系。若以二极管两端的电压 U_V 为横坐标，流过二极管的电流 I_V 为纵坐标，用作图法将电压、电流的对应点用平滑曲线连接起来，就得到了二极管的伏安特性曲线，如图1-9所示（图中实线为硅二极管的伏安特性曲线，虚线为锗二极管的伏安特性曲线），下面就二极管的伏安特性曲线进行说明。

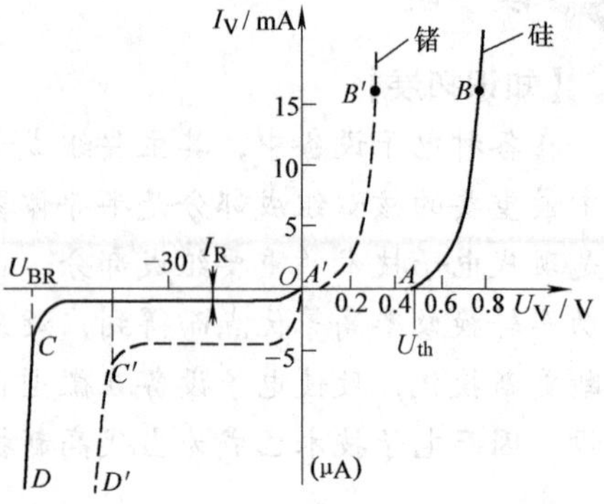

图1-9　二极管的伏安特性曲线

1. 正向特性

二极管两端加正向电压时，电流和电压的关系称为二极管的正向特性，当正向电压比较小时（$0<U_V<U_{th}$），外电场不足以克服PN结的内电场对多子扩散运动造成的阻力，正向电流极小（几乎为零），二极管呈现为一个大电阻，此区域称为死区，电压 U_{th} 称为死区电压（又称门槛电压）。在室温下硅管 $U_{th}\approx0.5V$，锗管 $U_{th}\approx0.1V$，如图1-9中 OA（OA'）段所示。

当外加正向电压大于 U_{th} 时，PN结的内电场大为削弱，二极管的电流随外加电压增加而显著增大，电流与外加电压呈指数关系，二极管呈现很小的电阻而处于导通状态，硅二极管的正向导通压降约为0.7V，锗二极管的正向导通压降约为0.3V，如图1-9中 AB（$A'B'$）段所示。

二极管正向导通时，要特别注意它的正向电流不能超过最大值，否则会烧坏PN结。

2. 反向特性

二极管两端加上反向电压时，电流和电压的关系称为二极管的反向特性，如图1-9中 OC（OC'）段所示，二极管的反向电流很小（约等于二极管的反向饱和电流 I_R），且与反向电压无关，这时二极管呈现很大的电阻而处于截止状态，一般硅二极管的反向饱和电流比锗二极管小很多，在室温下，小功率硅管的反向饱和电流小于0.1μA，锗管为几十微安。

3. 反向击穿特性

当加在二极管两端的反向电压增大到 U_{BR} 时，二极管内PN结被击穿，二极管的反向电流将随反向电压的增加而急剧增大，如图1-9中 CD（$C'D'$）段所示，此现象称为反向击穿，U_{BR} 为反向击穿电压。反向击穿后，只要反向电流和反向电压的乘积不超过PN结允许的耗散功率，二极管一般不会损坏。若反向电压下降到小于击穿电压时，其性能可恢复到原有状况，即这种击穿是可逆的，称为电击穿；若反向击穿电流过大，则会导致PN结结温过高而烧坏，这种击穿是不可逆的，称为热击穿。

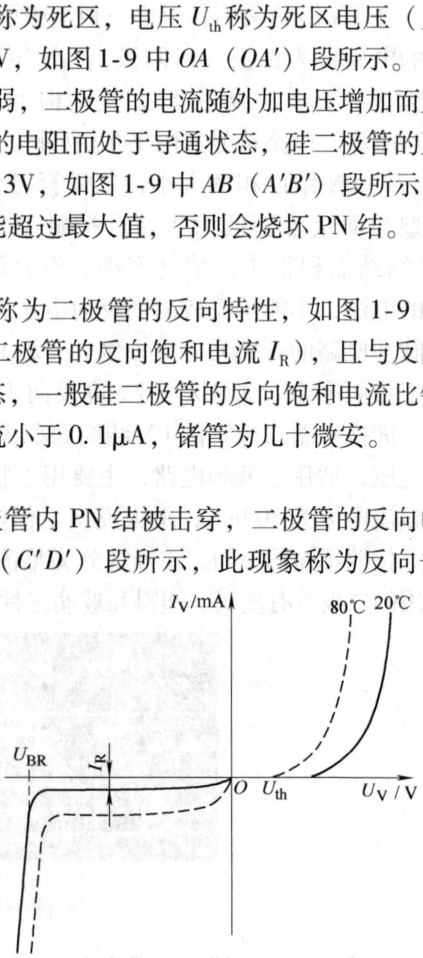

图1-10　温度对二极管伏安特性的影响

4. 温度对特性的影响

温度对二极管的伏安特性有显著的影响，如图1-10所示。当温度升高时，正向特性曲线向左移，反向特性曲线向下移。变化规律是：在室温附近，温度每升高1℃，正向压降约减小2～2.5mV，温度每升高10℃，反向电流约增大一倍。若温度过高，可能导致PN结消失。一般规定硅管所允许的最高结温为150～200℃，锗管为75～150℃。

想一想

二极管正常工作时，其偏置是正偏还是反偏？或者两种情况都有可能？为什么？

做一做

项目：二极管伏安特性的测试（逐点法）。

任务要求：按测试程序要求完成所有测试内容，并撰写测试报告。

测试设备：模拟电路综合测试台1台，0～30V直流稳压电源1台，数字万用表1块，毫安表1只，微安表1只。

测试电路：如图1-11所示，其中二极管VD为普通硅二极管，$R=1\text{k}\Omega$。

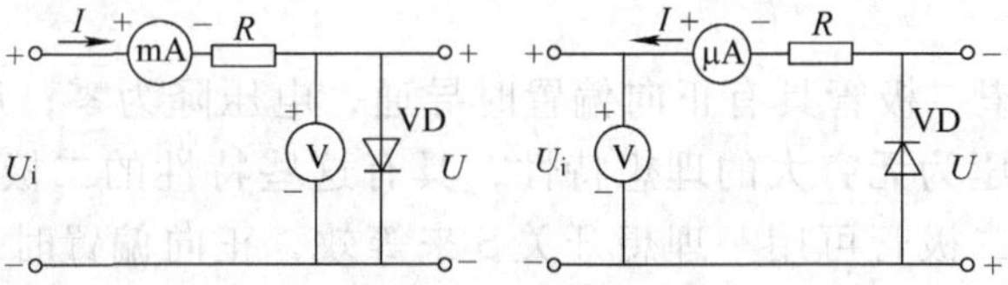

a) 正向特性的测试电路　b) 反向特性的测试电路

图1-11　二极管伏安特性的测试电路

测试程序：

1）按图1-11a接好电路（此时读出的电压和电流值应视为正值）。

2）按表1-1的要求测量各点的电压和电流值，并填入表中。

3）按图1-11b接好电路（此时读出的电压和电流值应视为负值）。

4）按表1-1的要求测量各点的电压和电流值，并填入表中。

5）根据表1-1的结果，在坐标纸上大致绘出二极管的伏安特性曲线，即U—I关系曲线（U为横坐标，I为纵坐标）。

表1-1　二极管伏安特性测试结果

U/V	0	0.5							U/V	−1	−10	−20
I/mA			0.5	1	2	3	5	10	I/μA			

1.2.3　二极管的主要参数

实用中一般通过查器件手册，依据参数来合理选用二极管。二极管的主要参数有最大整流电流I_F、最高反向工作电压U_{RM}、反向饱和电流I_R、最高工作效率f_M等。

1. 最大整流电流I_F

指二极管长期连续工作时，允许通过的最大正向电流的平均值。使用时若超过此值，二极管会因过热而烧坏。点接触型二极管的I_F较小，在几十毫安以下，面接触型二极管的I_F较大。

2. 最高反向工作电压 U_{RM}

指二极管正常工作时，允许施加在二极管两端的最高反向电压（峰值），通常手册上给出的最高反向工作电压 U_{RM} 为击穿电压 U_{BR} 的一半。

3. 反向饱和电流 I_R

指二极管未击穿时的反向电流值。其值会随温度的升高而急剧增加，其值越小，二极管单向导电性能越好。反向电流值会随温度的上升而显著增加，在实际应用中应加以注意。

4. 最高工作频率 f_M

指保证二极管单向导电作用的最高工作频率。当工作频率超过 f_M 时，二极管的单向导电性能就会变差，甚至失去单向导电特性。f_M 的大小与 PN 结的结电容有关，点接触型锗管由于其 PN 结结面积较小，故 PN 结结电容很小，通常小于 1pF，其最高工作频率可达数百兆赫；而面接触型硅整流二极管，其最高工作频率只能达到几十 kHz。

1.2.4　理想二极管的特点及其电路的分析方法

1. 理想二极管

实际应用中，希望二极管具有正向偏置时导通，电压降为零；反向偏置时截止，电流为零；反向击穿电压为无穷大的理想特性，具有这些特性的二极管称为理想二极管。在分析电路时，理想二极管可用一理想开关 S 来等效，正向偏置时 S 闭合，反向偏置时 S 断开，这一特性称为理想二极管的开关特性，如图 1-12 所示。在实际电路中，当二极管的正向压降远小于和它串联的电压，反向电流远小于和它并联的电流时，可认为二极管是理想的。

2. 二极管的等效模型

（1）恒压降模型　二极管导通后，其管压降认为是恒定的，且不随电流变化而变化，典型值为 0.7V（硅材料），如图 1-13 所示。该模型提供了合理的近似，用途广泛。

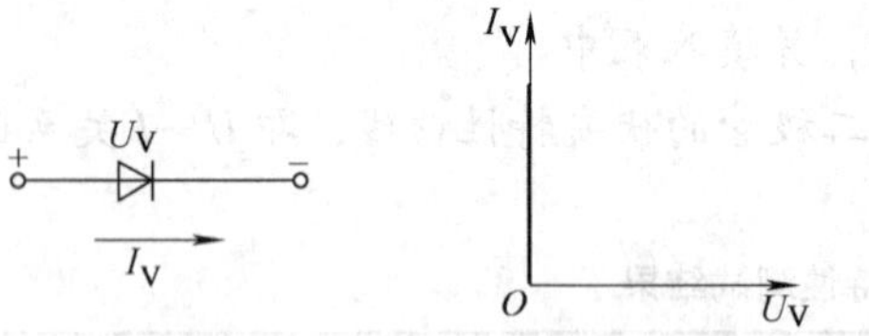

a）电路符号　　b）伏安特性曲线

图 1-12　理想二极管模型

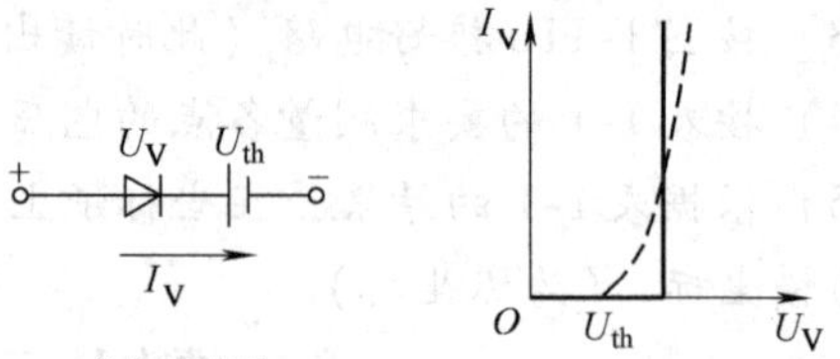

a）电路符号　　b）伏安特性曲线的折线近似

图 1-13　恒压降模型

（2）折线模型　折线模型认为二极管的管压降不是恒定的，而随二极管电流的增加而增加，模型中用一个电池和电阻 r_p 来做进一步的近似，此电池的电压选定为二极管的门槛电压 U_{th}，约为 0.5V（硅材料），r_p 的值为 200Ω。由于二极管的分散性，U_{th}、r_p 的值不是固定的。折线模型如图 1-14 所示。

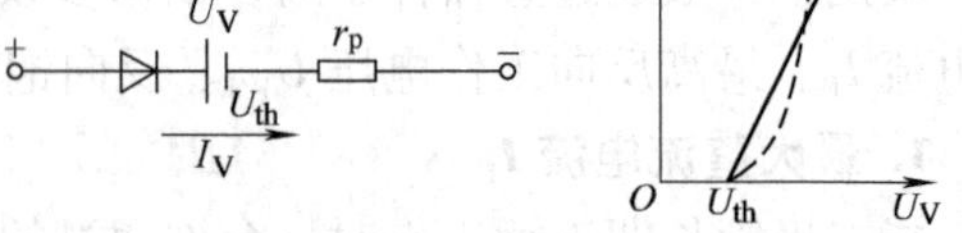

a）电路符号　　b）伏安特性折线近似

图 1-14　折线模型

（3）小信号模型　如果二极管在它的伏安特性的某一小范围内工作，例如在静态工作点

Q（此时有 $u_V=U_Q$、$i_V=I_Q$）附近工作，则可将伏安特性看成一条直线，其斜率的倒数就是所求的小信号模型的微变电阻 r_d，如图1-15所示。

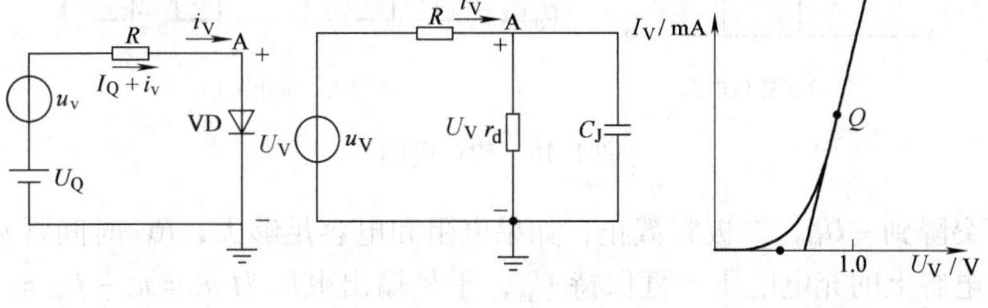

a) 实际电路　　b) 等效模型　　c) U_V—I_V特性

图1-15　小信号模型

读一读

【知识拓展】

在电路设计时，将面临一个如何选择二极管的问题。具体设计时应根据电路对二极管的要求查阅半导体器件手册，从而确定选用的二极管型号。确定选用管子型号时，选用的二极管极限参数 I_F、U_{RM}和 f_M应分别大于二极管实际工作时的最大整流电流、最高反向工作电压和最高工作频率。还要**注意**：电路要求导通电压低时选用锗管；要求反向电流小时选用硅管；要求击穿电压高时选用硅管；要求工作频率高时选用点接触型高频管；要求工作环境温度高时选用硅管。

1.3　二极管的应用电路

普通二极管是电子电路中最常用的半导体器件之一，其应用非常广泛。利用二极管的单向导电性及导通时正向压降很小等特点，可完成整流、检波、钳位、限幅、开关及电路元件保护等任务。

1.3.1　整流电路

所谓整流，就是将交流电变成脉动直流电。利用二极管的单向导电性可组成多种形式的整流电路，常用的二极管整流电路有单相半波整流电路和桥式整流电路等。这些内容将在第7章中详细介绍。

1.3.2　钳位电路

钳位电路是指能把一个周期信号转变为单向的（只有正向或只有负向）或叠加在某一直流电平上，而不改变它的波形的电路。在钳位电路中，电容是不可缺少的元件。图1-16a为一个实用的二极管正钳位电路，现分析一下它的工作原理。设 $t=0$ 时电容上的初始电压为零，$t=0_+$时，$u_i=U_m$，二极管导通电容也被充上了大小为 U_m 的电压，极性如图1-16b所示。此刻 $u_o=0$，并且 $u_o=0$ 将一直保持到 $t=t_1$。

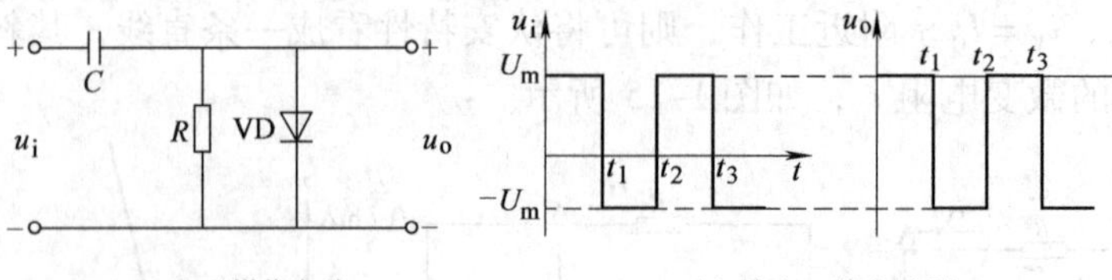

a）正钳位电路　　b）输入、输出波形

图 1-16　钳位电路

此后，u_i 突降到 $-U_m$，二极管截止，如果电阻和电容足够大，RC 时间常数远大于输入信号周期，则电容上的充电电压一直保持 U_m，于是输出电压为 $u_o = u_i - U_m = -2U_m$，并一直保持到 t_2，其输入输出波形如图 1-16b 所示。显然，输出信号总不会是正值，所以称为正钳位电路。

1.3.3　限幅电路

当输入信号电压在一定范围内变化时，输出电压随输入电压相应变化；而当输入电压超出该范围时，输出电压保持不变，这就是限幅电路。通常将输出电压 u_o 开始不变的电压值称为限幅电平，当输入电压高于限幅电平时，输出电压保持不变的限幅称为上限幅；当输入电压低于限幅电平时，输出电压保持不变的限幅称为下限幅。

二极管限幅电路如图 1-17 所示。改变 E 值就可改变限幅电平。下面就并联上限幅电路加以说明。

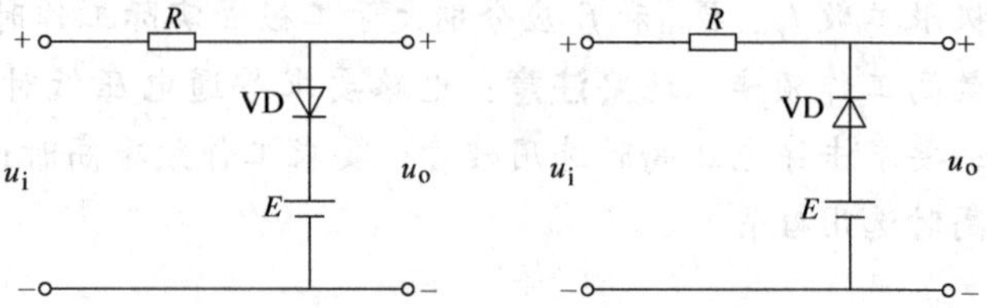

a）并联上限幅电路　　b）并联下限幅电路

图 1-17　二极管限幅电路

如果 $E = 0V$，则限幅电平为 0V。$u_i > 0$ 时二极管导通，$u_o = 0$；$u_i < 0$，二极管截止，$u_o = u_i$。波形如图 1-18a所示。

如果 $0 < E < U_m$，则限幅电平为 $+E$。当 $u_i < E$ 时，二极管截止，$u_o = u_i$；当 $u_i > E$ 时，二极管导通，$u_o = E$。波形如图 1-18b所示。

如果 $-U_m < E < 0$，则限幅电平为 $-E$，波形如图 1-18c 所示。

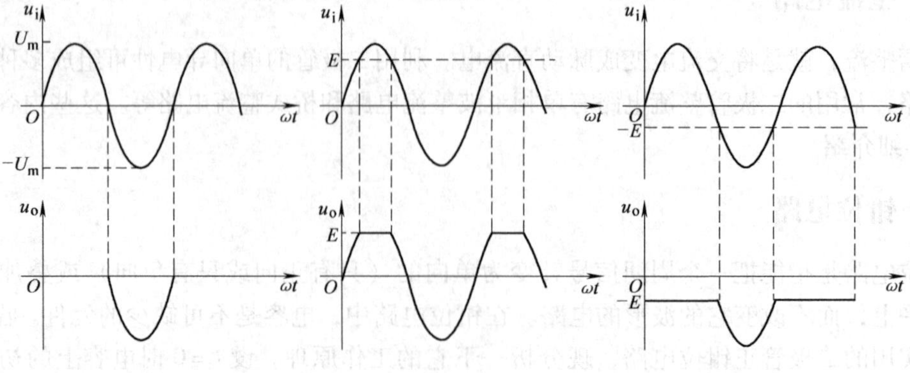

a）　　b）　　c）

图 1-18　二极管并联上限幅电路波形关系

1.3.4　元器件保护电路

在电子电路中常用二极管来保护其他元器件，图1-19所示为二极管用来保护其他元器件使其免受过高电压损害的电路。

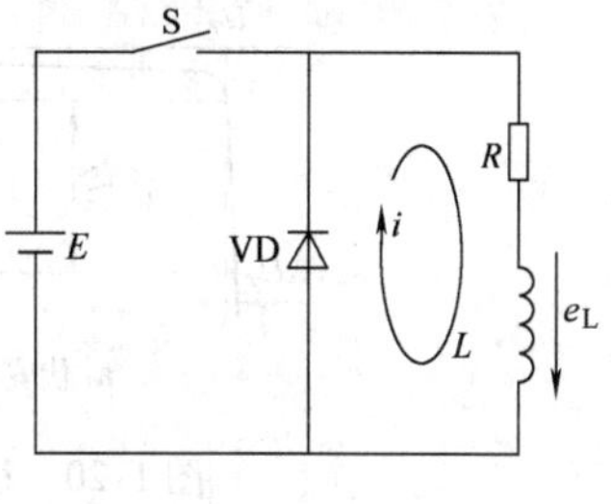

图1-19　二极管保护电路

在开关S接通时，电源E给线圈供电，L中有电流流过，储存了磁场能量。在开关S由接通到断开的瞬间，电流突然中断，L中将产生一个高于电源电压很多倍的自感电动势e_L，e_L与E叠加作用在开关S的端子上，会产生电火花放电，这将影响设备的正常工作，使开关S寿命缩短。接入二极管VD后，e_L通过二极管VD产生放电电流i，使L中存储的能量不经过开关S放掉，从而保护了开关S。

普通二极管除以上所介绍的应用外，还有许多其他实际用途，这里就不一一介绍了。随着半导体技术的发展，二极管的应用范围将会越来越广。

读一读

【知识拓展】

在维修电子设备时，如果发现二极管损坏，要用同型号的二极管来替换。如果找不到同型号的二极管，则可改用其他型号的二极管来代替，替代二极管的极限参数I_F、U_{RM}和f_M应不低于原二极管的极限参数，且替代二极管的材料类型（硅管或锗管）一般应与原二极管的材料相同。

1.4 特殊二极管

前面主要讨论了普通二极管，另外还有一些特殊用途的二极管，如稳压二极管、发光二极管、光敏二极管和变容二极管等，现介绍如下。

1.4.1　稳压二极管

稳压二极管又名齐纳二极管，简称稳压管，是一种用特殊工艺制作的面接触型硅二极管，这种二极管杂质浓度大，容易被反向击穿，其反向击穿时的电压基本上不随电流的变化而变化，从而达到稳压的目的。

1. 稳压二极管的伏安特性和符号

图1-20所示为稳压二极管的伏安特性曲线、电路符号和常见实物图。其正向特性与普通二极管相似，不同的是反向击穿电压较低，且击穿特性曲线很陡，其反向击穿是可逆的，只要对反向电流加以限制，就不会发生“热击穿”，当去掉反向电压后，稳压二极管又恢复正常。稳压二极管在电路中起稳压作用时应工作在反向击穿区，反向电流在很大范围内变化时击穿电压基本不变，因而具有稳压作用。

2. 稳压二极管的主要参数

（1）稳定电压U_Z　稳定电压是指当流过规定电流时稳压二极管两端的反向电压值，该值决定于稳压二极管的反向击穿电压。不同型号的稳压二极管，其稳定电压值不同。同一型

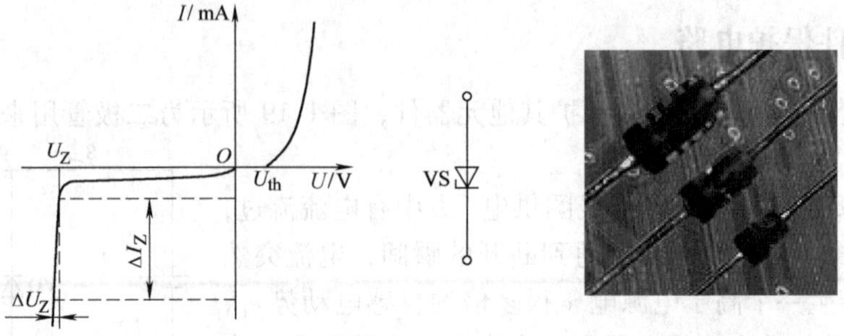

a) 伏安特性曲线　　b) 电路符号　　c) 常见实物

图 1-20　稳压二极管的伏安特性曲线、电路符号和常见实物

号的管子，由于制造工艺的分散性，各个管子的 U_Z 值也有差别。例如稳压二极管 2CW21A，其稳压范围为 4～5.5V，但对某一只稳压二极管而言，稳定电压 U_Z 是确定的。

（2）稳定电流 I_Z　稳定电流是指稳压二极管工作在稳压状态时，稳压二极管中流过的电流。当工作电流低于 I_Z 时，稳压效果变差，若低于最小稳定电流 I_{Zmin}，稳压管将失去稳压作用；当大于最大稳定电流 I_{Zmax}时，管子将因过电流而损坏。一般情况是，工作电流较大时，稳压性能较好，但电流要受稳压二极管功耗的限制。

（3）最大耗散功率 P_{ZM}　最大耗散功率是指稳压二极管正常工作时，管子上允许的最大耗散功率。若使用中稳压二极管的功率损耗超过该值，管子会因过热而损坏。稳压二极管的最大功率损耗和 PN 结的结面积、散热条件等有关。最大耗散功率 P_{ZM} 和稳定电压 U_Z 可以决定最大稳定电流 I_{Zmax}。稳压二极管正常工作时，PN 结的功率损耗 $P_Z = U_Z I_Z$。

（4）电压温度系数 σ　电压温度系数 σ 指稳压二极管温度变化 1℃时，所引起的稳定电压变化的百分比。一般情况下，稳定电压大于 7V 的稳压二极管，σ 为正值，即当温度升高时，稳定电压值增大。如 2CW17，$U_Z = 9 \sim 10.5\text{V}$，若 $\sigma = 0.09\%/℃$，则表明当温度升高 1℃时，稳定电压增大 0.09%。而稳定电压小于 4V 的稳压二极管，σ 为负值，即当温度升高时，稳定电压值减小。如 2CW11，$U_Z = 3.2 \sim 4.5\text{V}$，$\sigma = -(0.05\% \sim 0.03\%)/℃$，若 $\sigma = -0.05\%/℃$，则表明当温度升高 1℃时，稳定电压减小 0.05%。稳定电压在 4～7V 的稳压二极管，其 σ 值较小，稳定电压值受温度影响较小，性能比较稳定。

（5）动态电阻 r_Z　动态电阻 r_Z 是稳压二极管工作在稳压区时，两端电压变化量与电流变化量之比，即 $r_Z = \Delta U/\Delta I$。r_Z 值越小，则稳压性能越好。同一稳压二极管，一般工作电流越大时，r_Z 值越小。通常手册上给出的 r_Z 值是在规定的稳定电流之下测得的。

3. 使用稳压二极管应注意的问题

1）使用稳压二极管稳压时，一定要外加反向电压，保证稳压二极管工作在反向击穿区。当外加的反向电压值大于或等于 U_Z 时，才能起到稳压作用；若外加的电压值小于 U_Z，稳压二极管相当于普通的二极管使用。

2）在稳压管稳压电路中，一定要配合限流电阻使用，以保证稳压二极管中流过的电流在规定的范围之内。

4. 稳压二极管应用电路

【例 1-1】　图 1-21 所示是稳压二极管稳压电路，若限流电阻 $R = 1.6\text{k}\Omega$，$U_Z = 12\text{V}$，$I_{Zmax} = 18\text{mA}$，通过稳压二极管的电流 I_Z 等于多少？限流电阻的值是否合适？

解：由图可知，$I_Z = \dfrac{(20-12)\text{V}}{1.6\text{k}\Omega} = 5\text{mA}$

因为 $I_Z < I_{Z\max}$，所以限流电阻的值合适。

【例1-2】 稳压二极管限幅电路如图1-22a所示。输入电压 u_i 为幅值为10V的正弦波，电路中使用两个稳压二极管对接，已知 $U_{Z1}=6\text{V}$，$U_{Z2}=3\text{V}$，稳压二极管的正向导通压降为0.7V，试对应输入电压 u_i 画出输出电压 u_o 的波形。

解：输出电压 u_o 的波形如图1-22b所示，u_o 被限定在 $-6.7\sim3.7\text{V}$。

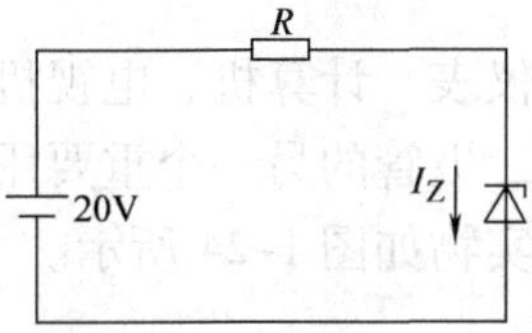

图1-21 稳压二极管稳压电路

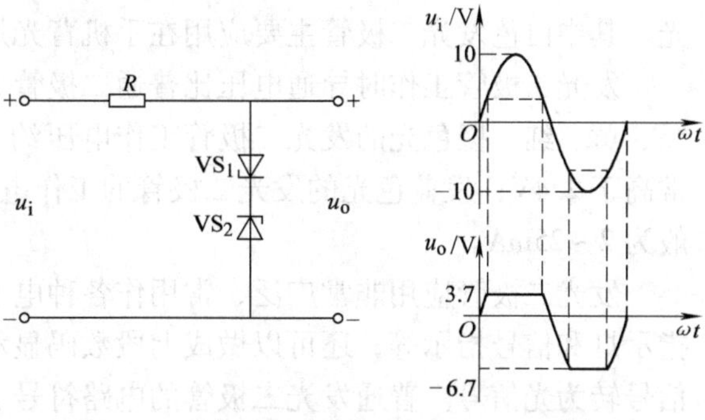

a) b)

图1-22 稳压二极管限幅电路

做一做

项目：稳压二极管稳压电路的测试。

任务要求：按测试程序要求完成所有测试内容，并撰写测试报告。

测试设备：模拟电路综合测试台1台，0~30V直流稳压电源1台，数字万用表1块。

测试电路：如图1-23所示，其中二极管VS为6V稳压二极管，R 的电阻值为100Ω，R_L 为负载电阻。

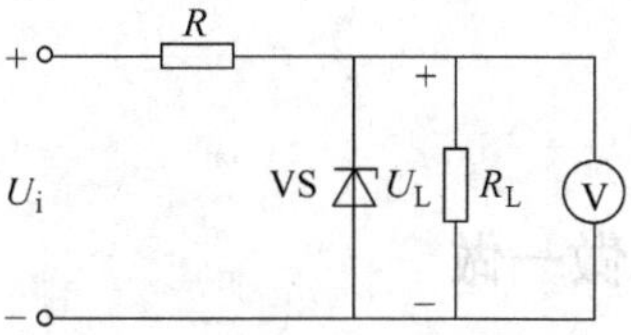

图1-23 稳压二极管稳压电路的测试

测试程序：

1）按图1-23接好电路。

2）按表1-2所列 U_i 的电压值改变输入电压，记录测量结果，并填入表中。

表1-2 输入电压 U_i 变化时的测试结果（$R_L=1\text{k}\Omega$）

U_i/V	30	25	20	15	9	5	1
U_L/V							

3）按表1-3所列 R_L 的阻值改变负载电阻，记录测量结果，并填入表中。

表1-3 负载电阻 R_L 改变时的测试结果（$U_i=20\text{V}$）

R_L/Ω	∞	5000	1000	200	50	20	10
U_L/V							

4）结果表明：当输入电源电压和负载变化时稳压二极管稳压电路________（可以/不

可以）实现稳压作用。

1.4.2　发光二极管

发光二极管是一种光发射器件，英文缩写是 LED。此类二极管通常由镓（Ga）、砷（As）、磷（P）等元素的化合物制成，管子正向导通，当导通电流足够大时，能将电能直接转换为光能，从而发光。目前常用发光二极管的颜色有红、黄、橙、绿、白和蓝 6 种，所发光的颜色主要取决于制作二极管的材料，例如用砷化镓可发出红光，而用磷化镓则发出绿光。其中白色发光二极管主要应用在手机背光灯、液晶显示器背光灯和照明等领域。

发光二极管工作时导通电压比普通二极管大，其工作电压随材料的不同而不同。普通发绿、黄、红、橙色光的发光二极管工作电压约为 2V；发白色光的发光二极管的工作电压通常高于 2.4V；发蓝色光的发光二极管的工作电压一般高于 3.3V。发光二极管的工作电流一般为 2 ~ 25mA。

发光二极管应用非常广泛，常用作各种电子设备如仪器仪表、计算机、电视机等的电源指示灯和信号指示等，还可以做成七段数码显示器等。发光二极管的另一个重要用途是将电信号转为光信号。普通发光二极管的电路符号、外形和常见实物如图 1-24 所示。

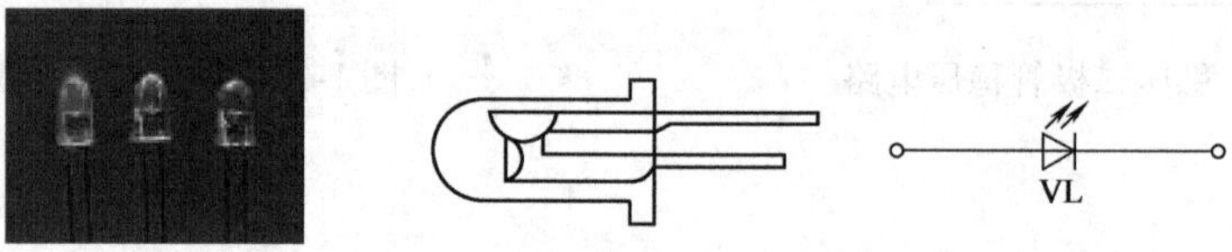

a) 常见实物　　b) 外形　　c) 电路符号

图 1-24　发光二极管的电路符号、外形和常见实物

做一做

项目：发光二极管的特性测试。

任务要求：按测试程序要求完成所有测试内容，并撰写测试报告。

测试设备：模拟电路综合测试台 1 台，0 ~ 30V 直流稳压电源 1 台，数字万用表 1 块，毫安表 1 只。

测试电路：如图 1-25 所示，其中 LED 为发光二极管，$R = 1\text{k}\Omega$。

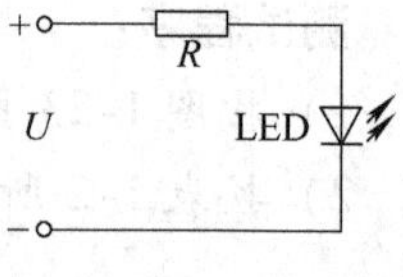

图 1-25　发光二极管的特性测试电路

测试程序：

1）直接用万用表测量发光二极管的正反向电阻值，并记录：$R_{正}$ = ________；$R_{反}$ = ________。

2）按图 1-25 接好线路，并串入毫安表。

3）接入电源电压 U，并使 U 由 0V 逐渐增大，直至发光二极管开始发出光，并记录此时发光二极管正向压降 U_V 和正向电流 I：U_V = ________；I = ________。

4）保持步骤 3)，继续增大 U，观察发光二极管发光强度随电流增大而变化的情况，并记录：________。

5）将发光二极管反接，并观察此时的发光二极管有无发光，并记录：________。

1.4.3　光敏二极管

光敏二极管是一种光接收器件，其PN结工作在反向偏置状态，它可以将光能转换为电能，实现光电转换。

图1-26所示为光敏二极管的基本电路、电路符号和常见实物。此类二极管在管壳上有一个玻璃窗口，以便于接受光照。当窗口接受到光照时，形成反向电流 I_{RL}，通过回路中的电阻 R_L 就可得到电压信号，从而实现光电转换。光敏二极管受到的光照越强，反向电流也越大，它的反向电流与光照度成正比。

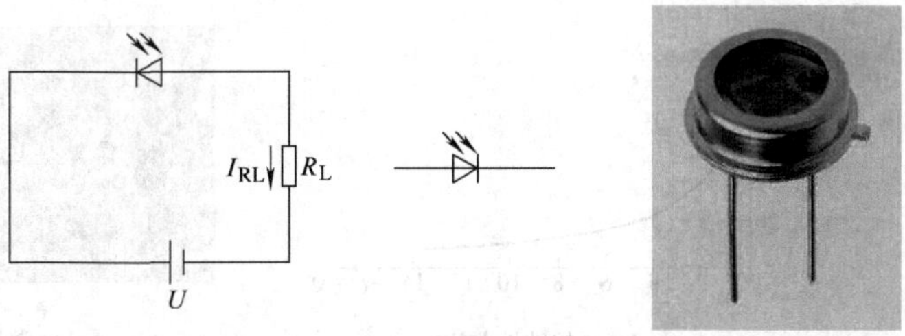

a) 基本电路　b) 电路符号　c) 常见实物

图1-26　光敏二极管的基本电路、电路符号和常见实物

光敏二极管的应用非常广泛，可用于光测量和光电控制等，如遥控器、光纤通信、激光头等都离不开光敏二极管。大面积的光敏二极管还可以作为能源器件，即光电池，这是一种极有发展前途的绿色能源。

光敏二极管的检测方法和普通二极管的一样，通常正向电阻为几千欧，反向电阻为无穷大，否则光敏二极管质量变差或损坏。当受到光线照射时，反向电阻显著变化，正向电阻不变。

做一做

项目：光敏二极管的特性测试。

任务要求：按测试程序要求完成所有测试内容，并撰写测试报告。

测试设备：模拟电路综合测试台1台，0～30V直流稳压电源1台，数字万用表1块，毫安表1只，微安表1只。

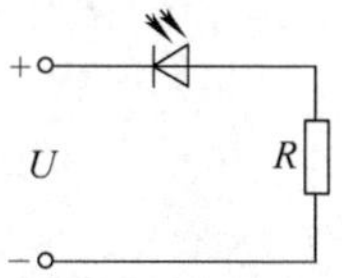

图1-27　光敏二极管的特性测试电路

测试电路：如图1-27所示，$R=10\text{k}\Omega$。

测试程序：

1）直接用万用表测量光敏二极管的反向电阻值，并比较在不同光照情况下的差异，并记录：光敏二极管在光照较强时的反向电阻值（大于/小于）________光照较弱时的反向电阻值。

2）按图1-27接好线路，并串接电流表。

3）接入电源电压 $U=10\text{V}$，观察光敏二极管中有无电流流过，R 上有无输出电压，并记录：________。

4）改变光照强度，使光照强度由强变弱，此时 R 上的输出电压或电流将变（大/小）________。

5）将光敏二极管反接，并改变光照强度，观察此时 R 上的输出电压或电流有无明显变化，并记录：________。

1.4.4　变容二极管

变容二极管是利用 PN 结的结电容可变原理制成的半导体器件，它仍工作在反向偏置状态，当外加的反向偏置电压变化时，其电容也随着改变，它的电路符号、压控特性曲线和常见实物如图 1-28 所示。

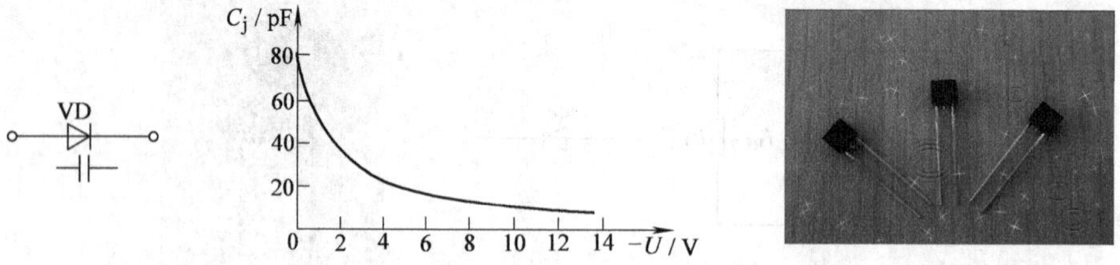

a）电路符号　　b）压控特性曲线　　c）常见实物

图 1-28　变容二极管的电路符号、压控特性曲线和常见实物

变容二极管可作为可变电容使用，主要用于高频技术中，如高频电路中的变频器、电视机中的调谐回路都用到变容二极管。

1.4.5　激光二极管

激光二极管是在发光二极管的 PN 结间安置一层具有光活性的半导体，构成一个光谐振腔。工作时加正向电压，可发射出激光。

常见的激光二极管实物如图 1-29 所示。

激光二极管的应用非常广泛，如在计算机的光盘驱动器、激光打印机中的打印头、激光唱机、激光影碟机中都有激光二极管。

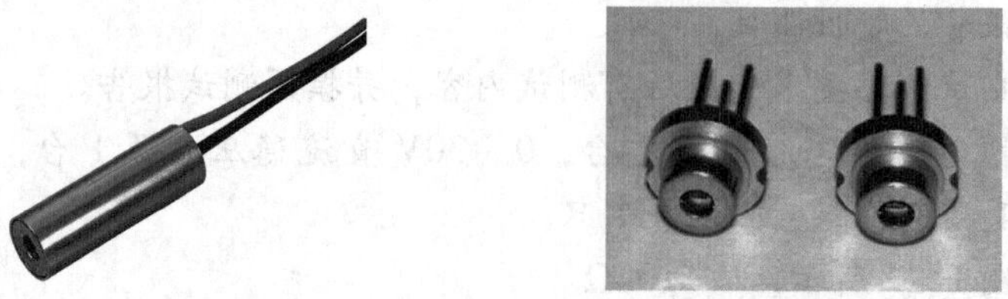

图 1-29　常见的激光二极管实物

想一想

（1）光敏二极管正常工作时，其偏置是正偏还是反偏？或者两种情况都有可能？为什么？

（2）普通二极管“正向导通，反向截止”的基本特性描述是否适用于光敏二极管？为什么？

技能训练1　半导体二极管特性的测试

1. 实训目的

1）熟悉半导体二极管的外形及引脚识别方法。

2）学习查阅半导体器件手册的方法，熟悉二极管的类别、型号及主要性能参数。

3）掌握用万用表判别半导体二极管的极性和好坏的方法。

2. 实训指导

二极管是最基本、最常用的电子器件之一，它们性能的好坏，对电子线路至关重要。下面介绍用万用表测试二极管的方法。

万用表的黑表笔接内部电源的正极，红表笔接万用表内部电源的负极。

二极管有两个电极，正向电阻小，反向电阻大，用万用表欧姆档可判别二极管的极性和好坏。

（1）极性的判别　用万用表的“R×100”或“R×1k”档测试二极管时，当测得的阻值较小时，与黑表笔相接的一端为二极管的正极，与红表笔相接的一端为二极管的负极。

（2）好坏的判别　如果测得的正反向电阻都很大或都很小，说明二极管已损坏。如果测得的正反向电阻相差很大，则该二极管的单向导电性较好。

3. 实训仪器

指针式万用表一块。

4. 实训内容与步骤

1）熟悉各种半导体二极管的外形；熟悉判别各种二极管极性的方法。

2）半导体二极管的识别。查阅本书附录A及半导体器件手册，记录所给二极管的类别、型号及主要参数。

3）用万用表判别普通二极管极性及质量好坏。

将万用表置于“R×1k”档，调零后用表笔分别正接、反接于二极管的两端引脚（见图1-30），这样可分别测得大、小两个电阻值。其中较大的是二极管的反向电阻值，较小的是二极管的正向电阻值，测得正向电阻值时，与黑表笔相连的是二极管的正极（万用表置欧姆档时，黑表笔连接表内电源正极，红表笔连接表内电源负极）。

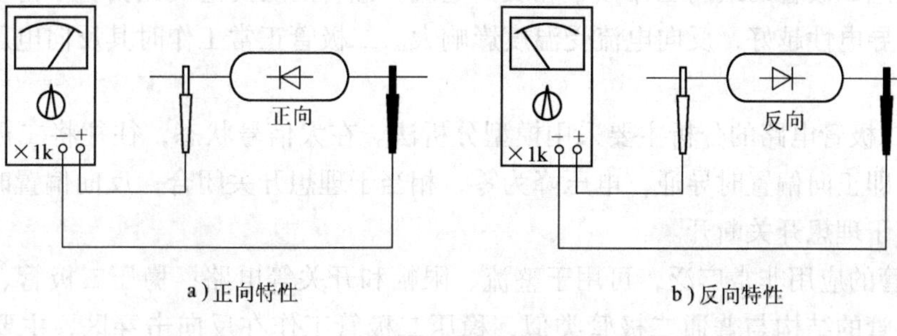

图1-30　二极管的万用表测试

二极管的材料及二极管的质量好坏也可以从其正反阻值中判断出来。一般硅材料二极管的正向电阻为几千欧，而锗材料二极管的正向阻值为几百欧。判断二极管的好坏，关键是看它有无单向导电性能，正向电阻越小、反向电阻越大的二极管的质量越好。如果一个二极管的正、反向电阻值相差不大，则必为劣质管。如果其正、反向电阻值都是无穷大或都是零，则二极管内部已断路或被击穿短路。

5. 实训报告要求

报告内容应包含训练目的、训练内容、所需器材，列出所测二极管的类别、型号、主要参数、测量数据及质量好坏的判别结果，并总结规律等。

6. 思考题

为什么用指针式万用表的不同电阻档测量二极管的正向电阻时，测得的阻值不同？

本 章 小 结

1）半导体材料中有两种载流子参与导电，即自由电子和空穴，电子带负电，空穴带正电。本征半导体的载流子由本征激发产生，电子和空穴总是成对出现，其浓度随温度升高而增加。在本征半导体中掺入不同的杂质元素，可以得到 P 型和 N 型两种杂质半导体；杂质半导体的导电能力得到大大改善，这主要由掺杂浓度决定，且基本不受温度影响；在本征半导体中掺入五价元素，则成为 N 型半导体，N 型半导体中电子是多子，空穴是少子，所以 N 型半导体又叫电子型半导体；在本征半导体中掺入三价元素，则成为 P 型半导体，P 型半导体中空穴是多子，电子是少子，所以 P 型半导体又叫空穴型半导体。

2）采用一定的工艺，使 P 型半导体和 N 型半导体结合在一起，就可以形成 PN 结，PN 结的基本特点是具有单向导电性。PN 结正向偏置时，正向电流主要由多子的扩散运动形成，其值较大且随着正向偏置电压的增加迅速增大，PN 结处于导通状态；PN 结反向偏置时，反向电流主要由少子的漂移运动形成，其值很小，且基本不随反向偏置电压的变化而变化，但随温度变化较大，PN 结处于截止状态。反向偏置电压超过反向击穿电压值后，PN 结被反向击穿，单向导电性被破坏。

3）二极管是由一个 PN 结构成的，同样具有其单向导电性，其特性可用伏安特性和一系列参数来描述。伏安特性有正向特性、反向特性和反向击穿特性。硅二极管的正向导通电压 $U_{th} \approx 0.7V$，锗管 $U_{th} \approx 0.2V$。普通二极管主要参数是最大整流电流和最高反向工作电压，使用中还应注意二极管的最高工作频率和反向电流，硅管的反向电流比锗管小得多，反向电流越小，单向导电性越好，反向电流受温度影响大。二极管正常工作时其反向电压不能超过反向击穿电压。

4）普通二极管电路的分析主要采用模型分析法。在大信号状态，往往将二极管等效为理想二极管，即正向偏置时导通，电压降为零，相当于理想开关闭合；反向偏置时截止，电流为零，相当于理想开关断开。

5）二极管的应用非常广泛，可用于整流、限幅和开关等电路；稳压二极管、发光二极管、光敏二极管的结构与普通二极管类似，稳压二极管工作在反向击穿区，主要用途是稳压；发光二极管与光敏二极管是实现光、电信号转换的半导体器件，在信号处理、传输中获得广泛应用。

思考与练习题

1-1 判断题

(1) 在P型半导体中如果掺入足够量的五价元素，可将其改型为N型半导体。( )

(2) 因为N型半导体的多数载流子是自由电子，所以它带负电。( )

(3) PN结在无光照射、无外加电压时，结电流为零。( )

(4) 用万用表判别二极管的极性时，若测的是二极管的正向电阻，那么和标有“+”号的表笔相连的是二极管的正极，另一端是负极。( )

(5) 二极管的电流-电压关系特性可大概理解为反向偏置导通，正向偏置截止。( )

(6) 稳压二极管正常工作在反向击穿状态，切断外加电压后，PN结应处于反向击穿状态。( )

(7) 在稳压二极管构成的稳压电路中不接入限流电阻R，利用稳压管的稳压性能也能输出稳定的直流电压。( )

1-2 选择题

(1) 当PN结外加反向电压时，空间电荷区将( )。

(A) 变窄 (B) 基本不变 (C) 变宽

(2) 当PN结外加正向电压时，空间电荷区将( )。

(A) 变宽 (B) 变窄 (C) 不变

(3) 稳压二极管是工作在( )区实现稳定电压的功能。

(A) 正向导通 (B) 反向截止 (C) 反向击穿

(4) 在本征半导体中加入( )元素可形成N型半导体，加入( )元素可形成P型半导体。

(A) 五价 (B) 四价 (C) 三价

(5) 当温度升高时，二极管的反向饱和电流将( )。

(A) 增大 (B) 不变 (C) 减小

(6) 如果二极管的正、反向电阻都很小或为零，则该二极管( )。

(A) 正常 (B) 已被击穿 (C) 内部断路

1-3 电路如图1-31所示，已知$u_i=(10\sin\omega t)$ V，试画出u_i与u_o的波形(忽略二极管的正向压降)。

1-4 比较硅、锗两种材料二极管的性能。在工程实践中，为什么硅二极管应用较普遍？

1-5 电路如图1-31所示，设二极管的正向电压降为0.6V，求u_i分别+5V、-5V、0V时u_o的值。

1-6 二极管电路如图1-32所示，试判断图中的二极管是导通还是截止，并确定各电路的输出电压。

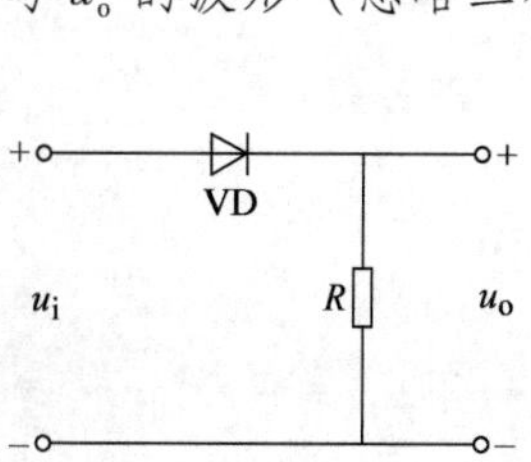

图1-31 题1-3图

1-7 电路如图1-33所示，已知$u_i=(5\sin\omega t)$ V，二极管导通电压为0.7V。试画出u_i与u_o的波形，并标出幅值。

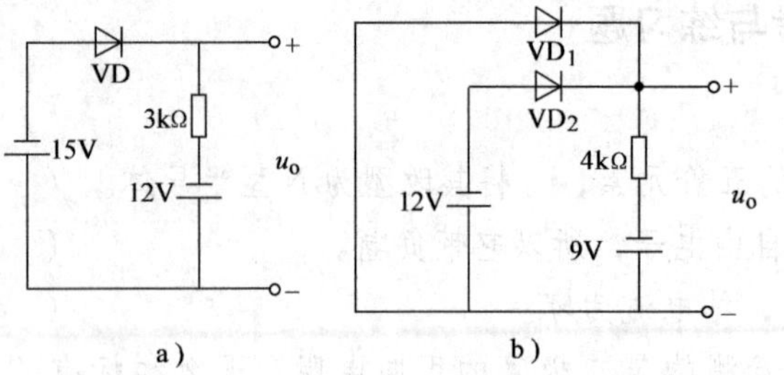

图1-32　题1-6图

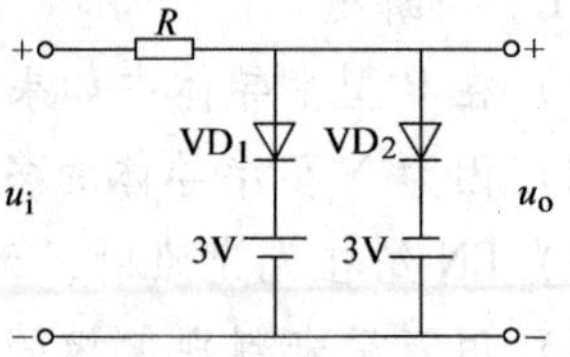

图1-33　题1-7图

1-8　由理想二极管组成的电路如图1-34所示，已知 $u_i=(10\sin\omega t)$ V，试画出输出电压的波形。

1-9　已知图1-35所示电路中的稳压二极管的稳定电压 $U_Z=6$V，最小稳定电流 $I_{Zmin}=5$mA，最大稳定电流 $I_{Zmax}=25$mA，限流电阻 $R=1$kΩ。

（1）分别计算 $U_i=8$V、15V、40V 三种情况下的输出电压 U_o 的值。

（2）当 $U_i=40$V，负载 R_L 开路时，电路能否正常工作，为什么？

1-10　现有两只稳压二极管，它们的稳定电压分别为4V和8V，正向导通电压为0.7V。试问：若将它们串联相接，则可得到几种稳压值，各为多少？

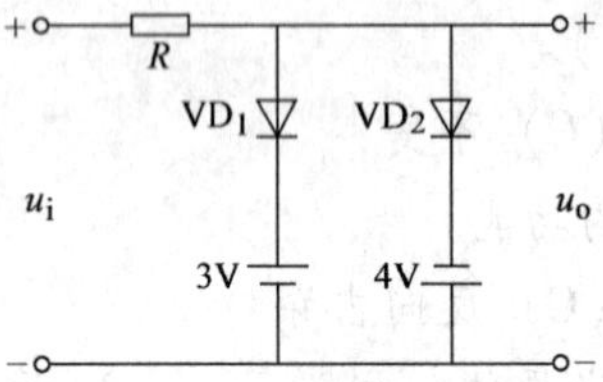

图1-34　题1-8图

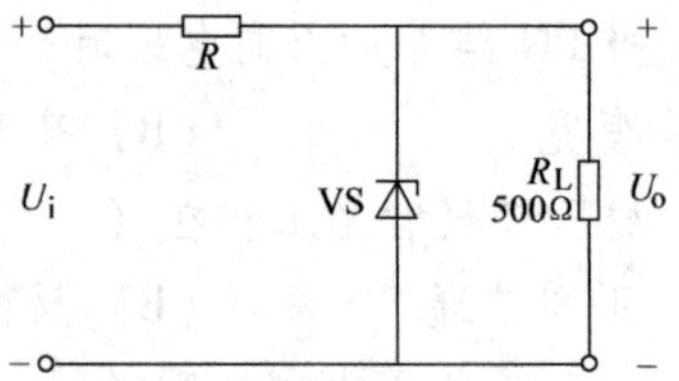

图1-35　题1-9图

1-11　为什么稳压二极管的动态电阻越小其稳压性能越好？

第 2 章　半导体三极管及放大电路基础

☞ 要求

熟悉半导体三极管的基础知识，掌握半导体三极管放大电路的实际应用。

📖 知识点

- 了解半导体三极管的基础知识。
- 掌握半导体三极管的结构、特性及主要参数。
- 掌握半导体三极管基本放大电路的组成、结构及特征。
- 掌握半导体三极管基本放大电路的实际应用及分析方法。

📢 重点和难点

- 半导体三极管的结构、特性及管型的判断。
- 半导体三极管基本放大电路的实际应用及分析方法。

2.1　双极型半导体三极管

双极型半导体三极管因两种载流子（空穴和自由电子）都参与导电而得名，通常叫晶体管，用字母 VT 表示，它的种类很多，按所用的半导体材料分，有硅管和锗管；按功率大小分，有大、中、小功率管；按工作频率分，有高频管和低频管；按封装形式分，有金属封装和塑料封装等。

2.1.1　晶体管的工作原理

1. 晶体管的结构与符号

晶体管是在一块半导体上通过特定的工艺掺入不同杂质的方法制成两个紧挨着的 PN 结，并引出三个电极构成的，如图 2-1 所示。

晶体管有三个区，分别是发射区、基区和集电区。各区引出的电极依次是发射极 E、基极 B 和集电极 C。发射区和基区形成的 PN 结称为发射结，集电区和基区形成的 PN 结称为集电结。

2. 晶体管的电流放大作用

尽管晶体管从结构上看相当于两个二极管背靠背地串联在一起，但是将两个二极管按上述关系简单连接时，将会发现并没有放大作用。晶体管之所以有放大作用是由它内部特殊结构和外部条件共同决定的。

内部特殊结构：

1）发射区是重掺杂区，所以多数载流子的浓度很大。

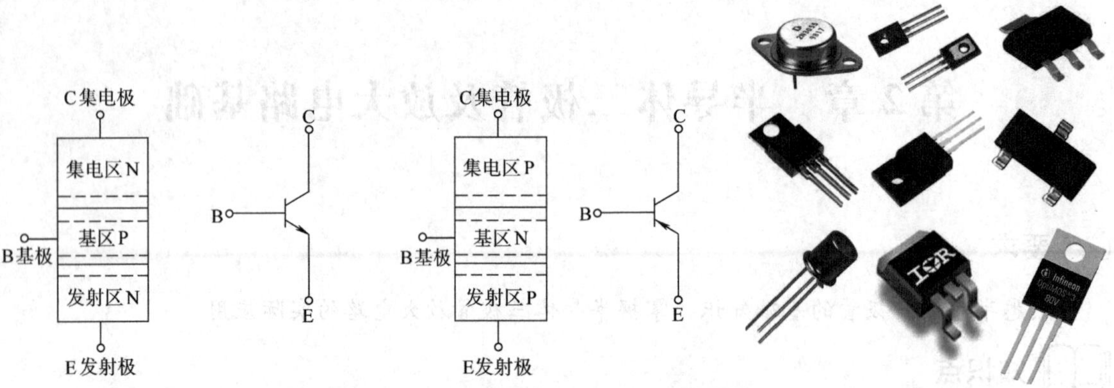

a) NPN 型晶体管结构示意图　b) NPN 型晶体管符号　c) PNP 型晶体管结构示意图　d) PNP 型晶体管符号　e) 常见实物

图 2-1　晶体管的结构示意图、符号和常见实物

2）基区很薄，通常只有 1μm 至几十微米，而且掺杂浓度比较低。

3）集电区的面积最大。

外部条件：所加的直流电源必须保证发射结正向偏置，集电结反向偏置。

（1）电路　图 2-2 中，V_{BB}为基极电源电压，用于提供发射结正向偏置电压，R_B 为限流电阻；V_{CC}为集电极电源电压，它通过 R_C、集电结、发射结形成回路。

由于发射结正偏，其电压降很小（硅管约为 0.7V），所以 V_{CC} 主要加在电阻 R_C 和集电结两端，使集电结反偏。图中发射极 E 是输入回路和输出回路的公共端，这种连接方式的电路称为共发射极电路。

（2）载流子的运动规律　V_{BB}经过电阻 R_B 使发射结正向偏置，发射区的多数载流子（自由电子）不断越过发射结进入基区。自由电子进入基区后，使基区靠近发射结的自由电子浓度很大，而靠近集电结的电子浓度很小，这样在基区存在明显的浓度差，在浓度差的作用下，促使电子在基区中向集电结扩散，由于集电结外加反向电压，这个反向电压产生的电场将阻止集电区的电子向基区扩散，而促使扩散到集电结的电子作漂移运动到达集电极。

（3）晶体管的电流分配关系　综合载流子的运动规律，晶体管内的电流分配如图 2-3 所示，图中箭头表示电流方向。

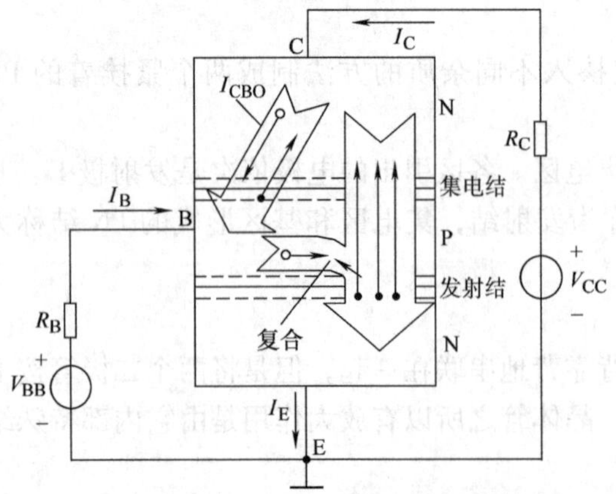

图 2-2　NPN 型晶体管中载流子的运动和各级电流

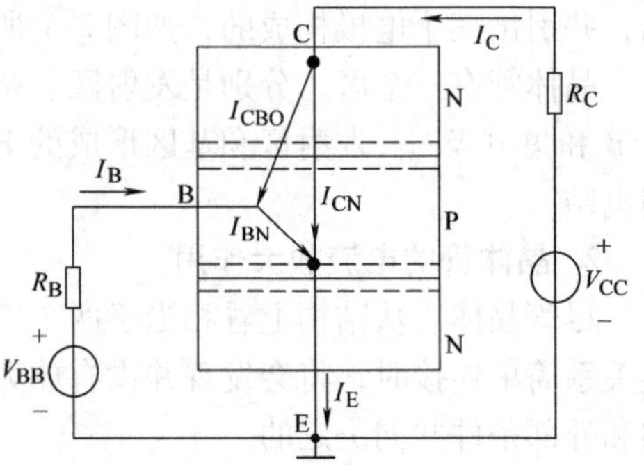

图 2-3　晶体管的电流分配关系

根据图 2-3，电流关系如下：

$$\left.\begin{aligned}I_B &= I_{BN} - I_{CBO}\\ I_C &= I_{CN} + I_{CBO}\\ I_E &= I_{BN} + I_{CN}\end{aligned}\right\} \tag{2-1}$$

从而可推出

$$I_E = I_C + I_B \tag{2-2}$$

由载流子的运动规律可知，从发射区注入到基区的电子只有很小一部分在基区复合，大部分到达集电区，即 $I_{CN} \gg I_{BN}$，若它们的比值用 $\overline{\beta}$ 来表示，则有

$$\overline{\beta} = \frac{I_{CN}}{I_{BN}} \tag{2-3}$$

$\overline{\beta}$ 反映了晶体管的电流放大能力，称为晶体管共发射极电路的直流电流放大系数，可见 $\overline{\beta}$ 远大于 1，它的大小取决于基区中载流子扩散和复合的比例关系，这种比例关系是由晶体管的内部结构决定的，晶体管一旦制成，这种比例关系也就确定了。

对照图 2-3 和上面几个表达式，各级电流满足下列分配关系：

$$\overline{\beta} = \frac{I_{CN}}{I_{BN}} = \frac{I_C - I_{CBO}}{I_B + I_{CBO}} \approx \frac{I_C}{I_B} \tag{2-4}$$

$$I_C = \overline{\beta} I_B + (1+\overline{\beta})\ I_{CBO} \approx \overline{\beta} I_B \tag{2-5}$$

令

$$I_{CEO} = (1+\overline{\beta})\ I_{CBO} \tag{2-6}$$

式中，I_{CEO} 为穿透电流。

由以上各式可推出

$$I_C = \overline{\beta} I_B + I_{CEO} \tag{2-7}$$

由式（2-2）和式（2-3）可知

$$I_E > I_C > I_B \tag{2-8}$$

由晶体管内部载流子的运动规律可知，集电极电流 I_C 主要来源于发射极电流 I_E（I_C 受 I_B 控制），而与集电极外部电路无关，只要加在集电结上的反向电压能够将基区扩散到集电结附近的电子吸引到集电区即可，这也是晶体管同二极管的主要区别。

以上分析的是 NPN 型晶体管的电流放大原理，对于 PNP 型晶体管，其工作原理与 NPN 型晶体管相同，只是晶体管各级电压极性相反，发射区发射的载流子是空穴而不是自由电子。

2.1.2　晶体管的三种连接方式

晶体管有三个电极，而在连成电路时，必须有两个电极接输入回路，两个电极接输出回路，这样必然就有一个公共端，根据公共端的不同，可以有三种基本连接方式。

1. 共发射极接法

共发射极接法（简称共射接法）以基极为输入端，集电极为输出端，发射极为公共端，电路如图 2-4a 所示。

2. 共基极接法

共基极接法（简称共基接法）以发射极为输入端，集电极为输出端，基极为公共端，电路如图 2-4b 所示。

3. 共集电极接法

共集电极接法（简称共集接法）以基极为输入端，发射极为输出端，集电极为公共端，电路如图 2-4c 所示。

图 2-4 中，“⊥” 表示公共端，亦称接地端。无论采用哪种接法，要实现放大，都必须满足发射结正偏，集电结反偏这一外部条件。

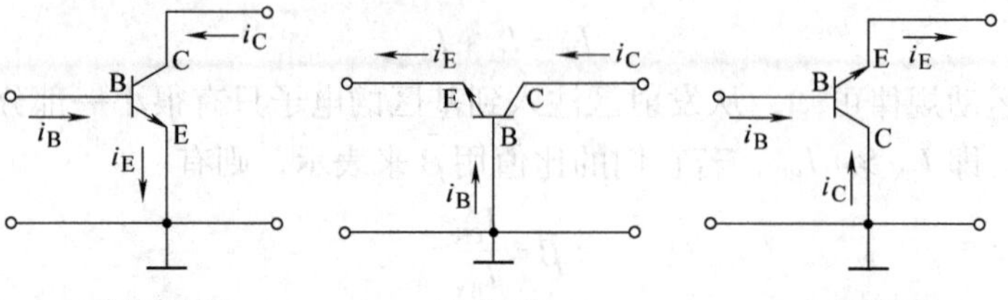

a）共发射极　　b）共基极　　c）共集电极

图 2-4　晶体管的三种基本连接方式

2.1.3　晶体管的特性曲线

晶体管的特性曲线全面反映了晶体管各级电压与电流之间的关系，是分析含有晶体管的各种电路的重要依据。晶体管各电极电压与电流之间的关系可用伏安特性曲线来表示，特性曲线可用晶体管特性图示仪测得，下面对共发射极电路的特性曲线进行讨论。

1. 输入特性曲线

NPN 型晶体管共发射极电路如图 2-5a 所示，由输入回路可写出晶体管输入特性的函数式为

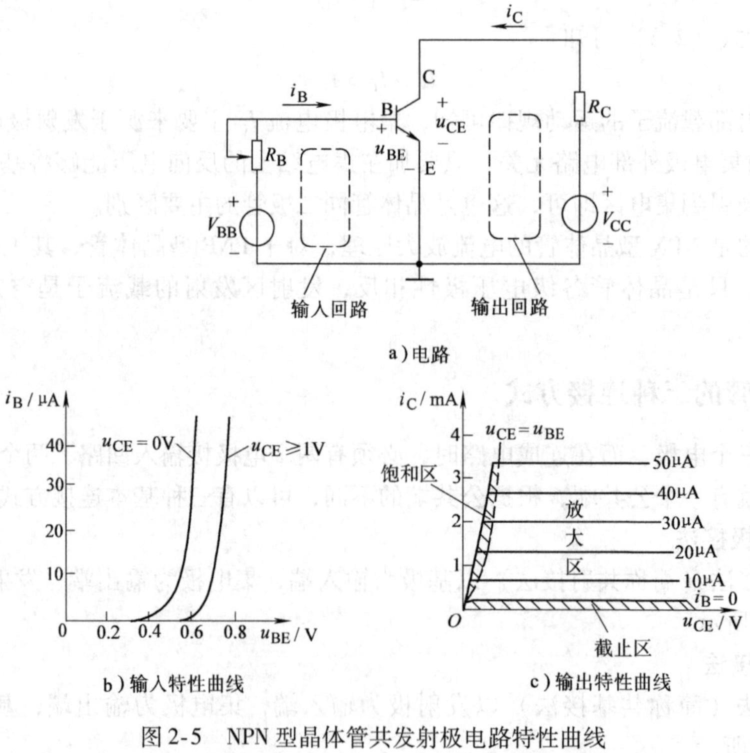

b）输入特性曲线　　c）输出特性曲线

图 2-5　NPN 型晶体管共发射极电路特性曲线

$$i_B = f(u_{BE})\Big|_{u_{CE}=\text{常数}} \tag{2-9}$$

实际测得的某NPN型硅晶体管的输入特性曲线如图2-5b所示，由图可见，曲线形状与二极管的伏安特性类似，不过，它与u_{CE}有关，$u_{CE}=1V$时的输入特性曲线比$u_{CE}=0V$时的输入特性曲线向右移动了一段距离，即u_{CE}增大时曲线向右移，但当$u_{CE}>1V$时，曲线右移距离很小，可以近似认为与$u_{CE}=1V$时的曲线重合，在实际使用中，u_{CE}总是大于1V的。由图可见，只有u_{BE}大于0.5V（称为死区电压）后，i_B才随u_{BE}的增大迅速增大，正常工作时管压降u_{BE}为0.6~0.8V，通常取0.7V，称之为导通电压$U_{BE(on)}$。对于锗管，死区电压约为0.1V，正常工作时管压降为0.2~0.3V，导通电压$U_{BE(on)}\approx0.2V$。

2. 输出特性曲线

如图2-5a所示，由输出回路可写出晶体管输出特性的函数式为

$$i_C = f(u_{CE})\Big|_{i_B=\text{常数}} \tag{2-10}$$

由图2-5c可见，根据晶体管的工作状态不同，可将输出特性分为放大区、截止区和饱和区。

（1）放大区　在$i_B=0$的特性曲线上方，各条输出特性曲线是近似平行于横轴的曲线簇。不同的i_B对应的特性曲线的形状基本上是相同的，而且$u_{CE}>1V$后，特性曲线几乎与横轴平行，i_B等量增加时，曲线等间隔地平行上移。即i_B为常数的情况下，晶体管u_{CE}增大时，i_C几乎不变，即具有恒流特性。在放大区，i_C的变化随i_B变化，即$i_C=\bar{\beta}i_B$，所以把这一区域称为放大区。此时发射结处于正向偏置，且$u_{BE}>0.5V$；集电结处于反向偏置，且$u_{CE}\geqslant1V$。

（2）截止区　在$i_B=0$曲线以下的区域称为截止区，这时$i_C=i_{CEO}\approx0$。集电极到发射极只有微小的电流，称为穿透电流。晶体管集电极与发射极之间近似开路，类似于开关断开状态，无放大作用，呈高阻状态。此时u_{BE}低于死区电压，晶体管截止，发射结和集电结都处于反向偏置。

（3）饱和区　u_{CE}比较小，且小于u_{BE}，$u_{CB}=u_{CE}-u_{BE}<0$，i_C随u_{CE}的增大迅速上升，而与i_B不成比例，即不具有放大作用，这一区域称为饱和区。在饱和区，晶体管的发射结和集电结都处于正向偏置，晶体管C、E极之间的压降很小。将晶体管工作在饱和区时C、E极之间的压降称为饱和压降，记作U_{CES}，对于一般的小功率晶体管，硅管的饱和压降为0.3V，锗管的饱和压降为0.1V。晶体管集电极与发射极之间近似短路，类似于开关接通状态。常把$u_{CE}=u_{BE}$定为放大状态与饱和状态的分界点，在这条曲线上，晶体管既处在放大区又处在饱和区，故称为临界饱和状态。

综上所述，晶体管工作在放大区，具有电流放大作用，常用于构成各种放大电路；晶体管工作在截止区和饱和区，相当于开关的断开与接通，常用于开关控制与数字电路。

晶体管工作在不同的区域时，各电极之间的电位关系不同。以NPN型晶体管为例，工作在放大区时，$V_C>V_B>V_E$；工作在截止区时，$V_C>V_E>V_B$；工作于饱和区时，$V_B>V_C>V_E$。对于PNP型晶体管，与NPN型晶体管相反。

3. 温度对特性曲线的影响

温度对晶体管特性影响较大，输入、输出特性曲线都随温度的变化而变化。温度升高，输入特性曲线向左移，即温度每升高1℃，晶体管的导通电压减少2~2.5mV，如图2-6a所示。温度每升高10℃，i_{CBO}约增大1倍，因此温度升高，输出特性曲线向上移，如图2-6b所示。此外，温度每升高1℃，$\bar{\beta}$大约增大0.5%~1%。

2.1.4　晶体管的主要参数

在实际应用时，必须根据晶体管的参数来选取合适的晶体管。掌握晶体管的参数有助于合理选取并安全使用晶体管。其主要参数有：电流放大系数、极间反向饱和电流以及极限参数等。

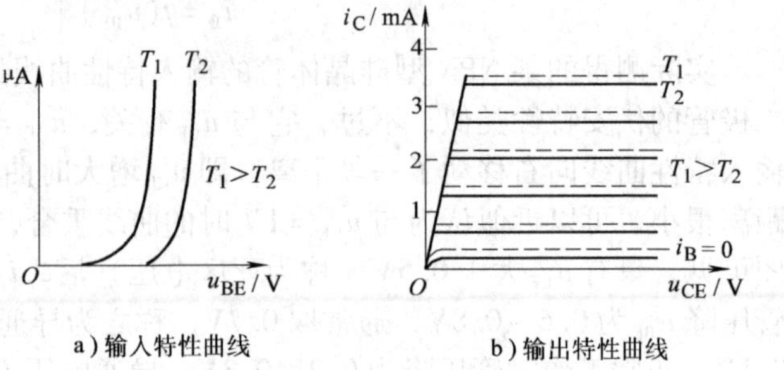

图 2-6　温度对晶体管特性曲线的影响

1. 电流放大系数

电流放大系数的大小反映了晶体管的放大能力。

（1）发射极电流放大系数

1）直流电流放大系数$\bar{\beta}$，定义为晶体管的集电极电流 I_C 与基极电流 I_B 之比，即$\bar{\beta}\approx\frac{I_C}{I_B}$。

2）交流电流放大系数β，定义为集电极电流的变化量 ΔI_C 与基极电流的变化量 ΔI_B 之比，即 $\beta=\frac{\Delta I_C}{\Delta I_B}$。有时$\beta$也用 h_{fe} 表示。

显然，β 和 $\bar{\beta}$ 的定义是不同的，$\bar{\beta}$ 反映的是集电极的直流电流与基极的直流电流之比，而β是集电极电流变化量与基极电流变化量之比，但在实际应用中，在工作电流不是很大的情况下，β 与 $\bar{\beta}$ 值几乎相等，故在应用中不再区分，均用β表示。

（2）共基极电流放大系数

1）直流电流放大系数 $\bar{\alpha}$，定义为晶体管的集电极电流 I_C 与发射极电流 I_E 之比，即 $\bar{\alpha}\approx\frac{I_C}{I_E}$。

2）交流电流放大系数α，定义为晶体管的集电极电流的变化量 ΔI_C 与发射极电流的变化量 ΔI_E 之比，即 $\alpha=\frac{\Delta I_C}{\Delta I_E}$。

一般情况下 $\bar{\alpha}\approx\alpha$，且为常数，故可混用，其值小于 1 而接近 1，一般在 0.98 以上，即共基极接法时，晶体管无电流放大能力。根据以上分析可以得到α和β的关系为

$$\alpha=\frac{\beta}{\beta+1} \tag{2-11}$$

2. 极间反向饱和电流

极间反向饱和电流同电流放大系数一样，都是表征晶体管优劣的主要指标。常用的反向饱和电流有 I_{CBO} 和 I_{CEO}。

I_{CBO} 为发射极开路时，集电极和基极之间的反向饱和电流。室温下，小功率硅管的 I_{CBO} 小于 1μA，锗管的 I_{CBO} 约为几微安到几十微安。

I_{CEO} 为基极开路时，集电极直通到发射极的电流，由于它是从集电区通过基区流向发射区的电流，所以又叫穿透电流。由前面讨论可知

$$I_{CEO}=(1+\beta)\ I_{CBO} \tag{2-12}$$

无论 I_{CBO} 还是 I_{CEO}，受温度的影响都很大。当温度升高时，I_{CBO} 增加很快，而 I_{CEO} 增加

更快，I_C 也相应增加，因此晶体管的温度稳定性较差，这是它的一个缺点。I_{CBO}越大、β 值越高的晶体管，其稳定性越差。因此在选用晶体管时，要求 I_{CBO}尽可能小些，而 β 以不超过 100 为宜。

硅管的温度稳定性能胜于锗管，所以在温度变化较大的环境中，应选用硅管。

3. 极限参数

极限参数是指晶体管正常工作时不得超过的最大值，以此保证晶体管的正常工作。使用晶体管时，若超过这些极限值，将会使晶体管性能变差，甚至损坏。

（1）集电极最大允许电流 I_{CM}　集电极电流太大时，β 值将明显降低。I_{CM}是指 β 下降到正常值的 2/3 时所对应的集电极电流值。使用中若 $I_C > I_{CM}$，晶体管不一定会损坏，但 β 值会明显下降。

（2）集电极最大允许功率损耗 P_{CM}　晶体管工作时 u_{CE}的大部分加在集电结上，因此，集电极功率损耗（简称功耗）$P_C = U_{CE}I_C$，近似为集电结功耗，它将使集电结温度升高，使晶体管发热。P_{CM}就是由允许的最高集电结温度决定的最大集电极功耗，工作时 P_C 必须小于 P_{CM}。

（3）反向击穿电压 $U_{(BR)CEO}$　基极开路时集电极、发射极之间最大反向允许电压为反向击穿电压 $U_{(BR)CEO}$，当 $U_{CE} > U_{(BR)CEO}$时，晶体管的 I_C、I_E 剧增，使晶体管击穿。

根据三个极限参数 I_{CM}、P_{CM}、$U_{(BR)CEO}$，可以确定晶体管的安全工作区。如图 2-7 所示，晶体管工作时必须保证工作在安全工作区内，并留有一定的余量。

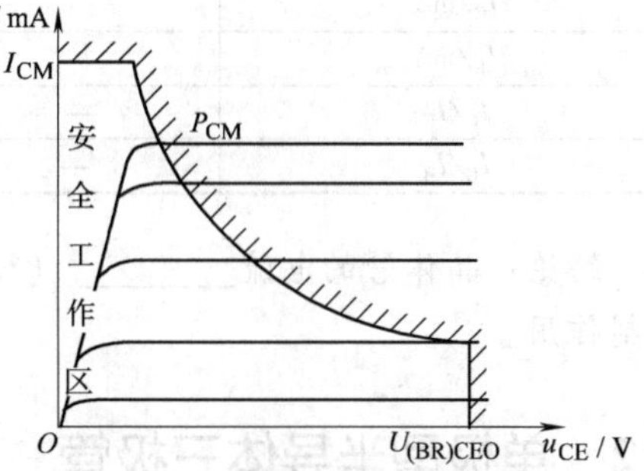

图 2-7　晶体管的安全工作区

读一读

【知识拓展】

晶体管为什么能放大？这是初学者最不理解的问题之一。在图 2-5a 中，当输入端外加一个信号时，输入回路的外加电压 $u_{BE} = U_{BE} + u_i = U_{BE} + \Delta U_{BE}$，即发射结两端电压在直流 U_{BE}的基础上叠加一个交流变化量 ΔU_{BE}，使发射极电流 $i_E = I_E + \Delta I_E$，即在原来 I_E 的基础上变化了 ΔI_E。相应地，集电极电流 $i_C = I_C + \Delta I_C$，基极电流 $i_B = I_B + \Delta I_B$，分别在原来的基础上变化了 ΔI_C 和 ΔI_B。

从能量的角度来看，输入的电压 ΔU_{BE}和电流 ΔI_B均较小，输入的功率也较小，而输出的电流 ΔI_C和电压 ΔU_o均较大，输出的功率也较大；输出功率是由电源 V_{CC}提供的，不是由输入电压 ΔU_{BE}提供的。当然，由于晶体管的特殊作用，输入电压 ΔU_{BE}完全控制着输出电流 ΔI_C和电压 ΔU_o的变化，因此输出端可以得到与输入信号波形完全一致的但功率要大得多的信号，即信号得到了放大。所以“放大”的本质是指功率的放大或能量的放大。

做一做

项目： 晶体管各极电流分配关系的测试。

任务要求： 按测试程序要求完成所有测试内容，并撰写测试报告。

测试设备：模拟电路综合测试台 1 台，0 ~ 30V 直流稳压电源 1 台，数字万用表 1 块，毫安表 1 只，微安表 1 只。

测试电路：如图 2-8 所示，其中 $R_B = 100\text{k}\Omega$，$R_C = 1\text{k}\Omega$。

测试程序：

1）按图 2-8 接好电路，并在基极回路中串接入微安表，在集电极回路中串接入毫安表。

2）接入电源电压 $V_{BB} = 0\text{V}$，$V_{CC} = 20\text{V}$，观察晶体管中有无集电极电流，并记录：________。

3）改变电源电压 V_{BB}，使 I_B 为表 2-1 中所给的各数值，并测出此时相应的 I_C 值，求出相应的 I_E（$= I_B + I_C$）值、I_C/I_E 值和 I_C/I_B 值。

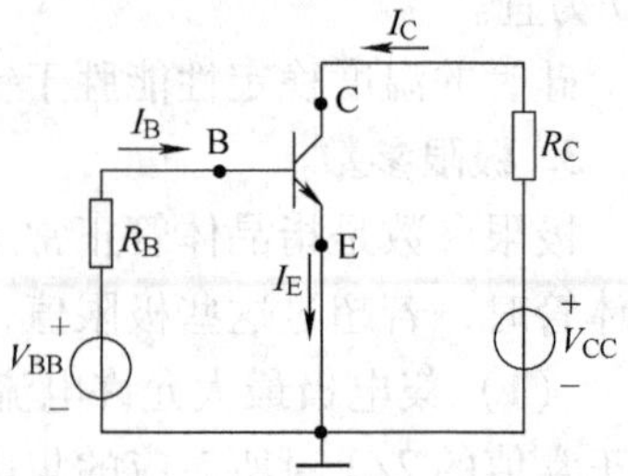

图 2-8 NPN 型晶体管各极电流分配关系的测试电路

表 2-1 晶体管电流分配关系的测量结果

$I_B/\mu A$	0	10	20	50
I_C/mA				
I_E/mA				
I_C/I_E	—			
I_C/I_B	—			

结论：晶体管的电流________（I_B、I_C、I_E）对电流________（I_B、I_C、I_E）有明显的控制作用。

2.2 单极型半导体三极管

单极型半导体三极管又叫场效应晶体管（简称 FET），它输入电阻高，另外还具有噪声低、热稳定性好、抗辐射能力强和寿命长等优点，因而得到广泛应用。

场效应晶体管根据结构的不同，分成两类：金属（Metal）-氧化物（Oxide）-半导体（Semiconductor）场效应晶体管（即 MOS 场效应晶体管）和结型场效应晶体管。

场效应晶体管根据制造工艺和材料的不同，又分为 N 沟道场效应晶体管和 P 沟道场效应晶体管。

2.2.1 MOS 场效应晶体管

MOS 场效应晶体管按工作方式不同，又分为增强型和耗尽型两类。这里以 N 沟道增强型 MOS 场效应晶体管为例，讨论 MOS 场效应晶体管的有关特性。

1. N 沟道增强型 MOS 场效应晶体管

（1）结构与符号　N 沟道增强型 MOS 场效应晶体管的结构如图 2-9a 所示，它的制造工艺是：以一块掺杂浓度较低的 P 型硅片作为衬底，然后利用扩散的方法在衬底的两侧形成掺杂浓度比较高的 N^+ 区，并用金属铝引出两个电极，分别是源极（S）和漏极（D），然后在硅片表面覆盖一层很薄的二氧化硅（SiO_2）绝缘层，在漏极和源极之间的绝缘层表面再用金属铝引出一个电极作为栅极（G），另外从衬底引出衬底引线 B。可见这种场效应晶体管由金属、氧化物和半导体组成，所以称为 MOS 场效应晶体管，简称为 MOS 管。根据这种结构知，源极和漏极可以交换使用。但在实际应用中，通常源极和衬底引线 B 相连，此时 S 和 D 不能交换使用。

如果以 N 型硅片作为衬底，可制成 P 沟道增强型 MOS 场效应晶体管。N 沟道和 P 沟道增强型 MOS 场效应晶体管的符号分别如图 2-9b 和 2-9c 所示，图中，衬底引线 B 的方向始终是 PN 结加正偏电压时正向电流的方向。图 2-9d 为场效应晶体管实物图。

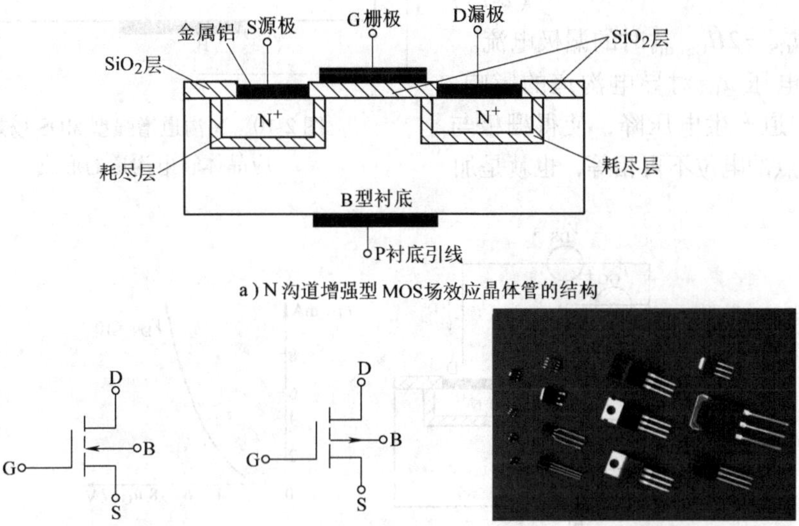

a) N 沟道增强型 MOS场效应晶体管的结构

b) N 沟道增强型MOS场效应晶体管的符号

c) P 沟道增强型MOS场效应晶体管的符号

d) 实物图

图 2-9　增强型场效应晶体管的结构、符号与实物图

（2）工作原理　N 沟道增强型 MOS 场效应晶体管正常工作时，栅、源极之间加正向电压 u_{GS}，漏、源极之间加正向电压 u_{DS}，并将源极和衬底相连。衬底是电路中的最低电位。

1）栅源电压 u_{GS} 对 i_D 的控制。当栅、源极间无外加电压时，由于漏、源极间不存在导电沟道，所以无论在漏、源极间加上何种极性的电压，都不会产生漏极电流。正常工作时，栅、源极间必须外加电压使导电沟道产生，导电沟道产生过程如下：当在栅、源极间外加正向电压 u_{GS} 时，外加的正向电压在栅极和衬底之间的 SiO_2 绝缘层中产生了由栅极指向衬底的电场，由于绝缘层很薄（0.1μm 左右），因此数伏电压就能产生很强的电场。该强电场会使靠近 SiO_2 一侧 P 型硅中的多子（空穴）受到排斥而向体内运动，从而在表面留下不能移动的负离子，形成耗尽层。耗尽层与金属栅极间就类似于平板电容器。随着正向电压 u_{GS} 的增大，耗尽层也随着加宽，对于 P 型半导体中的少子（电子），此时则受到电场力的吸引。当 u_{GS} 增大到某一值时，这些电子被吸引到 P 型半导体表面，使耗尽层与绝缘层之间形成一个 N 型薄层，鉴于这个 N 型薄层是由 P 型半导体转换而来的，故将它称为反型层。反型层使两个 N 型区相连，成为漏、源极间的导电沟道，如图 2-10 所示。

这时，如果在漏、源极间加上电压，就会有漏极电流产生，如图 2-11a 所示。人们将开始形成反型层所需的 u_{GS} 值称为开启电压，用 $U_{GS(th)}$ 表示。显然，栅源电压 u_{GS} 越大，作用于半导体表面的电场越强，被吸引到反型层中的电子越多，沟道越厚，相应的沟道电阻就越小。可见，这种场效应晶体管在 $u_{GS}=0$ 时没有导电沟道，只有当 $u_{GS}>U_{GS(th)}$ 时才有导电沟道。其转移特性曲线如图 2-11b 所示，可近似用下式表示：

$$i_D = I_{DO}\left(\frac{u_{GS}}{U_{GS(th)}}-1\right)^2 \quad (u_{GS}>U_{GS(th)}) \tag{2-13}$$

式中，I_{DO} 是 $u_{GS}=2U_{GS(th)}$ 时的漏极电流。

2）漏源电压 u_{DS} 对导电沟道的影响。i_D 流经导电沟道产生电压降，使得栅极与导电沟道中各点的电位不再相等，也就是加

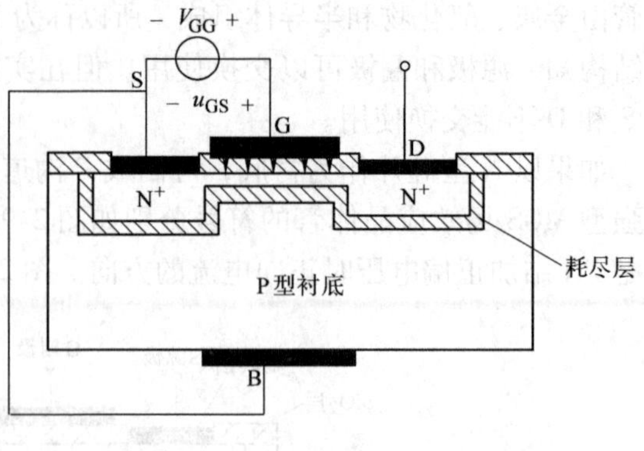

图 2-10　N 沟道增强型 MOS 场效应晶体管电沟道的形成

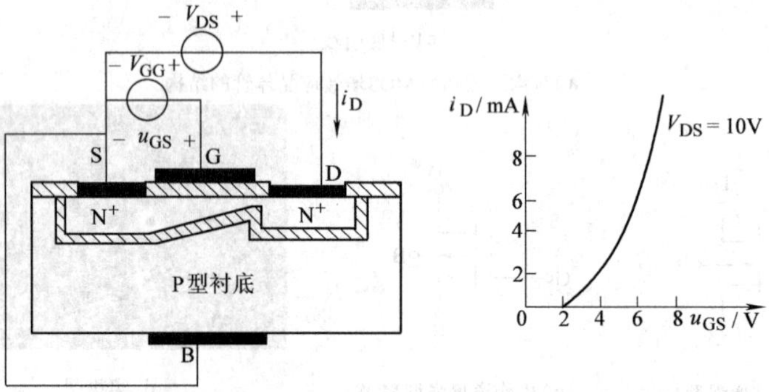

a) u_{GS}对沟道的影响　　b）转移特性曲线

图 2-11　u_{GS}对 i_D 的控制作用

在“平板电容器”上的电压将沿着导电沟道产生变化，导电沟道从等宽到不等宽，呈楔形分布。当 $u_{GS}>U_{GS(th)}$ 且为某一定值时，如果在漏、源极间加上正向电压 u_{DS}，u_{DS}将在导电沟道中产生自漏极指向源极的电场，该电场使 N 导电沟道中的多数载流子（电子）沿着导电沟道从源极漂移到漏极形成漏极电流 i_D。其输出特性曲线如图 2-12 所示。从图中可以看出，管子的工作状态可分为可变电阻区、放大区和截止区三个区域。

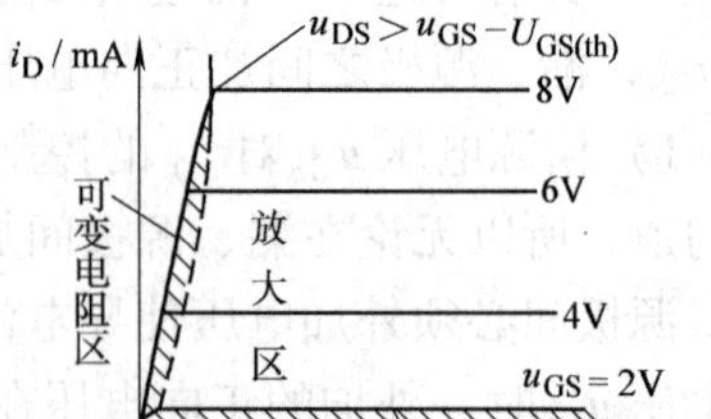

图 2-12　N 沟道增强型 MOS 场效应晶体管的输出特性曲线

可变电阻区：这是 u_{DS} 较小的区域，当 u_{GS} 为一定值时，i_D 与 u_{DS} 成线性关系，其相应直线的斜率受 u_{GS} 控制，这时场效应晶体管 D、S 极间相当于一个受电压 u_{GS} 控制的可变电阻，其阻值为相应直线斜率的倒数。

放大区：这是 $u_{DS}>u_{GS}-U_{GS(th)}$ 时场效应晶体管通电沟道夹断后对应的工作区域，其特点是曲线近似为一簇平行于 u_{DS} 轴的直线，i_D 仅受 u_{GS} 控制而与 u_{DS} 基本无关。在这一区域，场效应晶体管的 D、S 极之间相当于一个受电压 u_{GS} 控制的电流源，所以也称为恒流区，场效应晶体管用于放大电路时，一般工作于该区域。

截止区：指 $u_{GS} < U_{GS(th)}$ 的区域，这时导电沟道消失，$i_D = 0$，管子处于截止状态。

2. N 沟道耗尽型 MOS 场效应晶体管

N 沟道耗尽型 MOS 场效应晶体管的结构如图 2-13a 所示，符号如图 2-13b 所示。N 沟道耗尽型 MOS 场效应晶体管在制造时，在二氧化硅绝缘层中掺入大量的正离子。这些正离子的存在使得当 $u_{GS} = 0$ 时有垂直电场进入半导体，并吸引自由电子到半导体的表面形成 N 型导电沟道。

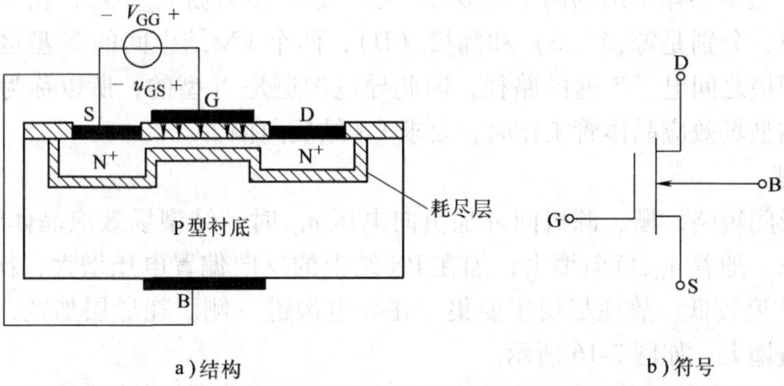

图 2-13　N 沟道耗尽型 MOS 场效应晶体管的结构与符号

如果在栅、源极之间加负电压，则 u_{GS} 所产生的外电场会削弱正离子产生的电场，使得导电沟道变窄，电流 i_D 减小，反之则电流 i_D 增大。故这种管子的栅源电压 u_{GS} 可以是正的，也可以是负的。改变 u_{GS} 就可以改变导电沟道宽窄，从而控制漏极电流 i_D。N 沟道耗尽型 MOS 场效应晶体管的输出特性曲线如图 2-14a 所示，其转移特性曲线如图 2-14b 所示，$i_D = 0$ 时场效应晶体管截止，导电沟道消失，此时的栅源电压称为夹断电压，用 $U_{GS(off)}$ 来表示。其中转移特性曲线可近似用下式表示：

$$i_D = I_{DSS}\left(1 - \frac{u_{GS}}{U_{GS(off)}}\right)^2 \qquad (U_{GS(off)} < u_{GS} \leqslant 0) \tag{2-14}$$

式中，I_{DSS} 是 $u_{GS} = 0$ 时的漏极电流，称为漏极饱和电流。

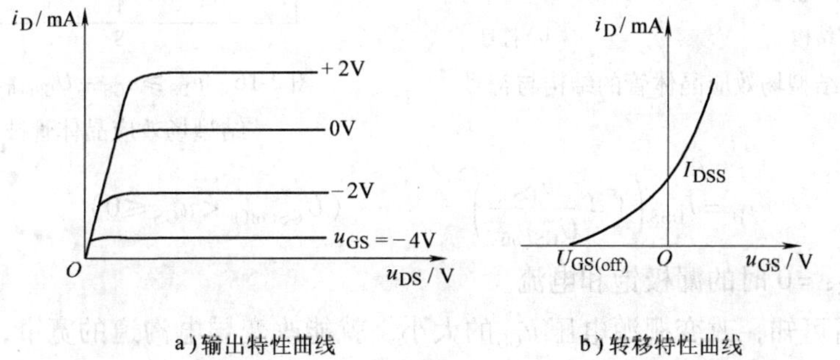

图 2-14　N 沟道耗尽型 MOS 场效应晶体管的特性曲线

2.2.2 结型场效应晶体管

1. 结构与符号

结型场效应晶体管同 MOS 场效应晶体管一样，也是电压控制器件，但它的结构和工作原理与 MOS 场效应晶体管是不同的。N 沟道结型场效应晶体管的结构与符号如图2-15所示。它是以 N 型半导体作为衬底，在其两侧形成掺杂浓度比较高的 P 型区，从而形成两个 PN 结，从两边的 P 型半导体引出的两个电极并联在一起，作为栅极（G），在 N 型衬底的两端各引出一个电极，分别是源极（S）和漏极（D），两个 PN 结中间的 N 型区域称为导电沟道，它是漏、源极之间电子流通的路径，因此导电沟道是 N 型的，所以称为 N 沟道结型场效应晶体管。结型场效应晶体管工作时，要求 PN 结反向偏置。

2. 工作原理

当漏、源极间短路，栅、源极间外加负向电压 u_{GS}时，结型场效应晶体管中的两个 PN 结均处反偏状态。随着 u_{GS}负向增大，加在 PN 结上的反向偏置电压增大，耗尽层加宽。由于 N 沟道掺杂浓度较低。故耗尽层主要集中在导电沟道一侧。耗尽层加宽，使得导电沟道变窄，沟道电阻增大，如图 2-16 所示。

当 u_{GS}负向增大到某一值后，PN 结两侧的耗尽层向内扩展到彼此相遇，沟道被完全夹断，此时漏、源极间的电阻将趋于无穷大，相应此时的栅源电压 u_{GS}称为夹断电压，用 $U_{GS(off)}$表示。i_D 与 u_{GS}的关系可近似用下式来表示：

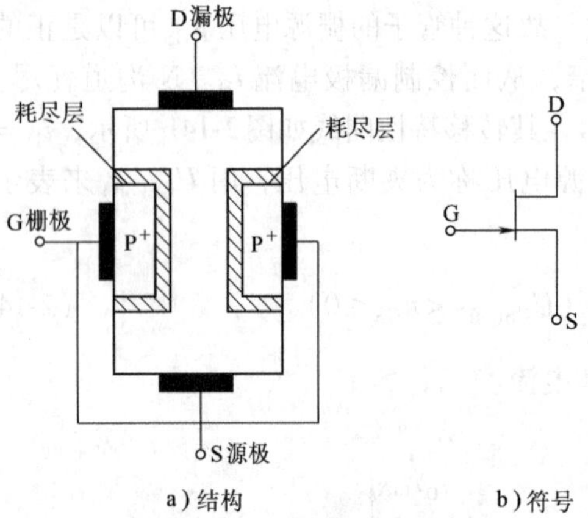

a）结构 b）符号

图 2-15 N 沟道结型场效应晶体管的结构与符号

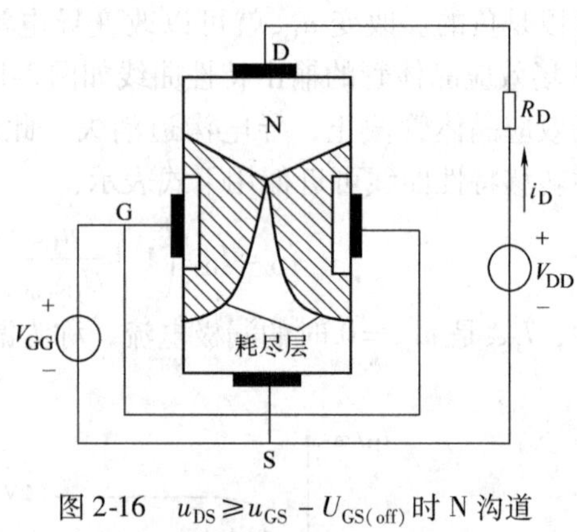

图 2-16 $u_{DS} \geq u_{GS} - U_{GS(off)}$ 时 N 沟道结型场效应晶体管被夹断

$$i_D = I_{DSS}\left(1 - \frac{u_{GS}}{U_{GS(off)}}\right)^2 \qquad (U_{GS(off)} < u_{GS} \leq 0) \tag{2-15}$$

式中，I_{DSS}为 $u_{GS}=0$ 时的漏极饱和电流。

由以上分析可知，改变栅源电压 u_{GS}的大小，就能改变导电沟道的宽窄，也就能改变沟道电阻的大小。如果在漏极和源极之间接入一个适当大小的正电压 V_{DD}，则 N 型导电沟道中的多数载流子（电子）便从源极通过导电沟道向漏极做漂移运动，从而形成漏极电流 i_D，显然，在漏源电压一定时，i_D 的大小是由导电沟道的宽窄决定的。各种场效应晶体管的符号、转移特性及输出特性曲线见表 2-2。

表 2-2　各种场效应晶体管的符号、转移特性及输出特性

类型	符　号	转移特性	输出特性
NMOS 增强型	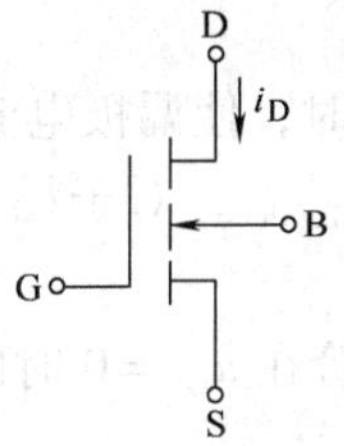	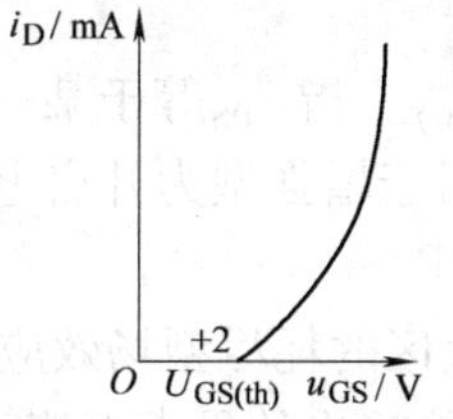	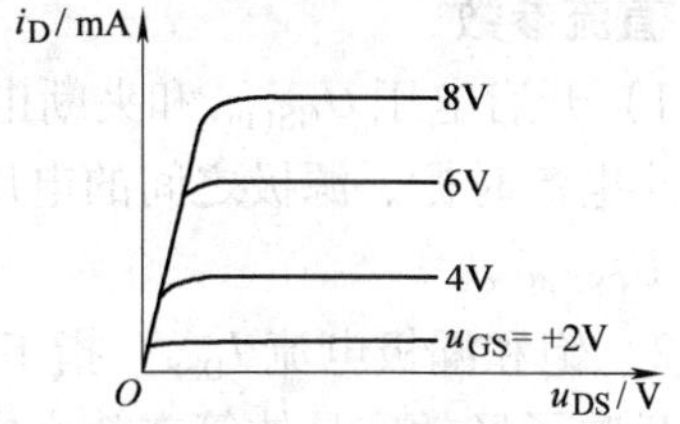
NMOS 耗尽型	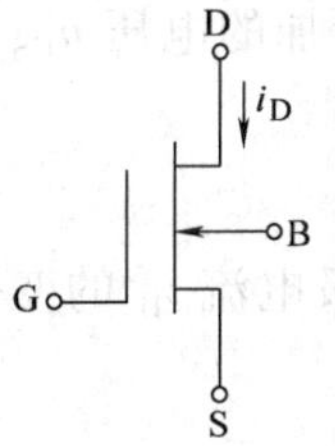	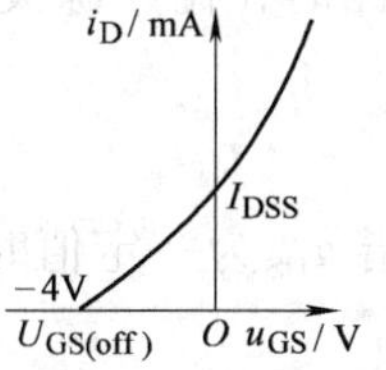	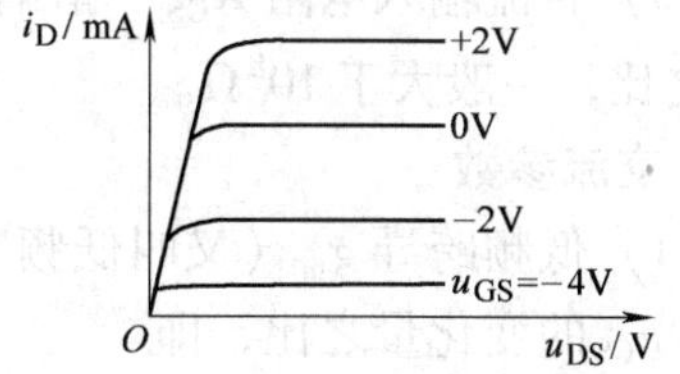
PMOS 增强型	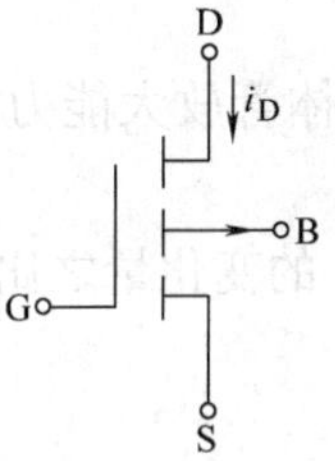	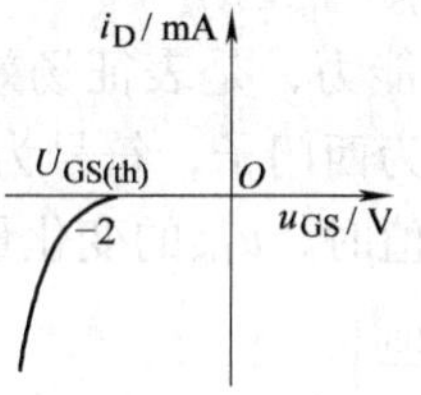	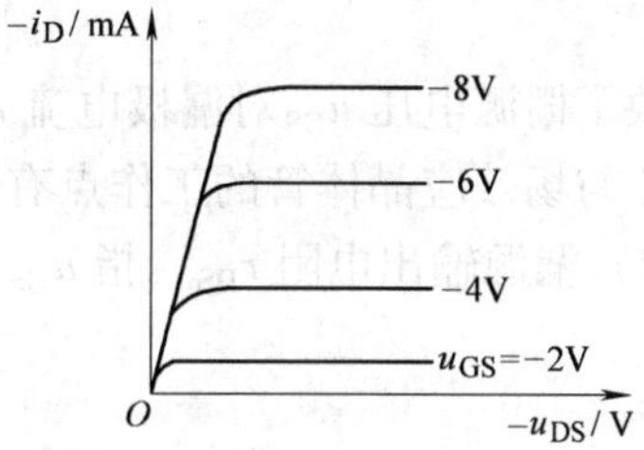
PMOS 耗尽型	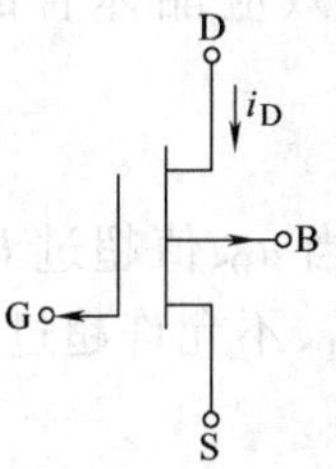	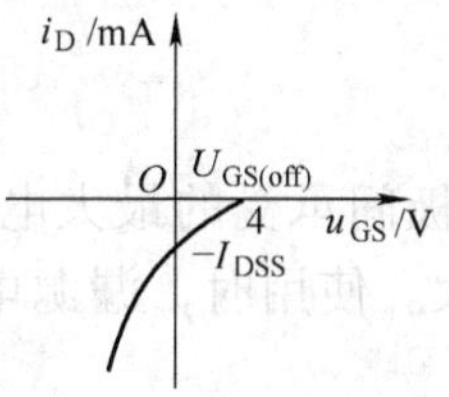	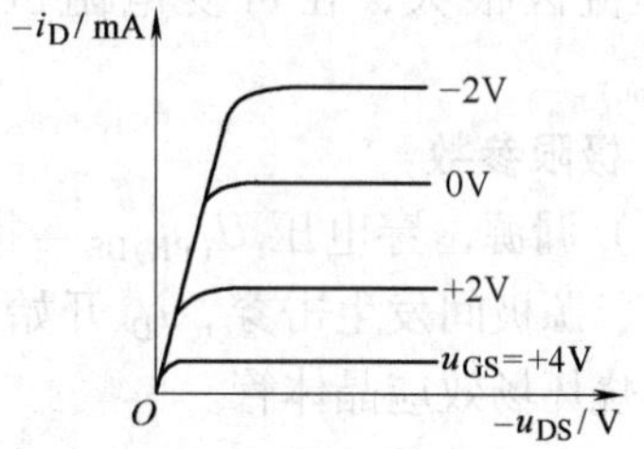
结型 N 沟道	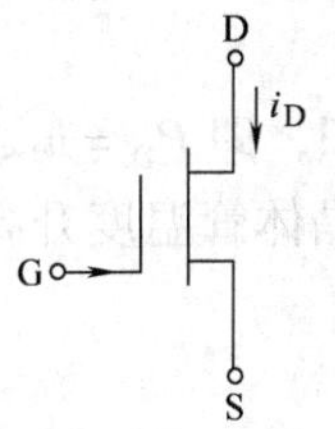	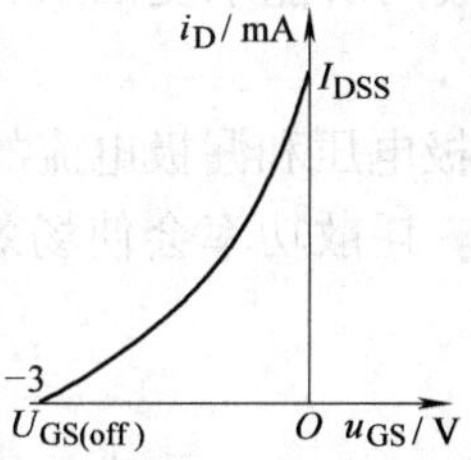	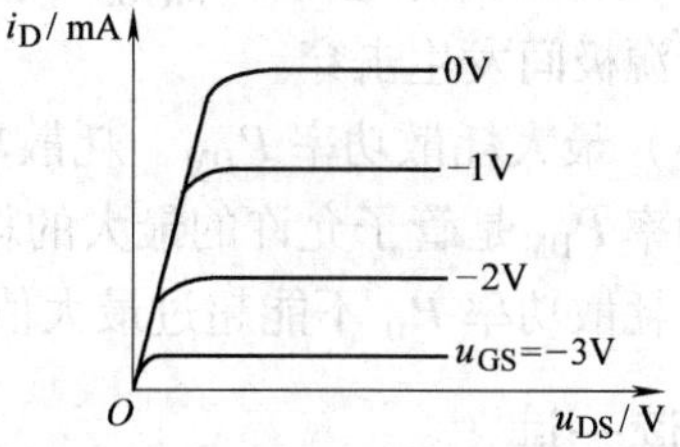
结型 P 沟道	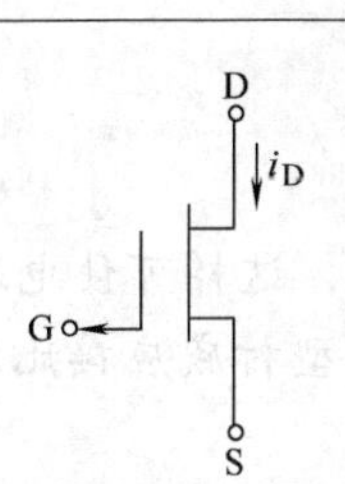	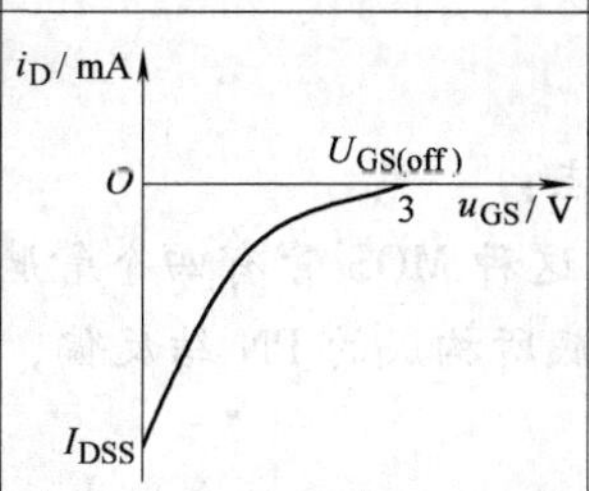	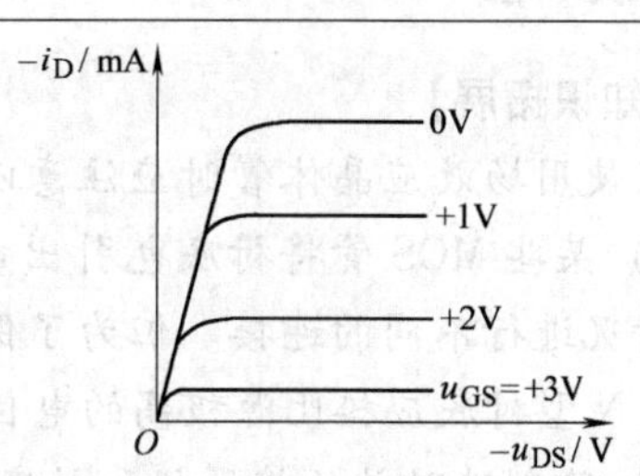

2.2.3 场效应晶体管的主要参数

1. 直流参数

（1）开启电压 $U_{GS(th)}$ 和夹断电压 $U_{GS(off)}$　指 u_{DS} 等于某一定值时，使漏极电流 i_D 等于某一微小电流时栅、源极之间的电压 u_{GS}，对于增强型为开启电压 $U_{GS(th)}$，对于耗尽型为夹断电压 $U_{GS(off)}$。

（2）饱和漏极电流 I_{DSS}　指工作于放大区的耗尽型场效应晶体管在 $u_{GS}=0$ 时的漏极电流，它反映了场效应晶体管在放大电路中可能输出的最大电流。

（3）直流输入电阻 R_{GS}　指漏、源极短路时，栅、源极之间所加的电压 u_{GS} 与栅极电流 i_G 之比，一般大于 $10^8\Omega$。

2. 交流参数

（1）低频跨导 g_m（又叫低频互导）　指 u_{DS} 为一定值时，漏极电流 i_D 的变化量与栅源电压 u_{GS} 的变化量之比，即

$$g_m = \left.\frac{\Delta i_D}{\Delta u_{GS}}\right|_{u_{DS}=\text{常数}} \tag{2-16}$$

g_m 反映了栅源电压 u_{GS} 对漏极电流 i_D 的控制能力，是表征场效应晶体管放大能力的重要参数。g_m 与场效应晶体管的工作点有关，单位为西门子，符号为 S。

（2）漏源输出电阻 r_{DS}　指 u_{GS} 为某一定值时，u_{DS} 的变化量与 i_D 的变化量之比，即

$$r_{DS} = \left.\frac{\Delta u_{DS}}{\Delta i_D}\right|_{u_{GS}=\text{常数}} \tag{2-17}$$

r_{DS} 在恒流区很大，在可变电阻区很小，$u_{GS}=0$ 时的 r_{DS} 称为场效应晶体管的导通电阻 $r_{DS(on)}$。

3. 极限参数

（1）漏源击穿电压 $U_{(BR)DS}$　指漏、源极间承受的最大电压，当 u_{DS} 值超过 $U_{(BR)DS}$ 值时，漏、源极间发生击穿，i_D 开始急剧增大。使用时，漏源电压 u_{DS} 不允许超过 $U_{(BR)DS}$，否则会烧坏场效应晶体管。

（2）栅源击穿电压 $U_{(BR)GS}$　指栅、源极间所能承受的最大反向电压，u_{GS} 值超过此值时栅、源极间发生击穿。

（3）最大耗散功率 P_{DM}　耗散功率指漏极电压和漏极电流的乘积，即 $P_D=u_{DS}i_D$。最大耗散功率 P_{DM} 是管子允许的最大的耗散功率。耗散功率会使场效应晶体管温度升高，因此，使用时耗散功率 P_D 不能超过最大值 P_{DM}。

读一读

【知识拓展】

在使用场效应晶体管时应注意以下几点：

1）某些 MOS 管将衬底也引出电极（这种 MOS 管有四个管脚），这样可使电路设计者根据情况进行不同的连接。但为了保证衬底所构成的 PN 结反偏，P 型衬底应接比源极低的电位，N 型衬底应接比源极高的电位。

2）除制造时就已将源极和衬底相连的场效应晶体管及功率场效应晶体管外，许多场效

应晶体管的漏极与源极都是制成对称形式的，漏极与源极可以互换使用，而其 U—I 特性没有明显变化。

3）MOS 管的高输入电阻使栅极感应电荷很难泄放掉。由于绝缘层很薄，栅极与衬底之间的电容量很小，所以少量的感应电荷就能产生很高的电压，可能使栅、源极间的绝缘层被击穿而造成管子的损坏，因此，在保存时应避免栅极悬空，而应使各电极短路。

4）在焊接、测试管子前，应保持各电极短路，电烙铁外壳应良好接地或断电后再焊接，待焊好或测试时再去掉短路装置。

2.3　放大电路的基础知识

用来对电信号进行放大的电路称为放大电路。它的应用非常广泛，是构成其他电子电路的基本单元电路。无论是日常使用的电视机、测量仪器，还是复杂的自动控制系统，其中都有各种各样的放大电路。

2.3.1　放大电路的组成及各元器件的作用

1. 放大电路的组成

图 2-17a 中，信号源是所需放大的电信号，它可将非电量的信号转换为电量的信号，可以等效为 2-17b 所示的电压源和电流源电路，R_S 为信号源内阻，u_S、i_S 分别为理想电压源和理想电流源，且 $u_S = i_S R_S$。利用晶体管工作于放大区所具有的电流（或电压）控制特性，可以实现放大作用。为了保证晶体管工作于放大状态，必须通过直流电源和相应的偏置电路给晶体管提供适当的偏置电压。负载 R_L 是接受放大电路输出信号的元件（或电路），它可由将电信号变成非电信号的输出换能器构成，R_L 也可是下一级电子电路的输入电阻，一般情况下它们都可等效为一纯电阻 R_L（实际上它不可能为纯电阻，可能是容性阻抗，也可能是感性阻抗，但为了分析问题方便，一般都将负载用纯电阻 R_L 来等效）。可见，放大电路应由放大器件、直流电源、输入回路和输出回路等几部分组成。晶体管共发射极基本放大电路如图 2-18a 所示。

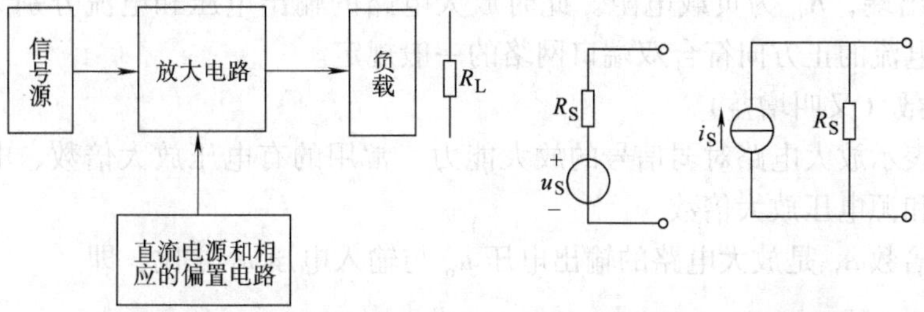

a）放大电路组成框图　　b）信号源等效电路

图 2-17　放大电路组成框图及信号源等效电路

2. 基本放大电路中各元器件的作用

图 2-18b 中，晶体管 VT 是整个电路的核心，担负着放大信号的任务。直流电源 V_{CC}（几伏到几十伏），一方面通过 R_B 给晶体管发射结提供正向偏置电压，通过 R_C 给集电结提

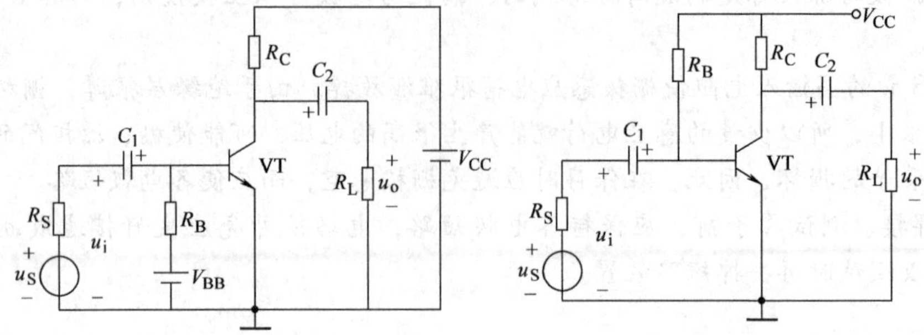

a）原理电路　　　　　　　　　　　b）习惯画法

图 2-18　共发射极基本放大电路

供反向偏置电压；另一方面提供负载所需的信号能量。R_B 称基极偏置电阻（一般几十千欧到几百千欧）。R_C 将集电极电流的变化转化为电压的变化，称为集电极负载电阻（一般为几千欧到几十千欧）。电容 C_1、C_2 的作用是隔离放大电路与信号源、放大电路与负载之间的直流通路，仅让交流信号通过，即隔直通交。C_1、R_B、V_{CC} 及晶体管 VT 的基极和发射极构成信号的输入回路；C_2、R_C 及晶体管 VT 的集电极和发射极构成信号的输出回路；V_{CC}、R_B、R_C 构成晶体管的偏置电路。R_L 是放大电路的负载，称为交流负载电阻。

2.3.2　放大电路的性能指标

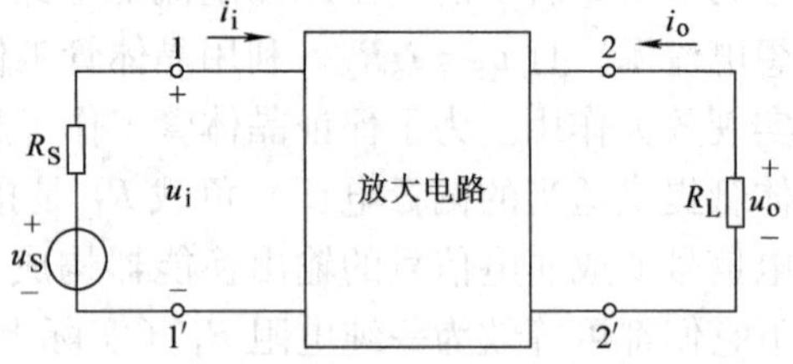

图 2-19　双端口网络

放大电路性能的优劣是用它的性能指标来表示的。性能指标是指在规定条件下，按照规定程序和测试方法获得的有关数据。为了表明各性能指标的含义，将放大电路用图 2-19 所示的有源线性双端口网络表示。图中，1—1′端为放大电路的输入端，R_S 为信号源内阻，u_S 为信号源电压，此时放大电路的输入电压和电流分别为 u_i 和 i_i。2—2′端为放大电路的输出端，R_L 为负载电阻。此时放大电路的输出电压和电流分别为 u_o 和 i_o。图 2-19中电压和电流的正方向符合双端口网络的一般规定。

1. 放大倍数（又叫增益）

放大倍数表示放大电路对弱信号的放大能力。常用的有电压放大倍数、电流放大倍数、功率放大倍数和源电压放大倍数。

电压放大倍数 A_u 是放大电路的输出电压 u_o 与输入电压 u_i 之比，即

$$A_u = \frac{u_o}{u_i} \tag{2-18}$$

电流放大倍数 A_i 是放大电路的输出电流 i_o 与输入电流 i_i 之比，即

$$A_i = \frac{i_o}{i_i} \tag{2-19}$$

功率放大倍数 A_P 是放大电路的输出功率 P_o 与输入功率 P_i 之比，即

$$A_P = \frac{P_o}{P_i} \tag{2-20}$$

源电压放大倍数 A_{us} 是放大电路的输出电压 u_o 与信号源电压 u_S 之比，即

$$A_{us} = \frac{u_o}{u_S} \tag{2-21}$$

工程上常用分贝（dB）来表示放大倍数，它们的定义分别为：

电压放大倍数 $A_u(\mathrm{dB}) = 20\lg|A_u|$；电流放大倍数 $A_i(\mathrm{dB}) = 20\lg|A_i|$；功率放大倍数 $A_P(\mathrm{dB}) = 10\lg|A_P|$；源电压放大倍数 $A_{us}(\mathrm{dB}) = 20\lg|A_{us}|$。

2. 输入电阻

输入电阻用 R_i 表示，是从输入端 1—1′端看进去的等效电阻，它等于放大电路输出端实际接入负载电阻 R_L 后，输入电压 u_i 与输入电流 i_i 之比，即

$$R_i = \frac{u_i}{i_i} \tag{2-22}$$

对于信号源而言，R_i 相当于它的负载，如图 2-20 所示，由图可知

$$u_i = \frac{R_i}{R_S + R_i} u_S \tag{2-23}$$

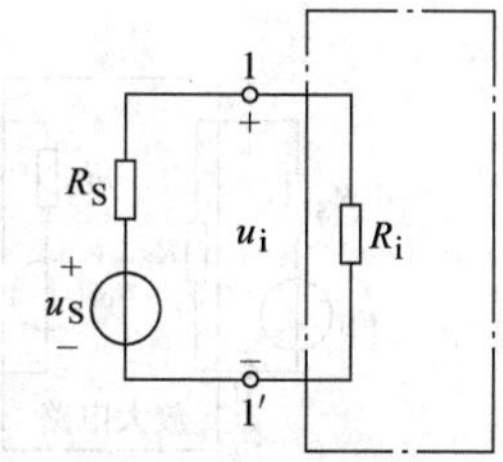

图 2-20　放大电路输入等效电路

【例 2-1】 已知信号源 $u_S = 20\mathrm{mV}$，$R_S = 600\Omega$，当 R_i 分别等于 6kΩ、600Ω、60Ω 时，试求输入电流 i_i 和输入电压 u_i 的大小。

解： 当 $R_i = 6\mathrm{k}\Omega$ 时

$$i_i = \frac{u_S}{R_S + R_i} = \frac{20\mathrm{mV}}{(0.6+6)\ \mathrm{k}\Omega} = 3\mu\mathrm{A}$$

$$u_i = \frac{u_S}{R_S + R_i} R_i = \frac{20\mathrm{mV} \times 6\mathrm{k}\Omega}{(0.6+6)\ \mathrm{k}\Omega} = 18\mathrm{mV}$$

当 $R_i = 600\Omega$ 时

$$i_i = \frac{u_S}{R_S + R_i} = \frac{20\mathrm{mV}}{(0.6+0.6)\ \mathrm{k}\Omega} = 16.7\mu\mathrm{A}$$

$$u_i = \frac{u_S}{R_S + R_i} R_i = \frac{20\mathrm{mV} \times 0.6\mathrm{k}\Omega}{(0.6+0.6)\ \mathrm{k}\Omega} = 10\mathrm{mV}$$

当 $R_i = 60\Omega$ 时

$$i_i = \frac{u_S}{R_S + R_i} = \frac{20\mathrm{mV}}{(600+60)\ \Omega} = 30\mu\mathrm{A}$$

$$u_i = \frac{u_S}{R_S + R_i} R_i = \frac{20\mathrm{mV} \times 60\Omega}{(600+60)\ \Omega} = 1.8\mathrm{mV}$$

可见，R_i 越大，输入电流 i_i 越小，R_S 两端的电压就越小，其实际输入电压 u_i 就越接近于信号源电压 u_S，对信号源的衰减程度就越弱。对于一个实际的放大电路，希望输入电阻越大越好。

3. 输出电阻

输出电阻用 R_o 表示。对负载 R_L 而言，放大电路的输出端可以等效为一个信号源，如图 2-21a 所示，用相应的电压源或电流源来代替。u_{ot}是将 R_L 移去，u_S 或 i_S 在放大电路输出端产生的开路电压。i_{ot}是将 R_L 短接，u_S 或 i_S 在放大电路输出端产生的短路电流。R_o 是等效电压源或电流源的内阻，也就是放大电路的输出电阻。R_o 等于负载开路（$R_L=\infty$），输入信号源短路（$u_S=0$）保留 R_S，由输出端 2—2′两端向放大器看进去的等效电阻，如图 2-21b所示。R_L 断开后，接入一信号源 u，如图 2-21c 所示，此时流过的电流为 i，则放大器的输出电阻为

$$R_o=\frac{u}{i}$$

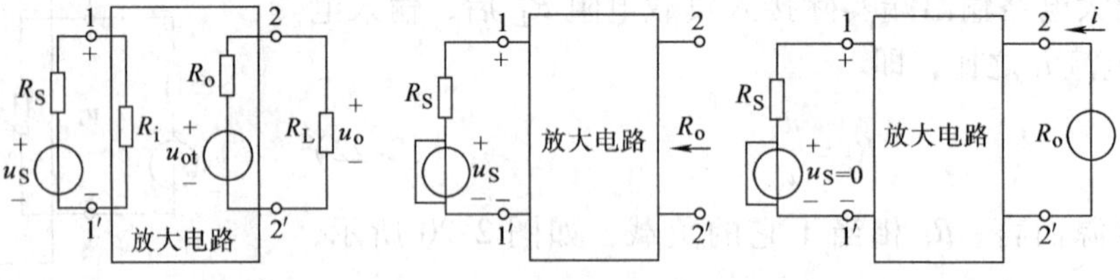

a) 等效信号源　　b) 输出电阻的定义　　c) 输出电阻的求解

图 2-21　放大电路的输出电阻

由于 R_o 的存在，由图 2-21a 可知放大电路实际输出电压为

$$u_o=\frac{u_{ot}R_L}{R_o+R_L} \tag{2-24}$$

$$R_o=\left(\frac{u_{ot}}{u_o}-1\right)R_L \tag{2-25}$$

由式（2-24）、式（2-25）可以看出：R_o 越小，u_o 和 u_{ot}就越接近，u_o 受负载的影响就越小，流过负载的电流就越大。可见，R_o 的大小反映了放大电路带负载能力的大小。R_o 越小，带负载的能力就越强。对于实际的放大电路，希望 R_o 较小。

4. 通频带与非线性失真

放大电路中通常含有电抗元件，因此放大电路对不同频率信号的放大倍数是不一样的。相应的电压放大倍数可以表示为信号频率的复函数，即

$$A_u=A_u(f)\underline{/\varphi(f)} \tag{2-26}$$

式（2-26）中，$A_u(f)$ 是增益的幅值，$\varphi(f)$是增益的相位角，它们都是频率的函数。将幅值随频率 f 变化的特性称为幅频特性，其相应的曲线称为幅频特性曲线，如图 2-22 所示；相位角随频率 f 变化的特性称为相频特性，其对应的曲线称为相频特性曲线。幅频特性和相频特性总称为放大电路的频率特性或频率响应。

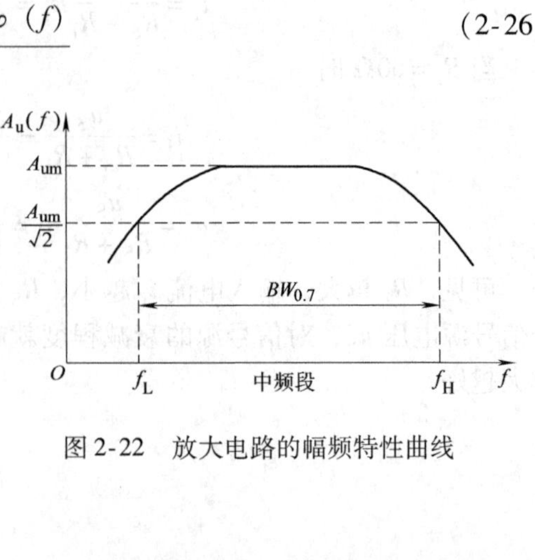

图 2-22　放大电路的幅频特性曲线

对于幅频特性曲线，一般情况下，中频段

的放大倍数几乎不变，用A_{um}来表示，在低频段和高频段的放大倍数都将下降，当下降到$A_{um}/\sqrt{2}\approx0.707A_{um}$时的低端频率和高端频率，称为放大电路的下限频率和上限频率，分别用f_L和f_H来表示。f_H和f_L之间的频率范围称为放大电路的通频带，用$BW_{0.7}$表示，即

$$BW_{0.7}=f_H-f_L \tag{2-27}$$

在工程上，一个实际的输入信号包含许多不同的频率分量（可以按照傅里叶级数展开），放大电路不能对所有的频率分量进行等量的放大，那么合成的输出波形就与输入信号不同，这种波形失真称为频率失真。要把这种失真限制在允许范围内，就要求放大电路的通频带大于输入信号的频带。

放大电路除了上述指标外，针对不同的使用场合，还可以提出一些其他指标，如最大输出功率、效率和非线性失真等。

做一做

项目：放大电路性能指标的测量。

任务要求：按测试程序要求完成所有测试内容，并撰写测试报告。

测试设备：模拟电路综合测试台1台，函数信号发生器1台，双踪示波器1台，低频毫伏表1台，0~30V直流稳压电源1台，数字万用表1块。

测试电路：如图2-23所示，其中R_B由51kΩ电阻和500kΩ电位器（RP）相串联构成，RP_1为5 kΩ电位器，$R_C=1k\Omega$，$R_L=1k\Omega$，$C_1=C_2=100\mu F$，VT为晶体管。

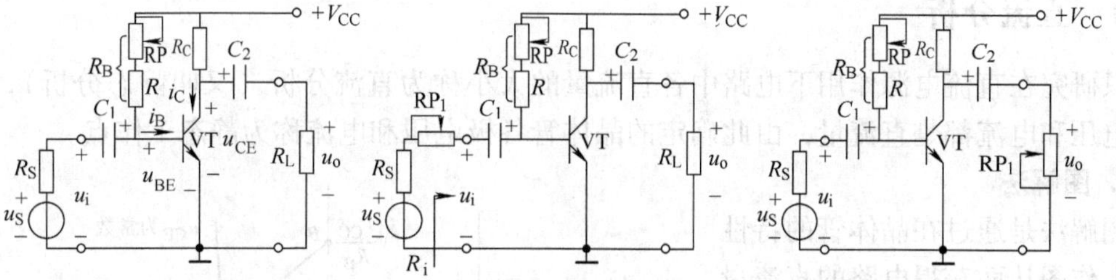

a) 放大倍数测量电路　b) 输入电阻测量电路　c) 输出电阻测量电路

图2-23　共发射极放大电路性能指标的测量电路

测试程序：

1. 放大倍数的测量

1）按图2-23a接好电路，不接u_i，接入$V_{CC}=20V$，调节R_B（RP），使$U_{CE}=10V$。

2）保持步骤1），输入端接入u_i（$f_i=1kHz$，$U_i=10mV$）。

3）保持步骤2），用低频毫伏表分别测量输入电压和输出电压的大小，并记录：

u_i=________mV，u_o=________，$A_u=u_o/u_i$=________。

2. 输入电阻的测量

1）按图2-23b接好电路，不接u_i，接入$V_{CC}=20V$，调节R_B（RP），使$U_{CE}=10V$。

2）保持步骤1），不接u_i，用低频毫伏表测量信号源的开路输出电压U_S的大小，并使$U_S=20mV$。

3）保持步骤2），在输入端接入电位器RP_1，并接入u_i，调节RP_1，使$U_i=0.5U_S$。

4）保持步骤3），断开 RP_1，用万用表测出 RP_1 值，求出 R_i，并记录：R_i = ________。

3. 输出电阻的测量

1）按图 2-23c 接好电路，不接 u_i，接入 $V_{CC}=20V$，调节 R_B（RP），使 $U_{CE}=10V$。

2）保持步骤1），接入 u_i（$U_i=10mV$），不接 RP_1，用低频毫伏表测量放大电路的开路输出电压 u'_o，并记录：u'_o = ________。

3）保持步骤2），在输出端接入电位器 RP_1，调节 RP_1，使 $u_o=0.5u'_o$。

4）保持步骤3），断开 RP_1，用万用表测出 RP_1 值，求出 R_o，并记录：R_o = ________。

2.4 晶体管电路的基本分析方法

利用晶体管外接电源、电阻等电路元件，可实现各种功能电路。由于晶体管是非线性器件，因此对这些电路进行分析时，常常根据电路功能和外部条件，采用适当近似的方法，以获得工程满意的结果。前文已对放大电路进行了定性分析，现在再对放大电路进行定量分析。对一个放大电路进行定量分析，无外乎做两个方面的工作：①直流分析；②交流分析，计算放大电路在加入交流信号后的放大倍数、输入电阻和输出电阻等性能指标。直流分析和交流分析均可以采用图解分析法，但在工程应用中作直流分析时，一般采用工程近似法，作交流分析时，如外接的交流信号足够小，可以采用微变等效电路（又叫小信号等效电路）分析法，大信号输入时只能采用图解分析方法。

2.4.1 直流分析

只研究在直流电源作用下电路中各直流量的大小称为直流分析（又叫静态分析），其对应的电压和电流都是直流量，由此确定的晶体管各极电压和电流称为静态工作点。

1. 图解法

图解法是通过在晶体管的特性曲线上作图从而获得电路的直流量而进行分析的一种方法。其特点是直观，物理意义清楚。

（1）由输入回路确定直流负载线　将图 2-18b 所示的基本放大电路的输入回路的直流通路画成如图 2-24a 所示的电路，图 2-24b表示晶体管的输入特性曲线，它描绘了 i_B 与 u_{BE} 之间的关系。由输入回路列方程，得

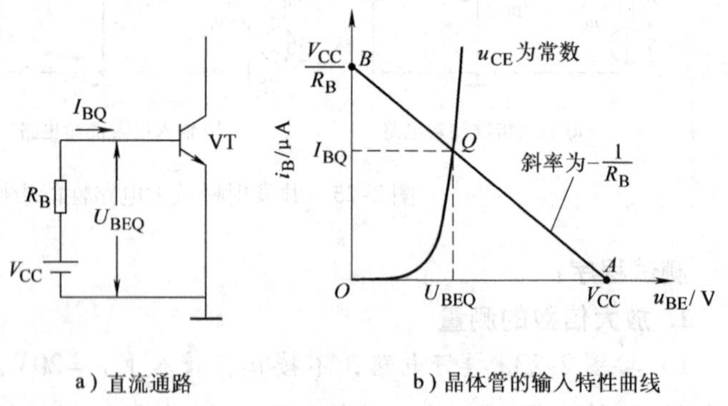

图 2-24　输入回路的直流负载线

$$u_{BE}=V_{CC}-i_BR_B \tag{2-28}$$

它是一个直线方程。令 $i_B=0$，则 $u_{BE}=V_{CC}$，得 A 点坐标为（V_{CC}，0）；令 $u_{BE}=0$，则 $i_B=\frac{V_{CC}}{R_B}$，得 B 点坐标为$\left(0,\ \frac{V_{CC}}{R_B}\right)$，由此可作出直线 AB，可见，直线的斜率为 $-1/R_B$。该直线与输入特性曲线相交于 Q 点，Q 点坐标为（U_{BEQ}、I_{BQ}）。

（2）由输出回路确定直流负载线　由图 2-18b 所示电路输出回路得直流通路如图 2-25a 所示，输出特性曲线如图 2-25b 所示。

由输出回路列方程

$$u_{CE}=V_{CC}-i_CR_C \quad (2\text{-}29)$$

它也是一个直线方程。令 $i_C=0$，则 $u_{CE}=V_{CC}$，得 M 点坐标为 $(V_{CC},\ 0)$；令 $u_{CE}=0$，则 $i_C=\dfrac{V_{CC}}{R_C}$，得 N 点坐标为 $\left(0,\ \dfrac{V_{CC}}{R_C}\right)$，

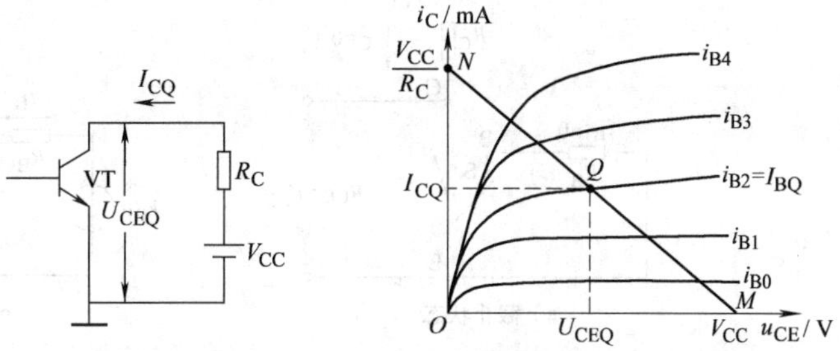

a）直流通路　　b）晶体管的输出特性曲线

图 2-25　输出回路的直流负载线

由此可作出直线 MN，可见，直线的斜率为 $-1/R_C$。该直线与输出特性曲线相交于 Q 点，那 Q 点对应的坐标为（U_{CEQ}、I_{CQ}）。

静态工作点 Q 有四个数据，即 U_{BEQ}、I_{BQ}、U_{CEQ} 和 I_{CQ}。由图 2-25b 可见，当 $V_{CC} >> U_{CEQ}$ 时，I_{BQ} 在较大范围变化时，U_{BEQ} 变化不大。只要是硅管，U_{BEQ} 就在 0.7V 左右，这样对应于 Q 点的基极电流 I_{BQ} 可按下式直接求得，而不必作出输入回路的直流负载线。

$$I_{BQ}=\frac{V_{CC}-0.7}{R_B} \quad (2\text{-}30)$$

【例 2-2】 图 2-26 是放大电路中晶体管的输出特性曲线。已知 $R_B=280\text{k}\Omega$，$R_C=3\text{k}\Omega$，$V_{CC}=12\text{V}$，试用图解法确定其静态工作点。

解：

$$I_{BQ}=\frac{V_{CC}-0.7\text{V}}{R_B}=\frac{(12-0.7)\ \text{V}}{280\text{k}\Omega}=40\mu\text{A}$$

$$u_{CE}=V_{CC}-i_CR_C=12-3i_C$$

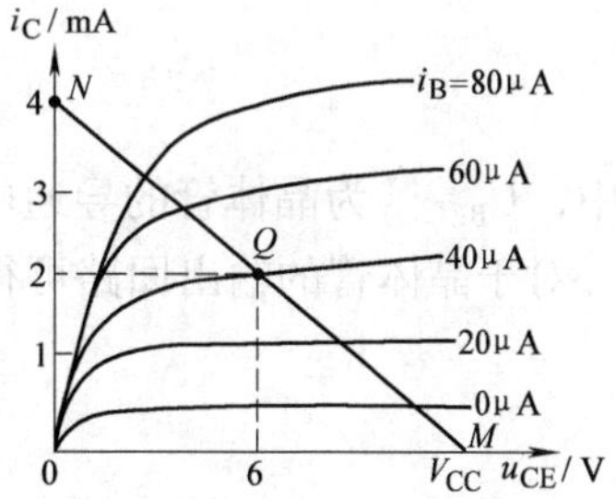

图 2-26　例 2-2 图

令 $i_C=0$，得 $u_{CE}=12\text{V}$，则 M 点的坐标是（12，0）。令 $u_{CE}=0$，得 $i_C=4\text{mA}$，则 N 点的坐标是（0，4）。在图 2-26 所示的坐标系中，找到 M、N 两点，连接起来所得的直流负载线与 $I_B=40\mu\text{A}$ 这条输出特性曲线的交点即为 Q 点，对应的 $U_{CEQ}=6\text{V}$、$I_{CQ}=2\text{mA}$。

另外，通过作图还可以根据参数确定晶体管是否进入截止区和饱和区，但作图比较麻烦，因此一般都采用近似估算法确定是否进入截止区和饱和区。晶体管截止时，$i_B=0$、$i_C=0$、$u_{CE}=V_{CC}$，晶体管可视为开路，可用图 2-27a 所示的开关 S 断开来等效；晶体管饱和导通时，$u_{CE}=0$、$i_C\approx\dfrac{V_{CC}}{R_C}$，晶体管 C、E 间可视为短路，可用图 2-27b 所示的开关 S 来等效。也可以采用近似估算的方法确定晶体管是工作在饱和区还是放大区。在晶体管饱和区和放大区分界处流过集电极的电流称为临界饱和电流，并用 I_{CS} 表示，即

$$I_{CS}=\frac{V_{CC}-U_{CE(sat)}}{R_C} \quad (2\text{-}31)$$

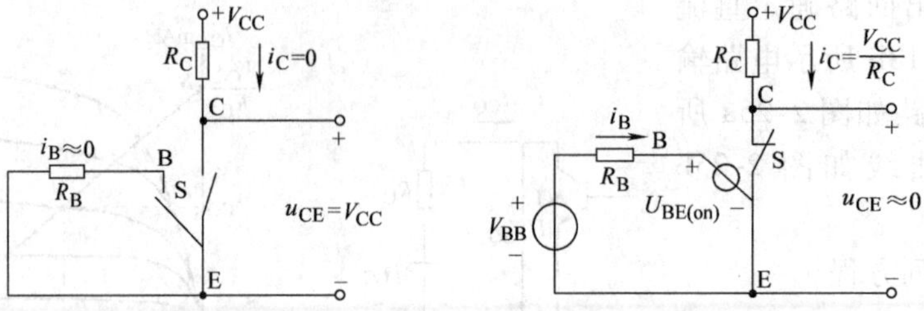

a）截止状态　　　　b）饱和导通状态

图 2-27　晶体管的开关等效电路

可得维持临界饱和电流 I_{CS} 所需的最小基极电流 I_{BS} 为

$$I_{BS}=\frac{I_{CS}}{\beta} \tag{2-32}$$

这就是说，若晶体管饱和，基极电流必须满足

$$i_B \geqslant I_{BS}=\frac{I_{CS}}{\beta}\approx\frac{V_{CC}}{\beta R_C} \tag{2-33}$$

2. 近似分析法

在晶体管的输入回路中，由晶体管的输入特性可知，u_{BE} 大于导通电压后，u_{BE} 很小的变化将会引起 i_B 很大的变化，因此晶体管导通后输入特性具有恒压特性，所以晶体管的输入电流近似等于

$$I_{BQ}\approx\frac{V_{CC}-U_{BE(on)}}{R_B} \tag{2-34}$$

式中，$U_{BE(on)}$ 为晶体管的导通电压，硅管近似为 0.7V。

对于晶体管的输出回路可得

$$I_{CQ}=\beta I_{BQ} \tag{2-35}$$

$$U_{CEQ}=V_{CC}-I_{CQ}R_C \tag{2-36}$$

想一想

在图 2-27 所示电路中，若分别调节 R_C 和 V_{CC} 的大小，则放大电路的工作点将如何变化？

2.4.2　交流分析

当放大电路加入交流信号后，为了确定叠加在静态工作点上的各交流量而进行的分析，称为交流分析（又叫动态分析），此时各极电压和电流既有直流量，又有交流量。如果放大电路外接的交流信号足够小，则可采用微变等效电路分析法，大信号输入时，只能够采用图解分析法。

1. 动态工作波形

在图 2-18 所示的晶体管放大电路中的输入端加入小信号交流电压，晶体管各电压和电流在静态工作点的基础上将随输入信号的变化而变化。

为了便于分析，令输入信号 $u_i = U_{im}\sin\omega t$ 为小信号正弦交流信号，其波形如图 2-28a 所示，假设 C_1、C_2 的电容量足够大，因此它们对交流信号可视为短路，这样晶体管基极和发射极之间的瞬时电压为

$$u_{BE} = U_{BEQ} + u_i = U_{BEQ} + U_{im}\sin\omega t$$

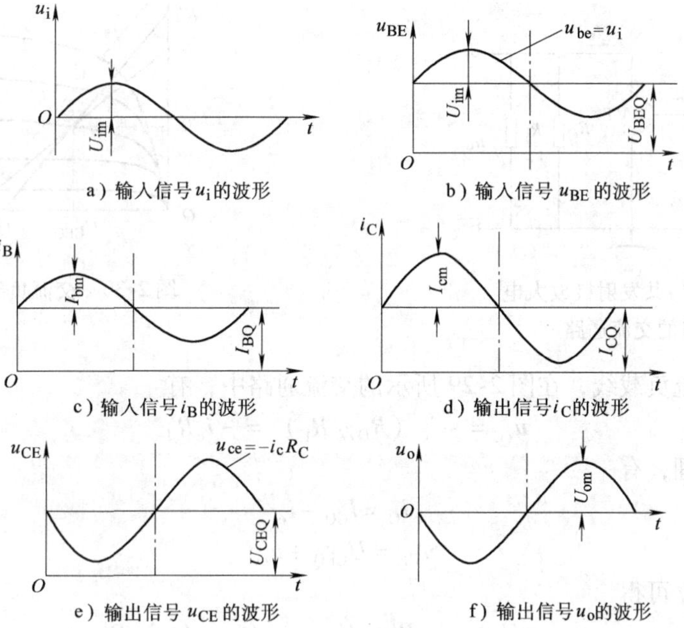

a）输入信号 u_i 的波形　b）输入信号 u_{BE} 的波形
c）输入信号 i_B 的波形　d）输出信号 i_C 的波形
e）输出信号 u_{CE} 的波形　f）输出信号 u_o 的波形

图 2-28　放大电路的工作情况

其波形（实质就是直流量和交流量的叠加）如图 2-28b 所示，输入信号的变化使晶体管的基极电流 i_B 和集电极电流 i_C 产生相应的变化，它们的瞬时值分别为

$$i_B = I_{BQ} + i_b = I_{BQ} + I_{bm}\sin\omega t$$

$$i_C = I_{CQ} + i_c = I_{CQ} + I_{cm}\sin\omega t$$

式中，i_b、i_c 是输入交流电压所产生的基极交流电流和集电极交流电流，其波形如图 2-28c、d 所示。电流 i_C 的变化经集电极电阻 R_C 转化为电压 i_CR_C 的变化，因此晶体管集电极和发射极之间的瞬时电压 u_{CE} 为

$$u_{CE} = V_{CC} - i_CR_C = V_{CC} - (I_{CQ} + i_c)R_C = U_{CEQ} - i_cR_C = U_{CEQ} + u_{ce}$$

其波形如图 2-28e 所示。由此可见，晶体管的瞬时电压和电流变化随输入信号单极性变化，就交流信号而言，如果电路参数选得恰当，u_o 的振幅就比 u_i 的振幅大得多，从而达到了电压放大的作用。从图中可以看出，$u_{ce}(u_o)$ 与 u_i 的相位相反，即 u_i 的瞬时电压为正时，u_{ce} 的瞬时电压为负，从而说明晶体管共发射极电路是反相放大电路。

2. 交流通路

对于电容 C_1、C_2（假设电容足够人），其容抗近似为 0，可视为短路（隔直通交）；直流电压源 V_{CC} 的内阻很小，两端的变化量很小（近似为 0），可视为短路。因此对于图 2-18 所示的原理图，其交流通路如图 2-29 所示。

3. 图解分析

晶体管动态工作时的电压与电流，可以利用晶体管的特性曲线通过作图来获得。

(1) 交流负载线　交流通路如图 2-29 所示，因为 C_2 的隔直流作用，所以 R_L 对直流无影响，为了便于理解，先用上面的方法画出直流负载线 MN，设工作点为 Q，如图 2-30 所示。

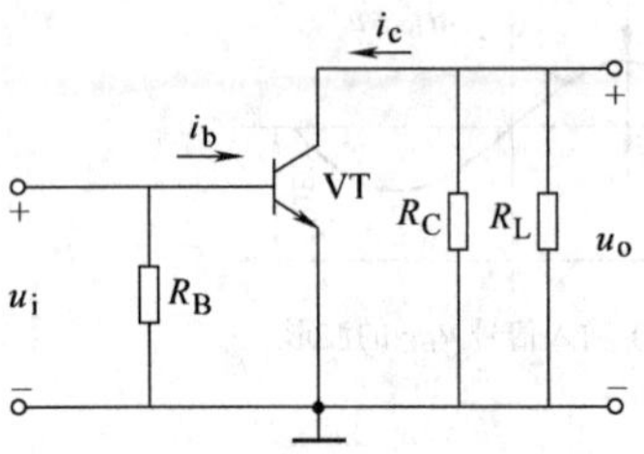

图 2-29　共发射极放大电路的交流通路

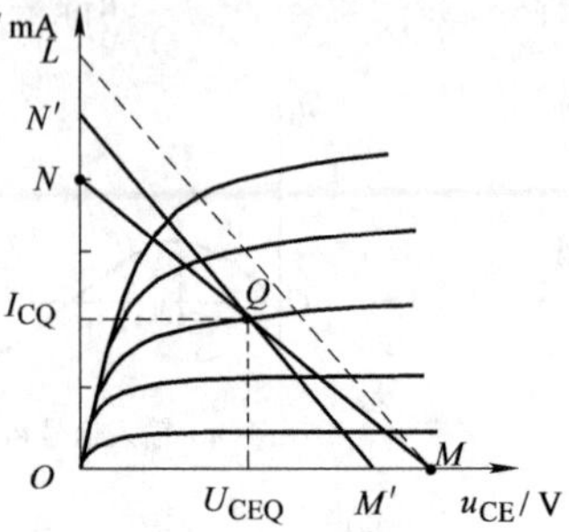

图 2-30　交流负载线

下面讨论交流负载线，在图 2-29 所示的交流通路中，有

$$u_{ce} = -i_c(R_C /\!/ R_L) = -i_c R'_L$$

根据叠加原理，有

$$i_C = I_{CQ} + i_c$$
$$u_{CE} = U_{CEQ} + u_{ce}$$

上面三式联立可得

$$u_{CE} = U_{CEQ} - i_c R'_L = U_{CEQ} - (i_C - I_{CQ}) R'_L$$

整理得

$$i_C = \frac{U_{CEQ} + I_{CQ}R'_L}{R'_L} - \frac{1}{R'_L}u_{CE} \tag{2-37}$$

式 (2-37) 即为交流负载线的特性方程，显然也是直线方程。对于交流负载线根据以上分析知，当 $i_C = I_{CQ}$ 时，$u_{CE} = U_{CEQ}$，所以交流负载线也过 Q 点，其斜率为

$$K' = -\frac{1}{R'_L} \tag{2-38}$$

因此，已知点 Q 和斜率就可作出交流负载线。但这样做出的交流负载线不是很精确，一般用下面方法做交流负载线。

如图 2-30 所示，首先作直流负载线 MN，确定静态工作点 Q；其次过 M 作斜率为 $1/R'_L$ 的辅助线 ML；最后过 Q 点作 $M'N'$ 平行于 ML，所以 $M'N'$ 的斜率也为 $1/R'_L$，而且过 Q 点，所以 $M'N'$ 就是所作的交流负载线。

(2) 交流分析　晶体管电路接通直流电源的同时，在输入端加入小信号正弦交流电压，晶体管各极电压、电流将随输入信号的变化而变化，其变化的大小可通过图解法求得，如图 2-31 所示，这样就可以读出电路中的各交流电压和电流值，从而计算出放大电路的电压放大倍数与电流放大倍数。

(3) 放大电路的非线性失真和静态工作点的选择　晶体管的非线性表现在输入特性起始的弯曲部分和输出特性间距的不均匀部分，如果输入信号的幅值比较大，将使 i_B、i_C 和 u_{CE} 的正、负半周不对称，产生非线性失真。静态工作点的位置不合适，也会产生严重的失

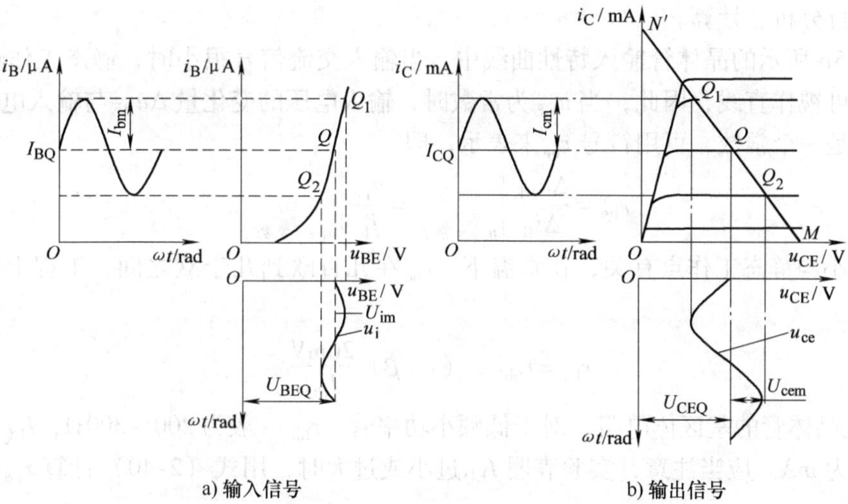

图 2-31　晶体管共发射极放大电路的图解分析

真，输入大信号时尤其严重。如果静态工作点选得过于接近截止区，在输入信号的负半周，将会引起 i_B、i_C 和 u_{CE} 的波形失真，称为截止失真，对于 NPN 型晶体管，截止失真时，输出波形 u_{CE} 出现顶部失真，如图 2-32a 所示。如果静态工作点选得过高，接近饱和区，在输入信号的正半周，将会引起 i_B、i_C 和 u_{CE} 的波形失真，称为饱和失真，对于 NPN 型晶体管，饱和失真时，输出波形 u_{CE} 出现底部失真，如图 2-32b 所示。对于放大电路用 PNP 型晶体管时，波形失真刚好相反。静态工作点与 R_B、R_C 和 V_{CC} 均有关，但在实际应用中，一般只通过调整 R_B 的大小来改变静态工作点。对一个实际的放大电路，希望它的输出信号能正确反映输入信号的变化，也就是要求波形失真要小。如果出现截止失真，说明 I_{BQ} 过小，为了减小这种失真，应减小 R_B，从而增大 I_{BQ}；如果出现饱和失真，说明 I_{BQ} 过大，为了减小这种失真，应增大 R_B，从而减小 I_{BQ}。

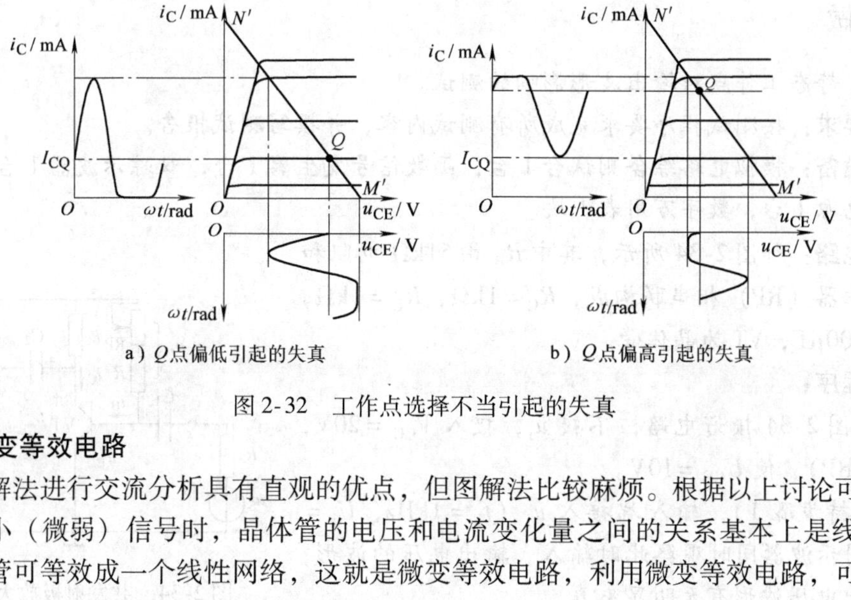

图 2-32　工作点选择不当引起的失真

4. 微变等效电路

用图解法进行交流分析具有直观的优点，但图解法比较麻烦。根据以上讨论可知，放大电路输入小（微弱）信号时，晶体管的电压和电流变化量之间的关系基本上是线性的。这样，晶体管可等效成一个线性网络，这就是微变等效电路，利用微变等效电路，可方便地对放大电路进行分析、计算。

在图 2-5b 所示的晶体管输入特性曲线中，当输入交流信号很小时，静态工作点 Q 附近的一段曲线可视作直线，因此，当 u_{CE} 为常数时，输入电压的变化量 Δu_{BE} 与输入电流的变化量 Δi_B 之比是一个常数，可用符号 r_{be} 来表示，即

$$r_{be}=\frac{\Delta u_{BE}}{\Delta i_B}\bigg|_{u_{CE}=常数}=\frac{u_{be}}{i_b}\bigg|_{u_{CE}=常数} \tag{2-39}$$

r_{be} 的大小与静态工作点有关，在常温下，r_{be} 在几百欧到几千欧之间，工程上常用下式来估算

$$r_{be}=r_{bb'}+(1+\beta)\frac{26\text{mV}}{I_{EQ}} \tag{2-40}$$

式中，$r_{bb'}$ 是晶体管的基区体电阻，对于低频小功率管，$r_{bb'}$ 一般为 200～300Ω；I_{EQ} 为发射极电流，单位为 mA。应当注意，实验表明 I_{EQ} 过小或过大时，用式（2-40）计算 r_{be} 将会产生很大的误差。

如图 2-5c 所示，晶体管的输出特性曲线可近似看成一组与横轴平行、间距均匀的直线，当 u_{CE} 为常数时，集电极输出电流 i_C 的变化量 Δi_C 与基极电流 i_B 的变化量 Δi_B 之比为常数，即

$$\beta=\frac{\Delta i_C}{\Delta i_B}\bigg|_{u_{CE}=常数}=\frac{i_c}{i_b}\bigg|_{u_{CE}=常数} \tag{2-41}$$

这说明晶体管处于放大状态时，C、E 之间可以用一个输出电流为 βi_b 的电流源来表示，如图 2-33 所示，它不是一个独立的电流源，而是一个大小及方向均受 i_b 控制的受控电流源。

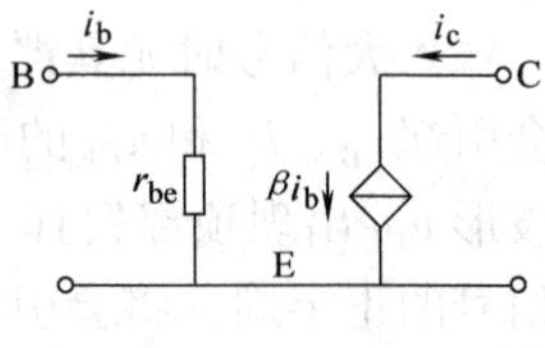

图 2-33　晶体管的微变等效电路

想一想

放大电路中的晶体管各极电压和电流是纯直流、纯交流还是交直流叠加量？

做一做

项目：静态工作点对输出波形影响的测试。

任务要求：按测试程序要求完成所有测试内容，并撰写测试报告。

测试设备：模拟电路综合测试台 1 台，函数信号发生器 1 台，双踪示波器 1 台，0～30V 直流稳压电源 1 台，数字万用表 1 块。

测试电路：如图 2-34 所示，其中 R_B 由 51kΩ 电阻和 500kΩ 电位器（RP）相串联构成，$R_C=1\text{k}\Omega$，$R_L=1\text{k}\Omega$，$C_1=C_2=100\mu\text{F}$，VT 为晶体管。

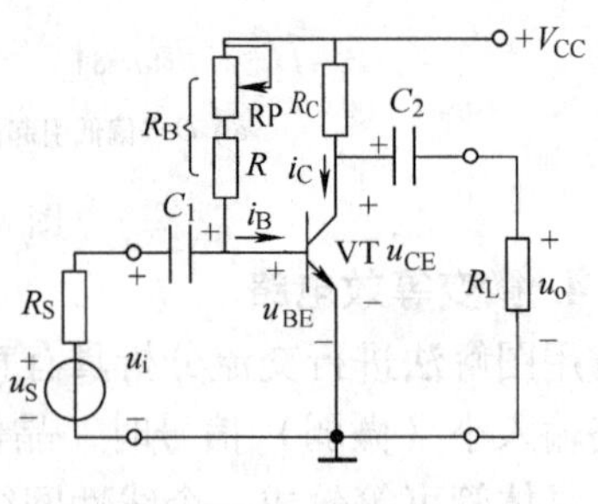

图 2-34　共发射极放大电路

测试程序：

1）按图 2-34 接好电路，不接 u_i，接入 $V_{CC}=20\text{V}$，调节 R_B（RP），使 $U_{CE}=10\text{V}$。

2）保持步骤 1），输入端接入 u_i（$f_i=1\text{kHz}$，$U_i=10\text{mV}$），用示波器同时观察此时输入、输出电压的波形，并记录输出电压波形有无明显失真。

3）保持步骤 2），调节 u_i 大小，使输出电压最大且输出电压波形无明显失真。

4）保持步骤 3），调节 R_B（RP），增大 U_{CE}，即减小静态工作点电流 I_B 或 I_C，直到输出电压波形出现明显失真。此时输出波形的失真为________（顶部/底部）失真，而放大器的静态工作点 Q 则接近于________（饱和区/截止区）。

5）保持步骤 4），调节 R_B（RP），增大静态工作点电流 I_B 或 I_C，直到输出电压波形出现明显失真。此时输出波形的失真为________（顶部/底部）失真，而放大器的静态工作点 Q 则接近于________（饱和区/截止区）。

2.5　共发射极放大电路

偏置电路是放大电路中不可缺少的组成部分，在进行电路设计时，设置的偏置电路必须满足两个要求：一是给放大电路提供合适的静态工作点；二是环境温度、电源电压等因素变化时，静态工作点保持稳定。在诸多因素中，温度的变化对静态工作点的影响最大。一些放大电路在常温下，其静态工作点确定合适时能正常工作，但在高温或低温条件下则不能正常工作，这是由静态工作点随温度变化引起的。下面结合环境温度介绍两种偏置电路的放大电路。

2.5.1　固定偏置放大电路

固定偏置放大电路如图 2-35 所示。待放大的输入信号源接在放大电路的输入端 1—1′，通过电容 C_1 与放大电路相耦合，放大电路的输出信号通过电容 C_2 的耦合输送到负载，C_1、C_2 起到耦合交流信号的作用，称为耦合电容。为了使交流信号顺利通过，要求它们在输入信号频率上的容抗足够小，因此它们的电容量应足够大，这样对于交流信号 C_1、C_2 可视为短路。为了减小信号源和负载对放大电路静态工作点的影响，要求 C_1、C_2 的漏电流很小，即还具有隔断直流的作用，所以，在该放大电路中 C_1、C_2 起到隔直通交的作用。

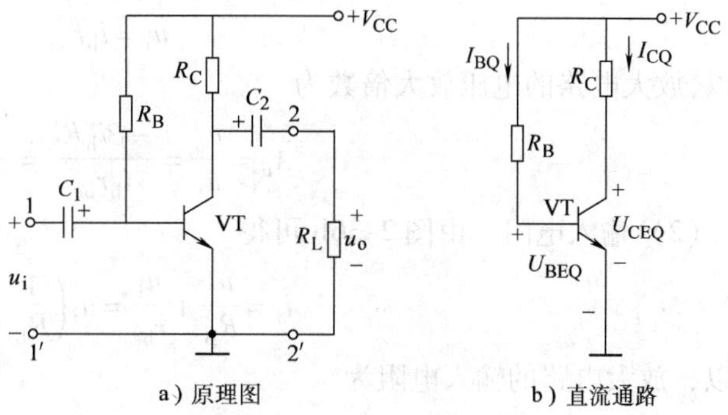

图 2-35　固定偏置放大电路

1. 求静态工作点

直流通路如图 2-35b 所示。用近似估算法可求得 I_{BQ}、I_{CQ}和 U_{CEQ}。

$$I_{BQ}=\frac{V_{CC}-U_{BEQ}}{R_B} \tag{2-42}$$

$$I_{CQ}=\beta I_{BQ}+(1+\beta)I_{CBO}\approx\beta I_{BQ} \tag{2-43}$$

$$U_{CEQ}=V_{CC}-I_{CQ}R_C \tag{2-44}$$

由式（2-42）、式（2-43）和式（2-44）可知，晶体管的所有参数几乎都随温度变化而变化，温度升高时，β 和 I_{CBO}增大，而管压降 U_{BEQ}减小，这些变化都将引起 I_{CQ}的增大；反之，温度下降，I_{CQ}将减小，工作点会随温度的变化而漂移，这不但会影响放大倍数等性能，严重还会造成输出波形失真，甚至使放大电路无法正常工作。为了保证放大电路在很宽的温度范围内正常工作，就必须采用热稳定性高的偏置电路。提高偏置电路的热稳定性有很多措施，常用的是分压式偏置放大电路，这种电路将在后面内容中介绍。

2. 性能指标分析

图2-35a所示电路中，由于C_1、C_2的电容量都比较大，对交流信号可视为短路，直流电压源V_{CC}对交流信号也可视为短路，这样便得到图2-36a所示的交流通路，然后将晶体管用微变等效模型代替，便得到放大电路的微变等效电路，如图2-36b所示，由图可求得放大电路的各性能指标。

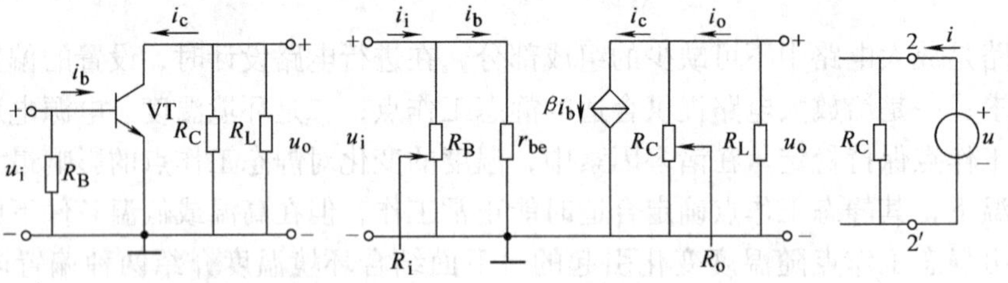

图2-36　固定偏置放大电路的交流通路、微变等效电路和输出电阻

（1）电压放大倍数　根据图2-36b所示电路得

$$u_o = -\beta i_b(R_C /\!/ R_L) = -\beta i_b R'_L$$

$$u_i = i_b r_{be}$$

所以，放大电路的电压放大倍数为

$$A_u = \frac{u_o}{u_i} = \frac{-\beta i_b R'_L}{i_b r_{be}} = \frac{-\beta R'_L}{r_{be}} \tag{2-45}$$

（2）输入电阻　由图2-36b可得

$$i_i = \frac{u_i}{R_B} + \frac{u_i}{r_{be}} = u_i\left(\frac{1}{R_B} + \frac{1}{r_{be}}\right)$$

所以，放大电路的输入电阻为

$$R_i = \frac{u_i}{i_i} = \frac{1}{\dfrac{1}{R_B} + \dfrac{1}{r_{be}}} = R_B /\!/ r_{be} \tag{2-46}$$

（3）输出电阻　由图2-36b可知，当$u_i = 0$时，$i_b = 0$，则βi_b开路，放大电路输出端断开R_L，接入信号源电压u，如图2-36c所示，可得$i = u/R_C$，因此放大电路的输出电阻等于

$$R_o = \frac{u}{i} = R_C \tag{2-47}$$

【例2-3】　放大电路如图2-37所示，已知$\beta = 45$，$r_{bb'} = 300\Omega$，$U_{BEQ} = 0.7V$，试求：静态工作点；电压放大倍数；输入电阻和输出电阻。

解：（1）$I_{BQ} = \dfrac{V_{CC} - U_{BEQ}}{R_B} = \dfrac{(20-0.7)\ \text{V}}{500\text{k}\Omega} \approx 40\mu\text{A} = 0.04\text{mA}$

$$I_{CQ} = \beta I_{BQ} = 45 \times 0.04\text{mA} = 1.8\text{mA}$$

$$U_{CEQ} = V_{CC} - I_{CQ}R_C = 20\text{V} - 1.8\text{mA} \times 6.8\text{k}\Omega = 7.76\text{V}$$

(2) $$r_{be}=r_{bb'}+(1+\beta)\frac{26\text{mV}}{I_{EQ}}$$

$$=300\Omega+\left(46\times\frac{26}{1.84}\right)\Omega=950\Omega=0.95\text{k}\Omega$$

$$R'_L=R_C/\!/R_L=\frac{6.8\times6.8}{6.8+6.8}\text{k}\Omega=3.4\text{k}\Omega$$

$$A_u=\frac{-\beta R'_L}{r_{be}}=-\frac{45\times3.4\times1000}{0.95\times1000}\approx-161$$

(3) $$R_i=R_B/\!/r_{be}=\frac{500\times0.95}{500+0.95}\text{k}\Omega\approx948\Omega$$

$$R_o=R_C=6.8\text{k}\Omega$$

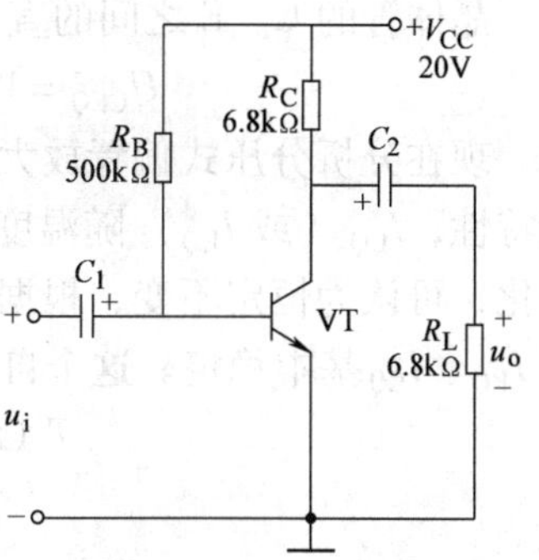

图 2-37　例 2-3 图

2.5.2　分压式偏置放大电路

分压式偏置放大电路原理图如图 2-38a 所示。

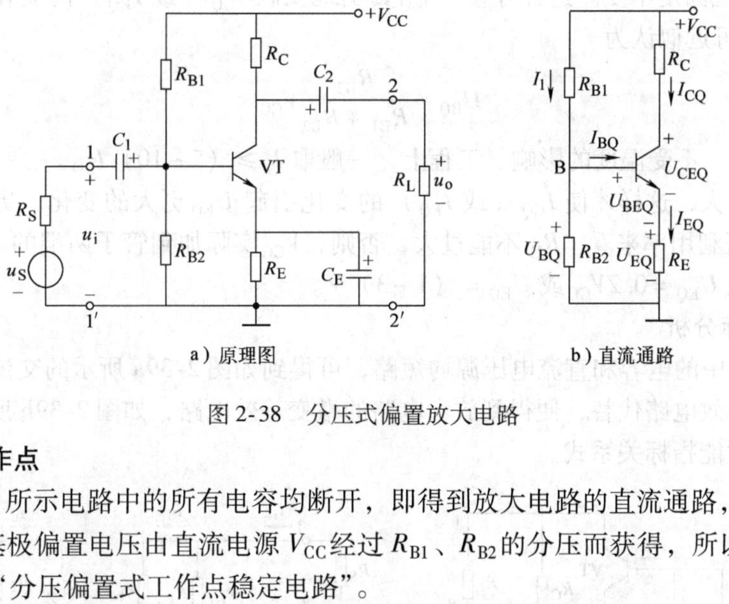

a）原理图　　b）直流通路

图 2-38　分压式偏置放大电路

1. 静态工作点

将图 2-38a 所示电路中的所有电容均断开，即得到放大电路的直流通路，如图 2-38b 所示，晶体管的基极偏置电压由直流电源 V_{CC} 经过 R_{B1}、R_{B2} 的分压而获得，所以，图 2-38a 所示电路又称为“分压偏置式工作点稳定电路”。

分压式偏置放大电路既能提供静态电流，又能稳定静态工作点。图 2-38b 中，当流过 R_{B1}、R_{B2} 的直流电流 I_1 远大于基极电流 I_{BQ} 时，可得到晶体管基极直流电压 U_{BQ} 为

$$U_{BQ}\approx\frac{R_{B2}}{R_{B1}+R_{B2}}V_{CC}\tag{2-48}$$

由于 $U_{EQ}=U_{BQ}-U_{BEQ}$，所以晶体管的发射极直流电流为

$$I_{EQ}=\frac{U_{BQ}-U_{BEQ}}{R_E}\tag{2-49}$$

晶体管集电极、基极的直流电流分别为

$$I_{CQ}\approx I_{EQ}\tag{2-50}$$

$$I_{BQ}=\frac{I_{CQ}}{\beta}\approx\frac{I_{EQ}}{\beta}\tag{2-51}$$

晶体管的 C、E 之间的直流压降为

$$U_{CEQ}=V_{CC}-I_{CQ}R_C-I_{EQ}R_E\approx V_{CC}-I_{CQ}(R_C+R_E) \tag{2-52}$$

现在分析分压式偏置放大电路稳定静态工作点的过程。假设温度升高，根据晶体管的温度特性，I_{CQ}（或 I_{EQ}）随温度升高而增大，那么 U_{EQ} 也增大，而 U_{BQ} 几乎不随温度的变化而变化，可认为恒定不变，根据 $U_{BQ}=U_{BEQ}+U_{EQ}$，则 U_{BEQ} 减小，从而使 I_{BQ}、I_{CQ} 减小，也就使 I_{EQ}、I_{CQ} 基本稳定。这个自动调节过程可表示为（“↑”表示增，“↓”表示减）：

$$T（温度）\uparrow\rightarrow I_{CQ}\ (I_{EQ})\uparrow\rightarrow U_{EQ}\uparrow\rightarrow U_{BEQ}\downarrow$$
$$\downarrow$$
$$I_{CQ}\ (I_{EQ})\downarrow\longleftarrow I_{BQ}\downarrow$$

反之亦然。由上述分析可知，分压式偏置放大电路稳定工作点的实质是：先稳定 U_{BQ}，然后通过 R_E 将输出量（I_{CQ}）的变化引回到输入端，使输出量变化减小。该电路实质是引入了一个直流电流负反馈的结果。

由上面的分析可知，要想使稳定过程能够实现，必须满足以下两个条件：

1）基极电位固定不变。这样才使 U_{BEQ} 真实地反映 I_{CQ}（或 I_{EQ}）的变化。那么只要满足 $I_1\gg I_{BQ}$，就可近似认为

$$U_{BQ}\approx\frac{R_{B2}}{R_{B1}+R_{B2}}V_{CC}$$

即 U_{BQ} 基本恒定，不受温度的影响。工程上，一般取 $I_1\geqslant(5\sim10)\ I_{BQ}$。

2）R_E 足够大，这样才使 I_{CQ}（或 I_{EQ}）的变化引起 U_{EQ} 更大的变化，更能有效地控制 U_{BEQ}。但从电压利用率来看，R_E 不能过大，否则，V_{CC} 实际加到管子两端的 U_{CEQ} 就会过小。工程上，一般取 $U_{EQ}=0.2V_{CC}$ 或 $U_{EQ}=(1\sim3)$ V。

2. 性能指标分析

将图 2-38a 中的电容和直流电压源均短路，可得到如图 2-39a 所示的交流通路，然后将晶体管用微变等效电路代替，便得到放大电路的微变等效电路，如图 2-39b 所示。由图可求得放大电路的性能指标关系式。

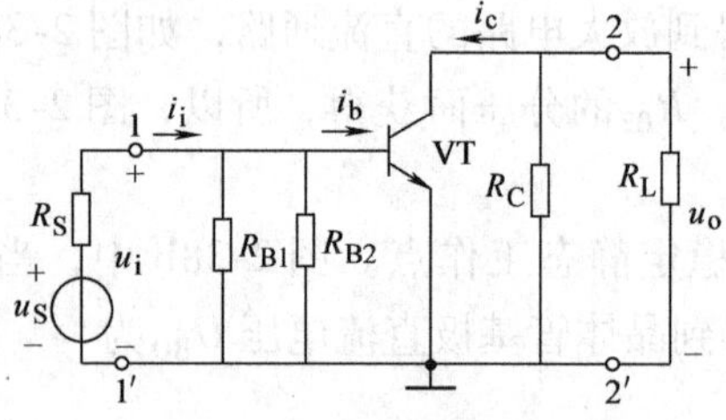

a）交流通路

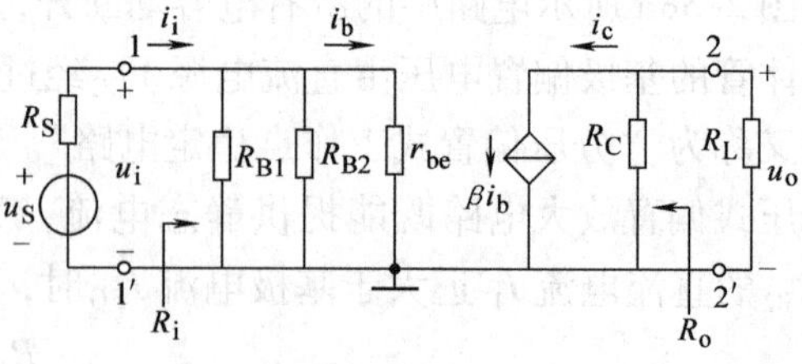

b）微变等效电路

图 2-39 分压偏置放大电路的交流通路和微变等效电路

1）电压放大倍数（同固定偏置电路相同）。

$$u_o=-\beta i_b\ (R_C/\!/R_L)\ =-\beta i_bR'_L$$
$$u_i=i_br_{be}$$

所以，放大电路的电压放大倍数为

$$A_u=\frac{u_o}{u_i}=\frac{-\beta i_bR'_L}{i_br_{be}}=-\beta\frac{R'_L}{r_{be}} \tag{2-53}$$

2）输入电阻。由图2-39b可得

$$i_i=\frac{u_i}{R_{B1}}+\frac{u_i}{R_{B2}}+\frac{u_i}{r_{be}}=u_i\left(\frac{1}{R_{B1}}+\frac{1}{R_{B2}}+\frac{1}{r_{be}}\right)$$

所以，放大电路的输入电阻为

$$R_i=\frac{u_i}{i_i}=\frac{1}{\frac{1}{R_{B1}}+\frac{1}{R_{B2}}+\frac{1}{r_{be}}}=R_{B1}/\!/R_{B2}/\!/r_{be} \tag{2-54}$$

3）输出电阻。由图2-39b可知，当 $u_S=0$ 时，$i_b=0$，则 βi_b 开路，所以，放大电路输出端断开 R_L，接入信号源电压 u，可得 $i=u/R_C$，因此放大电路的输出电阻为

$$R_o=\frac{u}{i}=R_C \tag{2-55}$$

【例2-4】 在图2-38a所示的电路中，已知晶体管的 $\beta=100$，$r_{bb'}=200\Omega$，$U_{BEQ}=0.7V$，$R_S=1k\Omega$，$R_{B1}=62k\Omega$，$R_{B2}=20k\Omega$，$R_C=3k\Omega$，$R_E=1.5k\Omega$，$R_L=5.6k\Omega$，$V_{CC}=15V$，各电容的电容量足够大。试求：（1）静态工作点；（2）A_u、R_i、R_o 和源电压放大倍数 A_{us}；（3）如果发射极旁路电容 C_E 断开，画出此时放大电路的交流通路和微变等效电路，并求出此时放大电路的 A_u、R_i 和 R_o。

解：（1）静态工作点的计算。

$$U_{BQ}\approx\frac{R_{B2}}{R_{B1}+R_{B2}}V_{CC}=\frac{20k\Omega}{(62+20)\ k\Omega}\times15V\approx3.7V$$

$$I_{CQ}\approx I_{EQ}=\frac{U_{BQ}-U_{BEQ}}{R_E}=\frac{3.7V-0.7V}{1.5k\Omega}=2mA$$

$$I_{BQ}\approx\frac{I_{EQ}}{\beta}=\frac{2mA}{100}=20\mu A$$

$$U_{CEQ}=V_{CC}-I_{CQ}\ (R_C+R_E)\ =15V-2mA\times\ (3k\Omega+1.5k\Omega)\ =6V$$

（2）A_u、R_i、R_o 和 A_{us} 的计算。

先求晶体管的输入电阻。由式（2-40）得

$$r_{be}=r_{bb'}+(1+\beta)\ \frac{26mV}{I_{EQ}}=200\Omega+101\times\frac{26mV}{2mA}=1.5k\Omega$$

由式（2-45）可得

$$A_u=-\frac{\beta R'_L}{r_{be}}=-100\times\frac{\frac{3\times5.6}{3+5.6}k\Omega}{1.5k\Omega}=-130$$

由式（2-54）可得　$R_i=R_{B1}/\!/R_{B2}/\!/r_{be}=\dfrac{1}{\frac{1}{62}+\frac{1}{20}+\frac{1}{1.5}}k\Omega\approx1.36k\Omega$

由式（2-55）可得　$R_o=R_C=3k\Omega$

$$A_{us}=\frac{u_o}{u_S}=\frac{u_i}{u_S}\frac{u_o}{u_i}=\frac{u_i}{u_S}A_u=\frac{R_i}{R_S+R_i}A_u$$

将已知数代入，则得

$$A_{us}=\frac{1.36k\Omega}{(1+1.36)\ k\Omega}\times\ (-130)\ =-75$$

(3) 断开 C_E 后，求 A_u、R_i、R_o。

C_E 开路后，晶体管发射极 E 将通过 R_E 接地，由此可得放大电路的交流通路和微变等效电路，如图 2-40 所示。

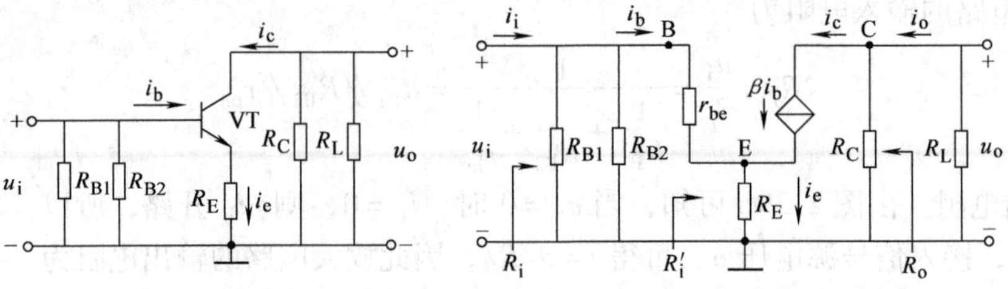

a) 交流通路　　b) 微变等效电路

图 2-40　发射极旁路电容 C_E 开路的交流通路和微变等效电路

由图 2-40b 可得

$$u_i = i_b r_{be} + i_e R_E = i_b[r_{be} + (1+\beta)R_E]$$

$$A_u = \frac{u_o}{u_i} = \frac{-\beta i_b(R_C /\!/ R_L)}{i_b[r_{be}+(1+\beta)R_E]} = -\beta\frac{R_C /\!/ R_L}{r_{be}+(1+\beta)R_E} = -100\times\frac{\frac{3\times5.6}{3+5.6}\text{k}\Omega}{1.5\text{k}\Omega+101\times1.5\text{k}\Omega}\approx 1.3$$

显然，去掉 C_E 后 A_u 下降很大，这是由于 R_E 对交流信号产生了很强负反馈的结果。由图可得

$$R_i' = \frac{u_i}{i_b} = \frac{i_b r_{be} + (1+\beta) i_b R_E}{i_b} = r_{be} + (1+\beta)R_E$$

因此，放大电路的输入电阻为

$$R_i = R_{B1} /\!/ R_{B2} /\!/ R_i' = R_{B1} /\!/ R_{B2} /\!/ [r_{be}+(1+\beta)R_E] = 13.8\text{k}\Omega$$

由图可见，令 $u_i = 0$ 时，$i_b = 0$，则 $\beta i_b = 0$，视为开路，放大电路的输出电阻为

$$R_o = R_C = 3\text{k}\Omega$$

由以上讨论可知，无论是固定偏置放大电路还是分压式偏置放大电路，共发射极放大电路输出电压 u_o 与输入电压 u_i 反相，输入电阻 R_i 和输出电阻 R_o 大小适中。由于共发射极放大电路的电压、电流、功率增益都比较大，因而应用广泛，适用于一般放大电路或多级放大电路的中间级。

读一读

【知识拓展】

当电路元器件参数给定后，放大电路的静态工作点是确定的，但当某些参数改变时，放大电路的静态工作点将如何变化？

1. 改变 R_B，其他参数不变

参见图 2-31，若 R_B 减小，则 I_B 增大，工作点将沿直流负载线向上移动，即向饱和区移动，I_C 增大，U_{CE} 减小，可能产生饱和失真；若 R_B 增大，则 I_B 减小，工作点将沿直流负载线向下移动，即向截止区移动，I_C 减小，U_{CE} 增大，可能产生截止失真。

2. 改变 R_C，其他参数不变

参见图 2-31，若 R_C 减小，则直流负载线斜率的绝对值变大，即直流负载线变陡，由于

I_B 不变，工作点将向右移动，I_C 不变，U_{CE}增大，产生饱和失真的可能性减小，但交流输出幅度减小，即放大倍数减小；若 R_C 增大，则直流负载线斜率的绝对值变小，即直流负载线变平坦，由于 I_B 不变，工作点将向左移动，I_C 不变，U_{CE}减小，产生饱和失真的可能性增大，但交流输出幅度增大，即放大倍数增大。

3. 改变 V_{CC}，其他参数不变

参见图 2-31，若 V_{CC}减小，则直流负载线整体向左移动，同时 I_B 也减小，工作点将沿负载线向左且同时向下移动，即同时向饱和区和截止区移动，I_C 减小，U_{CE}减小，有可能产生饱和失真和截止失真；若 V_{CC}增大，则直流负载线整体向右移动，同时 I_B 也增大，工作点将沿负载线向右且同时向上移动，I_C 增大，U_{CE}增大，产生饱和失真和截止失真的可能性减小。

一般来讲，通过改变 R_B 来改变静态工作点是较为方便的方法。

2.6　共集电极放大电路和共基极放大电路

根据输入和输出回路公共端的不同，放大电路可分为三种基本组态。前面分析了共发射极放大电路，现在讨论共集电极放大电路和共基极放大电路。

2.6.1　共集电极放大电路

共集电极放大电路的原理图如图 2-41a 所示。

1. 静态工作点

共集电极放大电路的直流通路如图 2-41b 所示，根据该图输入回路可得

$$V_{CC}-I_{BQ}R_B-U_{BEQ}-I_{EQ}R_E=0$$

即 $V_{CC}-I_{BQ}R_B-U_{BEQ}-(1+\beta)I_{BQ}R_E=0$

由此可求得共集电极放大电路的静态工作点电流为

$$I_{BQ}=\frac{V_{CC}-U_{BEQ}}{R_B+(1+\beta)R_E} \quad (2\text{-}56)$$

$$I_{CQ}=\beta I_{BQ}\approx I_{EQ} \quad (2\text{-}57)$$

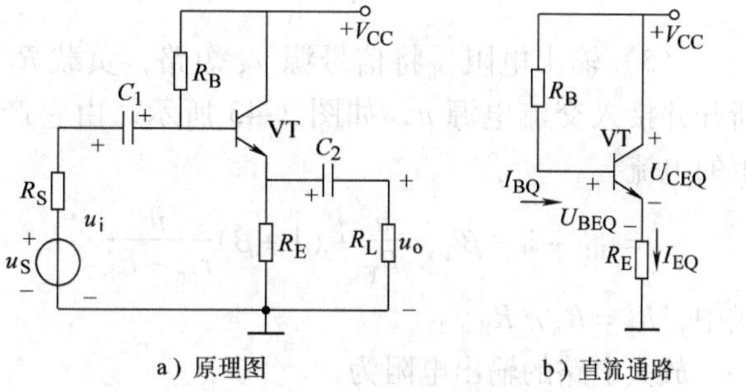

图 2-41　共集电极放大电路

根据图 2-41b 输出回路可得

$$U_{CEQ}=V_{CC}-I_{EQ}R_E \quad (2\text{-}58)$$

2. 交流分析

根据图 2-42a 所示的交流通路，可画出微变等效电路如图 2-42b 所示，由图可求出共集电极放大电路的各性能指标。

（1）电压放大倍数　由图 2-42b 可得

$$u_i=i_b r_{be}+i_e(R_E/\!/R_L)=i_b r_{be}+(1+\beta)i_b R_L'$$

$$u_o=i_e(R_E/\!/R_L)=(1+\beta)i_b R_L'$$

因此电压放大倍数为

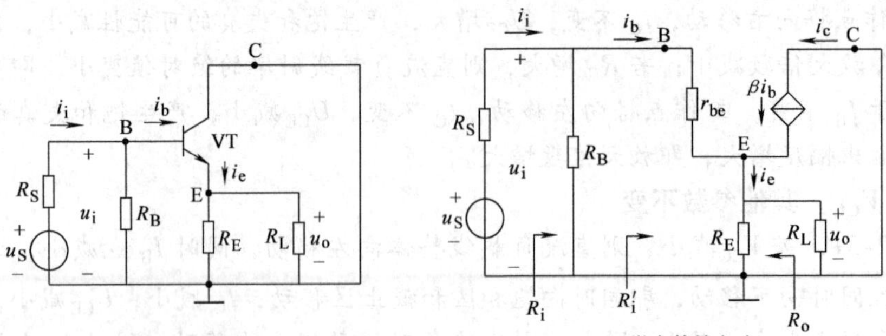

a）交流通路　　　　b）微变等效电路

图 2-42　共集电极放大电路的交流通路和微变等效电路

$$A_u = \frac{u_o}{u_i} = \frac{(1+\beta)R_L'}{r_{be} + (1+\beta)R_L'} \tag{2-59}$$

一般共集电极放大电路均满足 $(1+\beta)R_L' \gg r_{be}$，所以其电压放大倍数恒小于1，而接近于1，并且输出电压与输入电压同相位，即输出电压跟随输入电压的变化而变化，因此共集电极放大电路又称为“射极跟随器”。

（2）输入电阻　由图 2-42b 可得，从晶体管的基极看进去的输入电阻为

$$R_i' = \frac{u_i}{i_b} = \frac{i_b r_{be} + (1+\beta) i_b R_L'}{i_b} = r_{be} + (1+\beta)R_L'$$

因此该放大电路的输入电阻为

$$R_i = \frac{u_i}{i_i} = R_B /\!/ R_i' = R_B /\!/ [r_{be} + (1+\beta)R_L'] \tag{2-60}$$

（3）输出电阻　将信号源 u_S 短路，负载 R_L 断开并接入交流电源 u，如图 2-43 所示，由它产生的电流

$$i = i_{RE} - i_b - \beta i_b = \frac{u}{R_E} + (1+\beta)\frac{u}{r_{be} + R_S'}$$

式中，$R_S' = R_S /\!/ R_B$。

放大电路的输出电阻为

$$R_o = \frac{u}{i} = \frac{1}{\dfrac{1}{R_E} + \dfrac{(1+\beta)}{r_{be} + R_S'}} = \frac{1}{\dfrac{1}{R_E} + \dfrac{1}{\dfrac{(r_{be} + R_S')}{1+\beta}}}$$

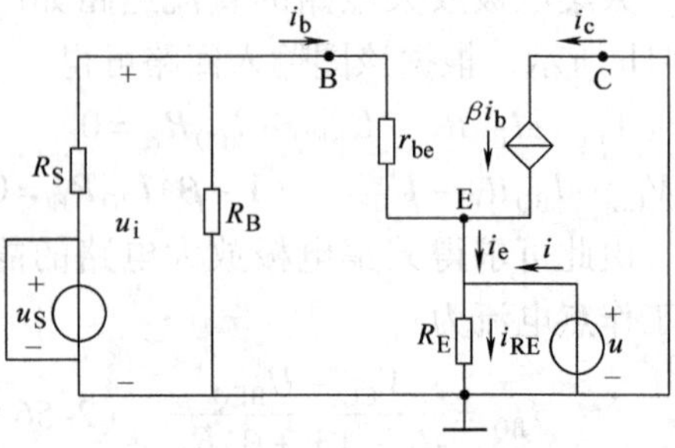

图 2-43　共集电极放大电路输出电阻求解电路

即

$$R_o = R_E /\!/ \frac{r_{be} + R_S'}{1+\beta} \tag{2-61}$$

【例 2-5】　放大电路如图 2-41a 所示，已知 $\beta = 100$，$r_{bb'} = 300\Omega$，$U_{BEQ} = 0.7V$，$R_S = 1k\Omega$，$R_B = 200k\Omega$，$R_E = 2k\Omega$，$R_L = 2k\Omega$，$V_{CC} = 12V$，试求：（1）静态工作点；（2）A_u、R_i、R_o。

解：（1）静态工作点的计算。

$$I_{BQ} = \frac{V_{CC} - U_{BEQ}}{R_B + (1+\beta)R_E} = \frac{(12-0.7)V}{200k\Omega + (1+100) \times 2k\Omega} = 28\mu A$$

$$I_{CQ}=\beta I_{BQ}\approx I_{EQ}=100\times 28\mu A=2.8mA$$

$$U_{CEQ}=V_{CC}-I_{EQ}R_E=(12-2.8\times 2)\ V=6.4V$$

（2）A_u、R_i、R_o 的计算。

$$r_{be}=r_{bb'}+(1+\beta)\frac{26mV}{I_{EQ}}=300\Omega+101\times\frac{26mV}{2.8mA}\approx 1.2k\Omega$$

$$R'_L=R_E /\!/ R_L=1k\Omega$$

$$A_u=\frac{(1+\beta)R'_L}{r_{be}+(1+\beta)R'_L}=\frac{(1+100)\times 1k\Omega}{1.2k\Omega+(1+100)k\Omega}\approx 0.99$$

$$R_i=R_B /\!/ [r_{be}+(1+\beta)R'_L]=200k\Omega /\!/ (1.2+100\times 1)k\Omega=67.2k\Omega$$

$$R_o=R_E /\!/ \frac{r_{be}+R'_S}{1+\beta}=2k\Omega /\!/ \frac{1.2k\Omega+(1 /\!/ 200)k\Omega}{101}\approx 21\Omega$$

由以上讨论可见，共集电极放大电路是同相放大器，放大倍数小于1而接近1，无电压放大作用，但输出电流却是输入电流的（$1+\beta$）倍，它具有一定的电流放大和功率放大的作用，具有输入电阻大、输出电阻小等特点。由于输入电阻大，所以对信号源获取的信号电流较小，对信号源的衰减较小；由于输出电阻较小，带负载的能力较强，因此共集电极放大电路可用于输入级、输出级和中间级。

想一想

共集电极放大电路虽然没有电压放大作用，但仍得到了广泛应用，为什么？

2.6.2　共基极放大电路

共基极放大电路如图2-44a所示。

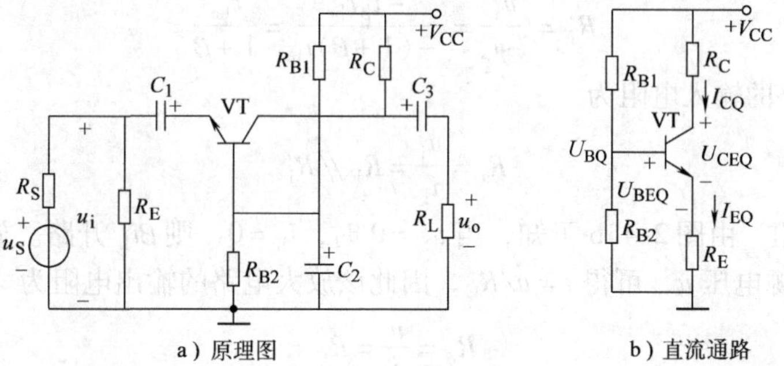

图2-44　共基极放大电路

1. 直流分析

由图2-44b可知，共基极放大电路的直流通路与共发射极放大电路（分压式偏置电路）的直流通路完全相同，因此静态工作点计算方法也完全相同。即

$$U_{BQ}\approx\frac{R_{B2}}{R_{B1}+R_{B2}}V_{CC} \tag{2-62}$$

$$I_{EQ}=\frac{U_{BQ}-U_{BEQ}}{R_E} \tag{2-63}$$

$$I_{CQ} \approx I_{EQ}, \ I_{BQ} \approx \frac{I_{EQ}}{\beta} \tag{2-64}$$

$$U_{CEQ} = V_{CC} - I_{CQ}R_C - I_{EQ}R_E \approx V_{CC} - I_{CQ}(R_C + R_E) \tag{2-65}$$

2. 交流分析

将 C_1、C_2、C_3 及 V_{CC} 短路，画出图 2-44a 所示电路的交流通路如图 2-45a 所示，然后，在 E、B 极之间接入 r_{be}，在 E、C 极之间接入受控电流源 βi_b，如图 2-45b 所示，即得共基极放大电路的微变等效电路。

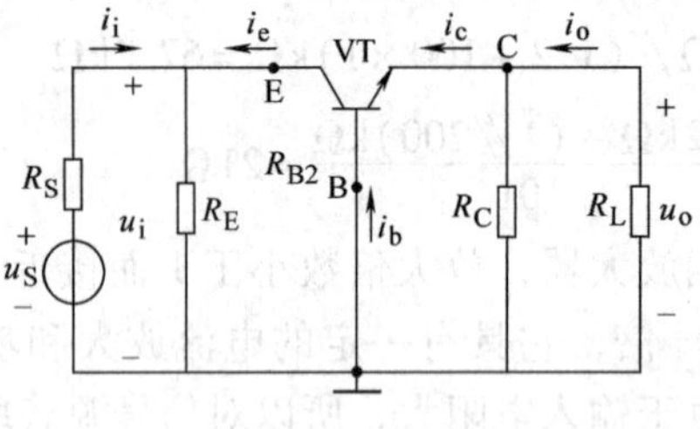

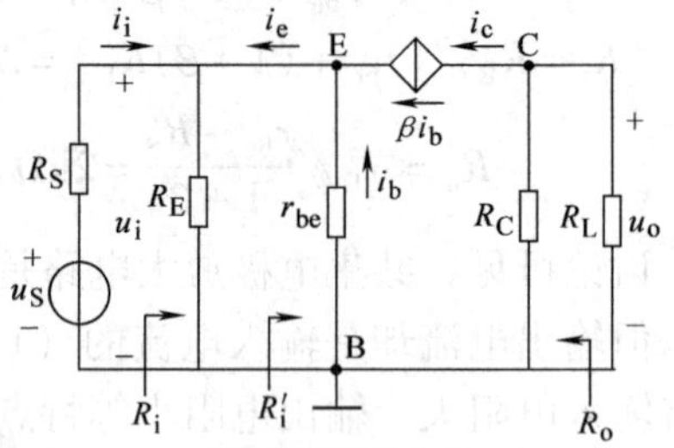

图 2-45　共基极放大电路的交流通路和微变等效电路

（1）电压放大倍数

$$A_u = \frac{u_o}{u_i} = \frac{-i_c(R_C /\!/ R_L)}{-i_b r_{be}} = \frac{\beta i_b R_L'}{i_b r_{be}} = \frac{\beta R_L'}{r_{be}} \tag{2-66}$$

可见，如果该放大电路和共发射极放大电路的元器件参数完全一样，则二者的电压放大倍数大小完全相同，只是该放大倍数为正值，说明共基极放大电路为同相放大电路。

（2）输入电阻　由晶体管发射极看进去的等效电阻 R_i' 为

$$R_i' = \frac{u_i}{-i_e} = \frac{-i_b r_{be}}{-(1+\beta)i_b} = \frac{r_{be}}{1+\beta}$$

因此放大电路的输入电阻为

$$R_i = \frac{u_i}{i_i} = R_E /\!/ R_i' \tag{2-67}$$

（3）输出电阻　由图 2-45b 可知，当 $u_S = 0$ 时，$i_b = 0$，则 βi_b 开路。放大电路输出端断开 R_L，接入信号源电压 u，可得 $i = u/R_C$，因此该放大电路的输出电阻为

$$R_o = \frac{u}{i} = R_C \tag{2-68}$$

【例 2-6】　在图 2-44a 所示的电路中，元器件的参数与【例 2-4】相同，即 $\beta = 100$，$r_{bb'} = 200\Omega$，$U_{BEQ} = 0.7V$，$R_S = 1k\Omega$，$R_{B1} = 62k\Omega$，$R_{B2} = 20k\Omega$，$R_C = 3k\Omega$，$R_E = 1.5k\Omega$，$R_L = 5.6k\Omega$，$V_{CC} = 15V$，各电容的容量足够大。试求：（1）静态工作点；（2）A_u、R_i、R_o 和源电压放大倍数 A_{us}。

解：（1）静态工作点的计算。

直流通路与分压式偏置共发射极放大电路相同，所以

$$I_{CQ} = 2mA, \ I_{BQ} = \frac{I_{CQ}}{\beta} = 20\mu A, \ U_{CEQ} = 6V$$

（2）A_u、R_i、R_o 的计算。

$$A_u = \frac{\beta(R_C /\!/ R_L)}{r_{be}} = \frac{100 \times \frac{3 \times 5.6}{3 + 5.6} k\Omega}{1.5k\Omega} = 130$$

$$R_i' = \frac{r_{be}}{1 + \beta} = \frac{1.5k\Omega}{1 + 100} \approx 15\Omega$$

$$R_i = R_E /\!/ R_i' = \left(\frac{1500 \times 15}{1500 + 15}\right)\Omega \approx 15\Omega$$

$$R_o = R_C = 3k\Omega$$

由以上讨论可见，共基极放大电路是同相放大器，与共发射极放大电路的放大能力相同（电路元器件参数相同），但其输入电阻小，因此为了让放大电路获得较好的频率特性，在高频放大电路中常常采用该种放大电路。

读一读

【知识拓展】

无论是电路的设计，还是在电子设备的维修方面，都会面临一个如何选择晶体管的问题。

1）在设计电路时，应根据电路对晶体管的要求查阅半导体器件手册，从而确定选用的晶体管的型号。确定选用晶体管型号时，所选用的晶体管的极限参数I_{CM}、P_{CM}、$U_{(BR)CEO}$和f_T（最高工作频率）应分别大于晶体管在实际工作电路中的最大集电极电流、最大集电极功耗、最大反向工作电压和最高工作频率，其中f_T一般应至少大于实际工作频率的10倍。同时，电路要求导通电压低时选用锗管；要求反向电流小时选用硅管；要求击穿电压高时选用硅管；要求工作频率高时选用点接触型高频管等。

2）在维修电子设备时，如果发现晶体管损坏，应使用同一型号的管子来替换。如果找不到同一型号的晶体管，则可改用其他型号的同类晶体管来代替，替代管子的极限参数I_{CM}、P_{CM}、$U_{(BR)CEO}$和f_T应不低于原管子的参数，电流放大倍数β应与原管子的接近，且替代管子的材料类型一般应与原管子相同。

*2.7　场效应晶体管放大电路

2.7.1　场效应晶体管放大电路的构成及工作原理

由于场效应晶体管也具有放大作用，如不考虑物理本质上的区别，可将场效应晶体管的栅极（G）、源极（S）、漏极（D）分别与晶体管的基极（B）、发射极（E）、集电极（C）相对应。所以场效应晶体管也由输入信号源、放大电路、相应的偏置电路和直流电压源、负载构成，也可以构成共栅极、共源极和共漏极三种组态的放大电路。下面介绍由N沟道耗尽型场效应晶体管组成的放大电路，如图2-46所示。

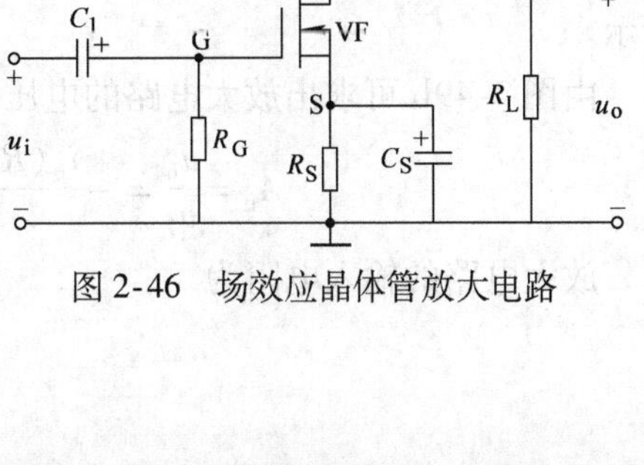

图2-46　场效应晶体管放大电路

其中，C_1、C_2 为耦合电容，R_G 为栅极电阻，将 R_G 的压降加到栅极；R_S 为源极电阻，利用漏极电流在其上产生的压降为栅、源极之间提供偏压；R_D 为漏极电阻，将漏极电流转化为漏极电压，并影响放大倍数 A_u；C_S 为源极旁路电容，消除 R_S 对交流信号的衰减；R_L 为负载电阻。虽然场效应晶体管放大电路的组成原则与晶体管放大电路相同，但由于场效应晶体管是电压控制器件，且种类较多，故在电路组成上仍有其特点。

2.7.2　场效应晶体管放大电路的分析

1. 静态分析

与晶体管放大电路一样，场效应晶体管放大电路也需要建立合适的静态工作点，也要保证管子工作在恒流区，也存在工作点稳定的问题。由于场效应晶体管是电压控制器件，栅极电流必须为零，因此需要合适的栅极电压，如图 2-46 所示，由于栅极电阻上无直流电流，因而 $U_{GSQ}=-I_{DQ}R_S$，这种偏置方式称为自给偏压，也称自偏压电路。必须指出，自给偏压电路只能产生反向偏压，所以它只适应耗尽型场效应晶体管，而不适应于增强型场效应晶体管，因为增强型场效应晶体管的栅源电压只有达到开启电压后才能产生漏极电流。

图 2-47 所示为采用分压式自偏压电路的场效应晶体管的放大电路，图中 R_{G1}、R_{G2} 为分压电阻，将 V_{DD} 分压后，取 R_{G2} 上的压降供给场效应晶体管栅极偏压。由于 R_{G3} 中没有电流，它对静态工作点没有影响，所以由图2-47 不难得到

$$U_{GSQ}=U_{GQ}-U_{SQ}=\frac{R_{G2}}{R_{G1}+R_{G2}}V_{DD}-I_{DQ}R_S \quad (2\text{-}69)$$

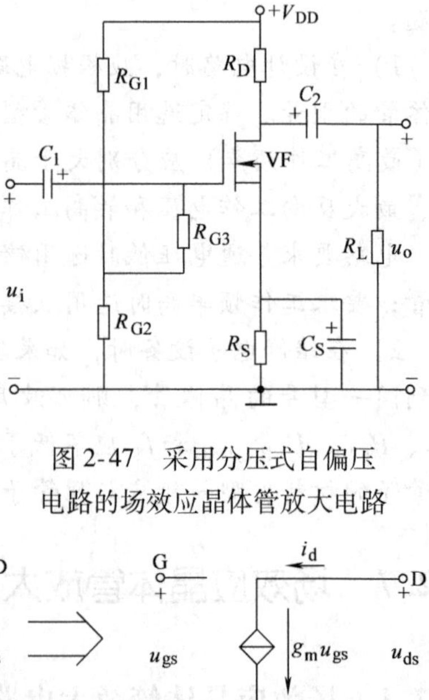

图 2-47　采用分压式自偏压电路的场效应晶体管放大电路

2. 动态分析

与晶体管一样，场效应晶体管在小信号作用下，可用微变等效电路来代替，从而求得放大电路的性能指标。

（1）场效应晶体管的微变等效电路　在小信号作用下，工作在放大区的场效应晶体管可用一个线性有源二端网络来等效。由输入回路来看，由于场效应晶体管的输入电阻很大，可视为开路；由输出回路来看，可等效为电流源，这样在小信号情况下场效应晶体管可等效成图 2-48 所示的电路。

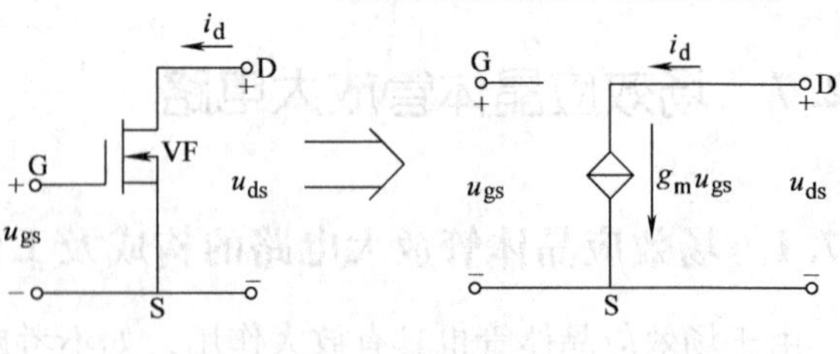

图 2-48　场效应晶体管的微变等效电路

（2）共源极放大电路　图 2-47 所示放大电路的交流通路和微变等效电路如图 2-49 所示。

由图 2-49b 可求出放大电路的电压放大倍数为

$$A_u=\frac{u_o}{u_i}=-\frac{i_d(R_D/\!/R_L)}{u_{gs}}=-\frac{g_m u_{gs}R_L'}{u_{gs}}=-g_m R_L' \quad (2\text{-}70)$$

放大电路的输入电阻为

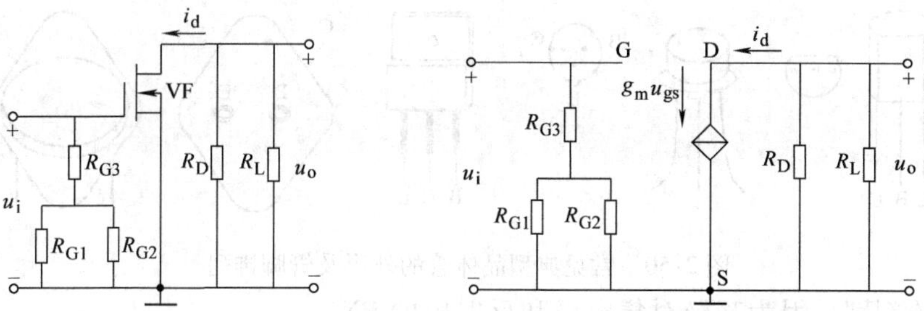

a）交流通路　　b）微变等效电路

图 2-49　共源极放大电路的交流通路和微变等效电路

$$R_i = R_{G3} + R_{G1} /\!/ R_{G2} \tag{2-71}$$

放大电路的输出电阻为

$$R_o = R_D \tag{2-72}$$

【例 2-7】　电路如图 2-47 所示，已知 $R_{G1} = 200\text{k}\Omega$，$R_{G2} = 30\text{k}\Omega$，$R_{G3} = 10\text{M}\Omega$，$R_D = 5\text{k}\Omega$，$R_L = 5\text{k}\Omega$，$g_m = 4\text{mS}$，各电容的容量足够大，试求电压放大倍数 A_u、输入电阻 R_i 及输出电阻 R_o。

解：电压放大倍数为

$$A_u = \frac{u_o}{u_i} = -g_m(R_D /\!/ R_L) = -4 \times \frac{5 \times 5}{5+5} = -10$$

输入电阻为

$$R_i = R_{G3} + R_{G1} /\!/ R_{G2} = \left(10^4 + \frac{200 \times 30}{200+30}\right)\text{k}\Omega \approx 10^4\text{k}\Omega = 10\text{M}\Omega$$

输出电阻为

$$R_o = R_D = 5\text{k}\Omega$$

想一想

为什么场效应晶体管具有输入阻抗高、噪声低等一系列优点？

技能训练 2　晶体管的测试与应用

1. 实训目的

1）熟悉晶体管的外形及引脚识别方法。

2）学习查阅半导体器件手册的方法，熟悉晶体管的类型、型号及主要性能参数。

3）掌握用万用表检测晶体管性能的方法。

2. 实训指导

1）判别晶体管的管型和管脚。

① 根据晶体管外壳上的型号，初步判别其类型。

② 根据晶体管的外形特点，判断其管脚。常见典型晶体管的外形及管脚排列如图 2-50 所示。

③ 用万用表判别晶体管的管脚和管型。

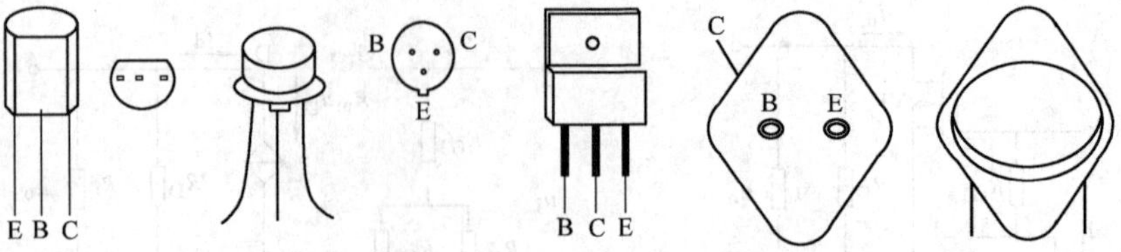

图 2-50　常见典型晶体管的外形及管脚排列

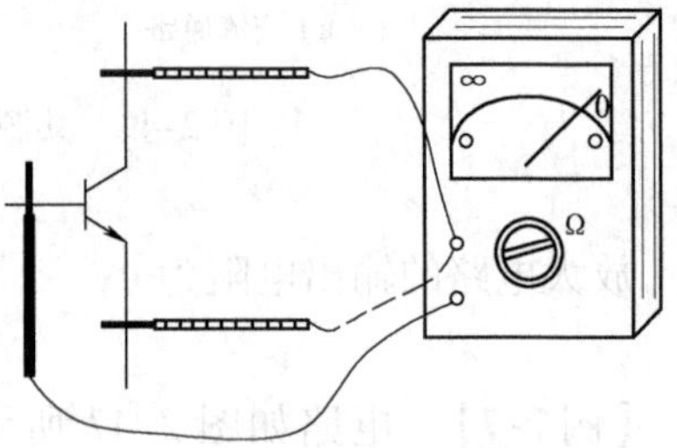

图 2-51　晶体管基极的测试

a. 基极的判别。因为基极对集电极和反射极的 PN 结的方向相同，所以确定基极比较容易。具体方法是，将万用表置于“R×1k”档，并调零，用红（黑）表笔接晶体管的某一电极，用黑（红）表笔分别接另外两个电极，轮流测试，直到测得的两个阻值都很小时为止，则该电极为基极。这时，若黑表笔接基极，则该管为 NPN 型晶体管；若红表笔接基极，则该管为 PNP 型晶体管。具体测试方法如图 2-51 所示。

b. 集电极和发射极的测试。如待测晶体管为 PNP 型管，则将上述测得的基极开路，先将万用表拨至“R×1k”档，调零后，用万用表的黑、红表笔去接触另外两个电极，测得一阻值，再将黑、红表笔对调，又测得一阻值，如图 2-52a所示，比较其大小。综合分析可知：在阻值较小的那一次中，红表笔所接电极为集电极，则另一电极为发射极。对于 NPN 型晶体管，可在基极和黑表笔之间接上一个 100kΩ 电阻，用上述同样的方法测量，在阻值较小的那一次中，黑表笔所接电极为集电极，具体测试方法如图 2-52b 所示。

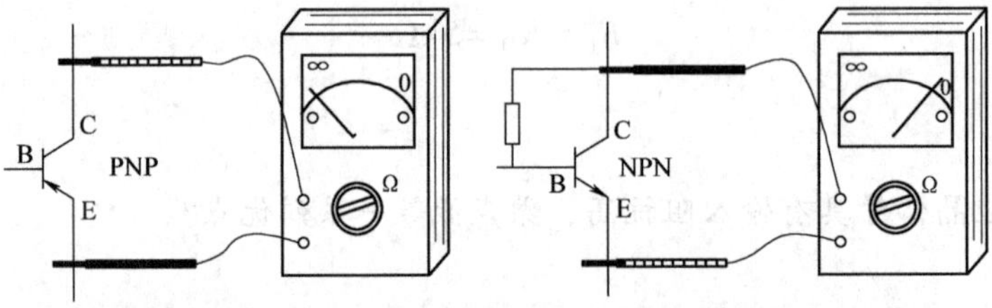

a）PNP 型晶体管的测试　　b）NPN型晶体管的测试

图 2-52　晶体管集电极和发射极的判别

c. 根据硅管的发射结正向压降大于锗管的正向压降的特点，可判断其材料。一般常温下，锗管的正向压降为 0.2～0.3V，硅管的正向压降为 0.6～0.8V。根据图 2-53 电路进行测量，由电压表的读数大小确定是硅管还是锗管。

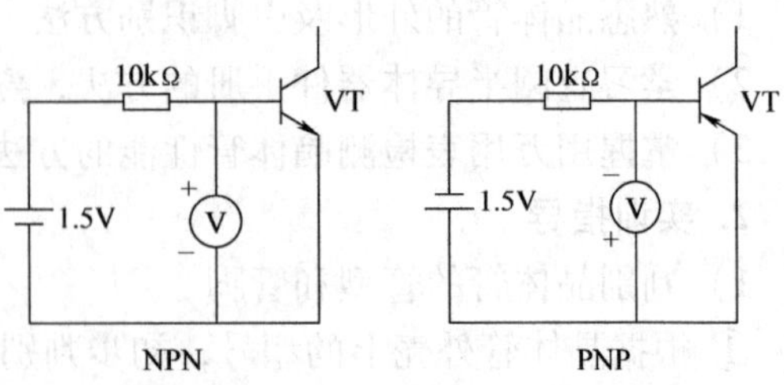

图 2-53　判别硅管和锗管的电路

2）晶体管的质量粗判及电流放大能力估测。

① 判别晶体管的质量好坏。根据晶体管的基极与集电极、基极与发射极之间的内部结构为两个同向PN结的特点，用万用表分别测量其两个PN结（发射结、集电结）的正、反电阻。若测得两个PN结的正向电阻均很小，反向电阻均很大，则晶体管一般为正常，否则为损坏。

② 电流放大能力估测。将万用表拨至“R×1k”档，黑、红表笔分别与NPN型晶体管的集电极、发射极相接，测得C、E之间的电阻值。当用一电阻接于B、C两管脚时，阻值会减小，即万用表指针右偏。晶体管的电流放大能力越大，则指针右偏的角度也越大。如果在测量过程中发现指针右偏角度很小，则说明被测晶体管放大能力很差，甚至是劣质管。

3）晶体管的选用。选用晶体管既要满足设备及电路的要求，又要符合节约的原则。根据用途的不同，一般应考虑以下几个因素：频率、集电极电流、耗散功率、反向击穿电压、稳定性及饱和压降等。这些因素又具有互相制约的关系，在选用时应抓住主要矛盾，兼顾次要因素。

首先，根据电路工作频率确定选用低频管还是高频管。低频管的工作频率 f_T 一般在2.5MHz以下，而高频管的 f_T 可达几十兆赫、几百兆赫，甚至更高。选管时应使 f_T 为工作频率的3~10倍，原则上讲，高频管可以替换低频管，但是高频管的功率一般都比较小、动态范围窄，在替换时应注意功率条件。

其次，根据晶体管实际工作时的最大集电极电流 I_{Cm}、管耗 P_{Cm} 以及电源电压 V_{CC} 选择合适的晶体管。要求选用的晶体管满足 $P_{CM}>P_{Cm}$、$I_{CM}>I_{Cm}$、$U_{(BR)CEO}>V_{CC}$。

对于晶体管的 β 值的选择，不是越大越好，β 太大容易引起自激振荡，而且一般 β 值高的管子工作多不稳定，受温度影响大，因此，晶体管的 β 多选在40~100之间。另外，对整个电路来说，还应从各级的配合来选择 β。例如若前级用高 β 的管子，则后级就可以用低 β 的管子；反之，前级用低 β 的管子，则后级就可以用高 β 的管子。

在实际应用中，选用的管子穿透电流 I_{CEO} 越小越好，这样电路的温度稳定性就越好。普通硅管的稳定性比锗管好得多，但硅管的饱和压降较锗管大，目前电路中一般都采用硅管。

4）常用小功率晶体管参数选录见表2-3。

表2-3　常用小功率晶体管参数选录

参数 / 型号	极性	P_{CM} /mW	I_{CM} /mA	$U_{(BR)CEO}$ /V	h_{FE}	I_{CBO} /μA	f_T /MHz	C_{ob} /pF	备注
3AX31A	PNP(锗)	125	125	≥12	40~180	≤20			低频管
3BX31A	NPN(锗)	125	125	≥12	40~180	≤20			低频管
3CG100A	PNP(硅)	100	30	≥15	≥25	≤0.1	≥100	≤4.5	
3BG1	NPN(锗)	50	20	≥15	20~150				
9011	NPN(硅)	300	300	≥20	54~198	≤0.1	150		塑封
9012	PNP(硅)	625	500	≥20	64~202	≤0.1			塑封
9013	NPN(硅)	625	500	≥20	64~202	≤0.1			塑封
9014	PNP(硅)	450	100	≥20	60~1000	≤0.1	150		塑封
3AG55A	PNP(锗)	150	50	≥15	40~180		≥100	≤8	

注：表中 C_{ob} 为共基极输出电容。

3. 实训仪器

1）万用表1块。

2）晶体管毫伏表1块。

4. 实训内容与步骤

（1）晶体管的粗判

1）认识各种晶体管的外形。

2）查阅半导体器件手册，记录所给晶体管的类型、型号及主要参数。

3）用万用表判别晶体管的管脚、类型，比较各晶体管的电流放大能力。

（2）晶体管应用电路的测试　晶体管放大电路电压传输特性的测试按图2-54所示电路接线，检查无误后接通直流电源电压 V_{CC}；调节电位器RP，使输入电压 u_i 由零逐渐增大，如表2-4所示，用万用表测出对应的 u_{BE}、u_o，并计算出 i_C，记入表中；在坐标轴上作出电压传输特性 $u_o=f(u_i)$ 和转移特性 $i_C=f(u_{BE})$，求出线性部分的电压放大倍数 $A_u=\dfrac{\Delta u_o}{\Delta u_i}$ 的值。

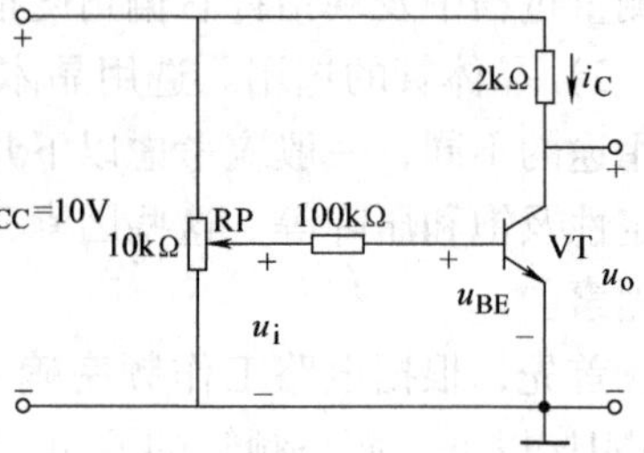

图2-54　晶体管放大电路电压传输特性测试电路

表2-4　晶体管的电压传输特性

u_i/V	0	1.00	2.00	2.50	3.00	3.50	4.00	5.00	6.00	7.00	8.00
u_{BE}/V											
u_o/V											
i_C/mA											

5. 实训报告要求

报告内容应包含训练目的、训练内容、所需器材，列出所测晶体管的类别、型号、主要参数、测量数据及质量好坏的判别结果，并总结规律。

6. 思考题

本实验在测量放大电路放大倍数时使用晶体管毫伏表，而不用万用表，为什么？

本 章 小 结

1）半导体三极管是具有放大作用的半导体器件。根据结构和工作原理的不同，可分为双极型的晶体管和单极型的场效应晶体管。晶体管在工作时有空穴和自由电子两种载流子参与导电，而场效应晶体管工作时只有一种载流子（多数载流子）参与导电。

2）晶体管是由两个PN结组成的有源三端器件，分为NPN和PNP两种类型，根据材料不同分为硅管和锗管。晶体管工作在放大区时三个电极的电流关系为：$i_C=\beta i_B+I_{CEO}\approx\beta i_B$，$i_E=i_C+i_B$，$i_E>i_C>i_B$，$i_C$、$i_E$、$i_B$ 分别是集电极电流、发射极电流、基极电流，I_{CEO} 为穿透电流。β 为共发射极电流放大倍数，是晶体管的基本参数。

3）晶体管因偏置不同，有放大、截止和饱和三种工作状态。放大状态的偏置条件为：

发射结正偏，集电结反偏；其工作特点为 $i_C \approx \beta i_B$，晶体管具有线性放大作用。截止状态的偏置条件为：发射结反偏，集电结反偏；其工作特点为 $i_B \approx 0$，$i_C \approx 0$。饱和状态的偏置条件为：发射结正偏，集电结正偏；其工作特点为 $u_{CE} < u_{BE}$（小功率 $U_{CE(sat)} \approx 0.3V$）。

4）使用晶体管时，应注意管子的极限参数 I_{CM}、P_{CM} 和 $U_{(BR)CEO}$，同时还应注意温度对晶体管特性的影响。I_{CEO} 越小的管子，其稳定性越好，硅管温度稳定性比锗管的温度稳定性好，所以电路中一般都采用硅管。

5）场效应晶体管可分为结型场效应晶体管和 MOS 场效应晶体管。场效应晶体管是利用栅源电压改变导电沟道的宽窄而实现对漏极电流控制的，所以称为电压控制电流器件。MOS 场效应晶体管有增强型和耗尽型，耗尽型在 $u_{GS}=0$ 时存在导电沟道，而增强型只有在栅源电压大于开启电压后，才会形成导电沟道。由于场效应晶体管种类较多，使用时应注意它们的区别。

6）用来对电信号进行放大的电路称为放大电路，它是使用最为广泛的电子电路，也是构成其他电子电路的基本单元电路。放大电路的性能指标主要有放大倍数、输入电阻和输出电阻等。放大倍数是衡量放大能力的指标；输入电阻是衡量放大电路对信号源影响的指标；输出电阻是衡量放大电路带负载能力的指标。

7）在晶体管放大电路中，只研究在直流电源作用下电路中各直流量的大小而进行的分析称为直流分析（又叫静态分析），由此而确定的各极电压和电流称为静态工作点。当外电路接上交流信号后，为了确定叠加在静态工作点上各交流量而进行的分析称为交流分析（又叫动态分析）。在工程应用时，直流分析通常用来进行静态工作点的估算，既准确又十分简便。小信号交流分析时采用晶体管的微变等效电路模型，它是将晶体管的非线性特点局部线性化而得到的线性等效电路。

8）由晶体管组成的基本放大电路有共发射极、共集电极和共基极三种基本组态。共发射极放大电路的输出电压与输入电压反相，输入电阻和输出电阻适中，由于它的电压、电流和功率放大倍数都比较大，适用于一般放大电路和多级放大电路的中间级。共集电极放大电路的输出电压与输入电压同相，电压放大倍数小于 1 而近似等于 1，但它具有输入电阻大、输出电阻小的特点，多用于多级放大电路的输入级、中间级和输出级。共基极放大电路的输出电压和输入电压同相，电压放大倍数较大，输入电阻很小而输出电阻较大，它适用于高频放大。放大电路性能指标的分析主要采用微变等效电路。场效应晶体管组成的放大电路与晶体管放大电路类似，其分析方法也相似。

思考与练习题

2-1　判断题

（1）处于放大状态的晶体管，集电极电流是由多子漂移运动形成的。　（　）

（2）结型场效应晶体管外加的栅源电压应使栅、源极间的耗尽层承受反向电压，才能保证其 R_{GS} 大的特点。　（　）

（3）若耗尽型 N 沟道 MOS 管的 U_{GS} 大于零，则其输入电阻会明显变小。　（　）

（4）对于共发射极电路，减小集电极电阻 R_C 有利于电路退出保护状态。　（　）

（5）在不失真的前提下，静态工作点低的电路静态功耗小。　（　）

（6）温度升高时，共发射极电路的工作点易进入饱和区。　（　）

(7) 交流负载线比直流负载线陡。　(　)

(8) 共基极电路既有电压放大作用，也有电流放大作用。　(　)

(9) 射极输出器的输出电压与输入电压大小近似相等。　(　)

(10) 场效应晶体管共源极放大电路所采用的自给偏压电路，只适用于增强型场效应晶体管。　(　)

2-2　选择题

(1) 当晶体管工作在放大区时，发射结电压和集电结电压应为（　　）。

(A) 前者反偏、后者也反偏　(B) 前者正偏、后者反偏　(C) 前者正偏、后者也正偏

(2) U_{GS} =0V 时，能够工作在恒流区的场效应晶体管有（　　）。

(A) 结型管　(B) 增强型MOS管　(C) 耗尽型MOS管

(3) 某放大电路在负载开路时的输出电压为4V，接入3kΩ的负载电阻后输出电压降为2V，说明该放大电路的输出电阻为（　　）。

(A) 10kΩ　(B) 2kΩ　(C) 1kΩ　(D) 3kΩ

(4) 工作在放大区的某晶体管，如果当 I_B 从12μA增大到22μA时，I_C 从1mA变为2mA，那么它的 β 约为（　　）。

(A) 83　(B) 91　(C) 100

(5) 当场效应晶体管的漏极直流电流 I_D 从2mA变为4mA时，它的低频跨导 g_m 将（　　）。

(A) 增大　(B) 不变　(C) 减小

(6) 场效应晶体管共源极放大电路类似于晶体管（　　）。

(A) 共发射极电路　(B) 共集电极电路　(C) 共基极电路

2-3　在晶体管放大电路中测得各个电极的电位如图2-55所示。试判断各晶体管的类型（是PNP型管还是NPN型管，是硅管还是锗管），并区分E、B、C三个电极。

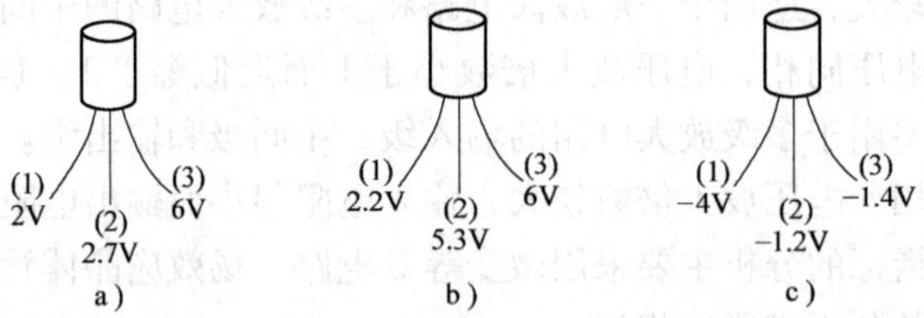

图2-55　题2-3图

2-4　用万用表直流电压档测得电路中晶体管各电极的对地电位如图2-56所示，试判断这些晶体管分别处于哪种工作状态（饱和、截止、放大或已损坏）。

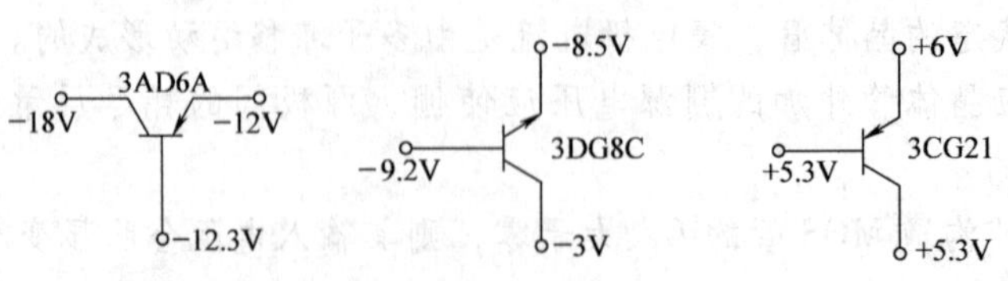

图2-56　题2-4图

2-5　电路如图2-57所示，已知晶体管的$\beta=80$，试分析当开关S分别接通A、B、C三个位置时，晶体管各工作在输出特性曲线的哪个区域，并求出相应的集电极电流I_C。

2-6　判断图2-58所示电路能否实现正常放大？

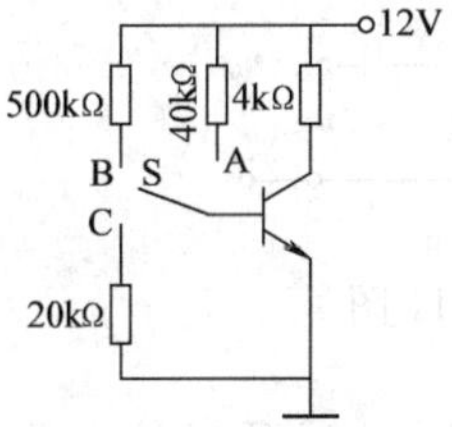

图2-57　题2-5图

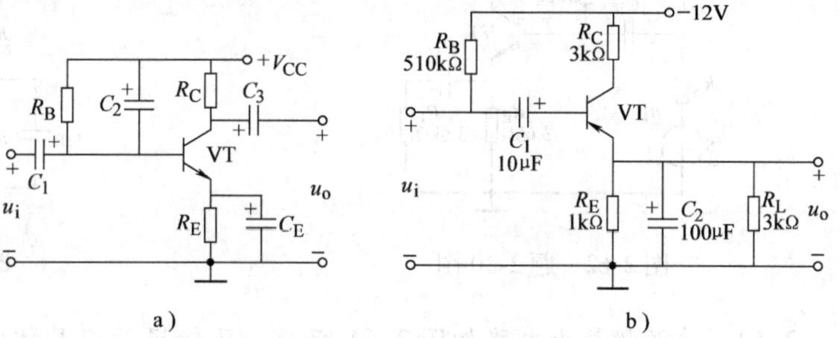

图2-58　题2-6图

2-7　判断图2-59中电路属于何种组态的放大电路。

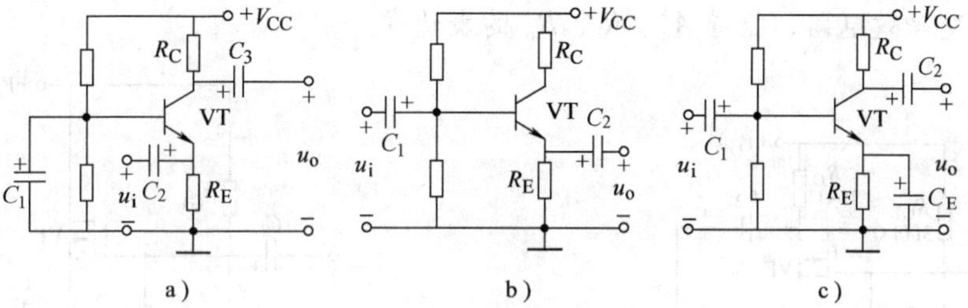

图2-59　题2-7图

2-8　电路如图2-60所示，已知晶体管的$\beta=100$，$U_{BEQ}=-0.7V$。(1) 试计算该电路的Q点；(2) 画出微变等效电路；(3) 求该电路的电压放大倍数A_u，输入电阻R_i，输出电阻R_o；(4) 若u_o中的交流成分出现如图所示的失真现象，问是截止失真还是饱和失真？为消除此失真，应调节电路中的哪个元件，如何调整？

2-9　放大电路如图2-61所示，已知晶体管的$\beta=100$，$r_{bb'}=300\Omega$，$U_{BEQ}=0.7V$。(1) 试求静态工作点；(2) 画出微变等效电路，并求A_u、R_i、R_o。

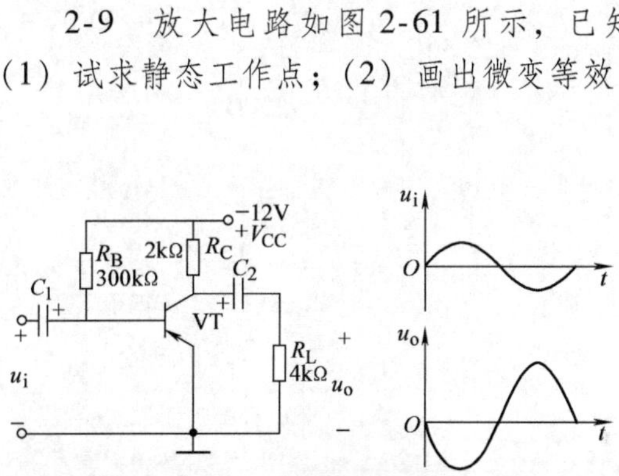

图2-60　题2-8图

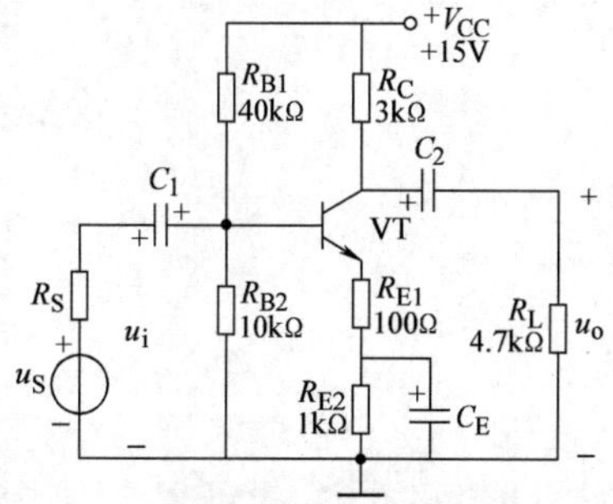

图2-61　题2-9图

2-10　共集电极放大电路如图2-62所示，已知晶体管的$\beta=100$，$r_{bb'}=200\Omega$，$U_{BEQ}=0.7V$。试求：(1) 静态工作点；(2) A_u、R_i；(3) 若信号源内阻$R_S=1k\Omega$，$u_S=2V$，求输出电压u_o和输出电阻R_o。

2-11　放大电路如图2-63所示，已知$\beta=100$，$r_{bb'}=200\Omega$，$I_{CQ}=1mA$，试画出该电路

的交流通路和微变等效电路，并求 A_u、R_i、R_o。

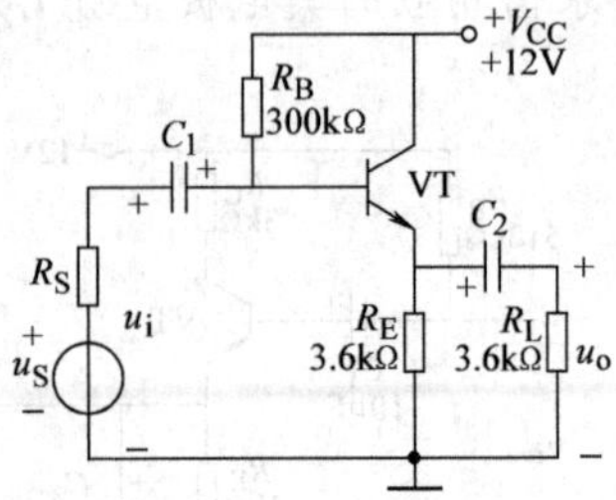

图 2-62　题 2-10 图

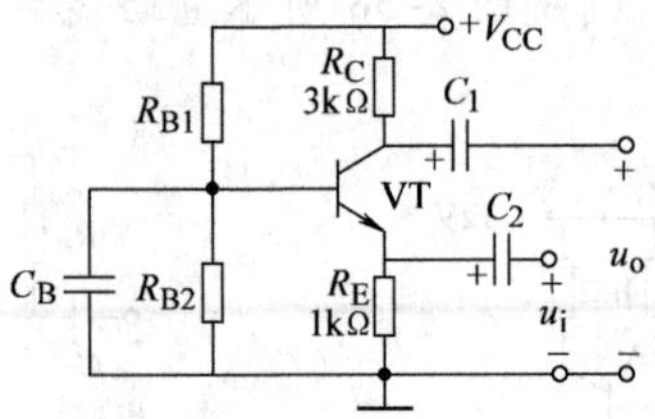

图 2-63　题 2-11 图

2-12　共源极放大电路如图 2-64 所示，已知场效应晶体管 $g_m = 1.2\text{mS}$，试画出该电路的交流通路和微变等效电路，并求 A_u、R_i、R_o。

2-13　由 N 沟道增强型 MOS 管构成的共漏极放大电路如图 2-65 所示，试画出该电路的交流通路和微变等效电路，推导 A_u、R_i、R_o 的表达式。

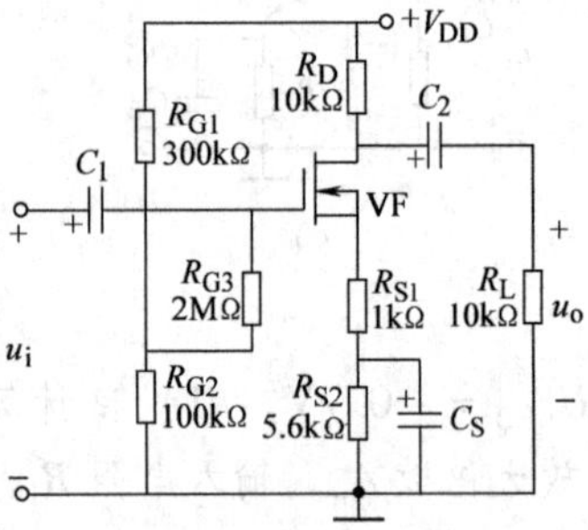

图 2-64　题 2-12 图

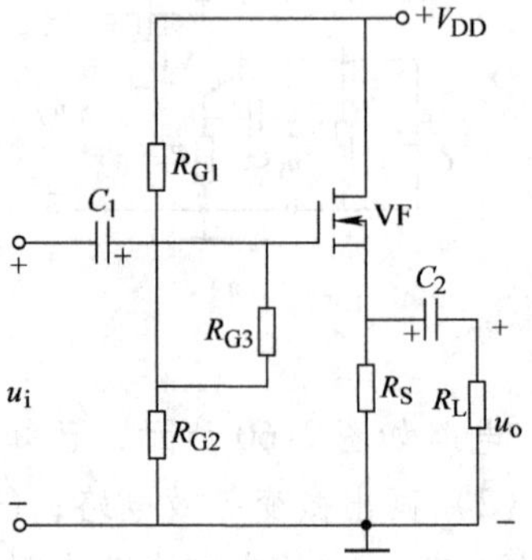

图 2-65　题 2-13 图

第 3 章　差动放大电路及集成运算放大电路

要求

熟悉集成运算放大器的基本特性，掌握集成运算放大器的实际应用。

知识点

- 了解多级放大电路的组成及性能指标的估算。
- 了解差动放大电路的结构、特点及主要用途。
- 掌握集成运算放大器的组成、特征及性能。
- 掌握集成运算放大器的线性应用。
- 掌握集成运算放大器的非线性应用。

重点和难点

- 集成运算放大器的组成、特性及性能。
- 集成运算放大器的实际应用。

3.1　多级放大电路

3.1.1　多级放大电路的组成及耦合方式

1. 多级放大电路的组成

大多数电子放大电路或系统，需要将微弱的毫伏级或微伏级信号放大为具有足够大的输出电压或电流的信号去驱动负载工作。前面讨论的基本单元放大电路，其性能通常很难满足电路或系统的这种要求，因此，实际使用时常采用两级或两级以上的基本单元放大电路连接起来组成多级放大电路，以满足电路或系统的需要，如图 3-1 所示。通常将与信号源相连接的第一级放大电路称为输入级，与负载相连接的末级放大电路称为输出级，输出级与输入级之间的放大电路称为中间级。输入级与中间级的位置处于多级放大电路的前几级，故又称为前置级。前置级一般都属于小信号工作状态，主要进行电压放大；输出级属于大信号放大，以提供负载功率足够大的信号，常采用功率放大电路，功率放大电路将在第 6 章进行详细介绍。

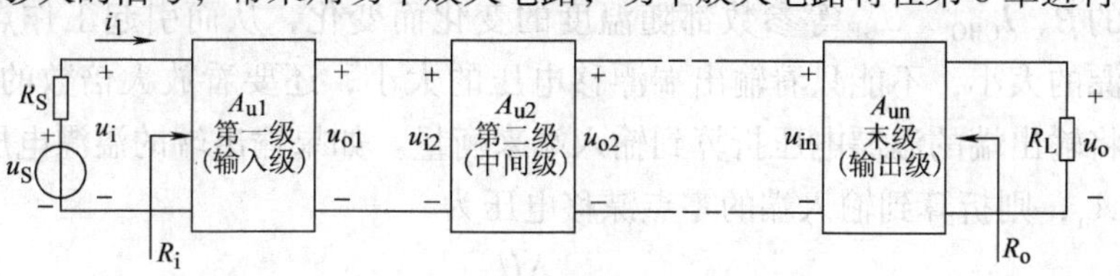

图 3-1　多级放大电路的组成框图

2. 多级放大电路的耦合方式

多级放大电路各级间的连接方式称为耦合。耦合方式可分为阻容耦合、直接耦合和变压器耦合等。阻容耦合方式在分立元件多级放大电路中被广泛使用；放大缓慢变化的信号或直流信号时常采用直接耦合方式；变压器耦合由于存在频率响应不好、笨重、成本高和不能集成等缺点，在放大电路中逐渐被淘汰。下面只讨论前两种级间耦合方式。

（1）阻容耦合　图 3-2 所示是两级阻容耦合共发射极放大电路。两级间的连接通过耦合电容 C_2 将前级的输出电压加在后级的输入电阻上（即前级的负载电阻），故称为阻容耦合放大电路。在这种电路中，由于耦合电容隔断了级间的直流通路，因此各级的直流工作点彼此独立，互不影响，这也使得阻容耦合放大电路不能放大直流信号或缓慢变化的信号。若放大的交流信号的频率较低，则需采用大容量的电解电容作为耦合电容。

（2）直接耦合　放大缓慢变化的信号（如热电偶测量炉温变化时送出的电压信号）或直流信号（如电子测量仪表中的放大电路）时，就不能采用阻容耦合方式的放大电路，而要采用直接耦合放大电路。图 3-3 所示就是两级直接耦合放大电路，即前级的输出与后级的输入端直接相连。

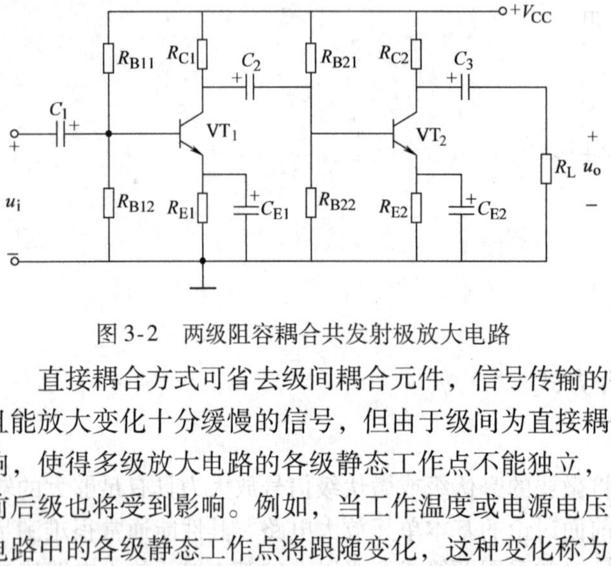

图 3-2　两级阻容耦合共发射极放大电路

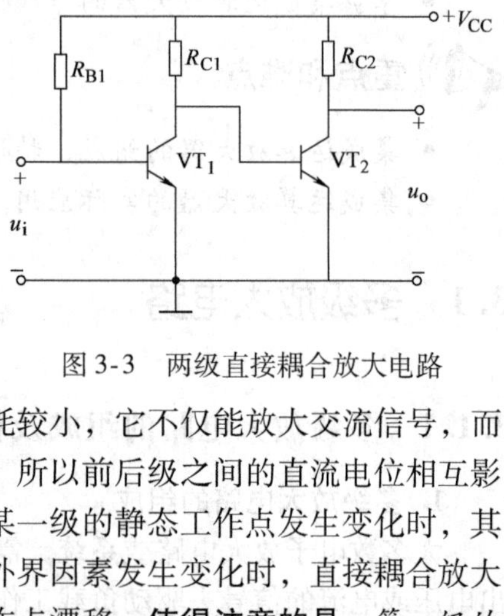

图 3-3　两级直接耦合放大电路

直接耦合方式可省去级间耦合元件，信号传输的损耗较小，它不仅能放大交流信号，而且能放大变化十分缓慢的信号，但由于级间为直接耦合，所以前后级之间的直流电位相互影响，使得多级放大电路的各级静态工作点不能独立，当某一级的静态工作点发生变化时，其前后级也将受到影响。例如，当工作温度或电源电压等外界因素发生变化时，直接耦合放大电路中的各级静态工作点将跟随变化，这种变化称为工作点漂移。**值得注意的是：**第一级的工作点漂移会随着信号传送至后级，并逐级被放大。这样一来，即便输入信号为零，输出电压也会偏离原来的初始值而上下波动，这种现象称为零点漂移。零点漂移将会造成有用信号的失真，严重时有用信号将被零点漂移所“淹没”，使人们无法辨认输出电压是漂移电压，还是有用的信号电压。

在引起工作点漂移的外界因素中，工作温度变化引起的漂移最严重，称为温漂。这主要是由于晶体管的 β、I_{CBO}、U_{BE} 等参数都随温度的变化而变化，从而引起工作点的变化。衡量放大电路温漂的大小，不能只看输出端漂移电压的大小，还要看放大倍数的大小。因此，一般都是通过将输出端的温漂电压折算到输入端来衡量。如果输出端的温漂电压为 ΔU_o，电压放大倍数为 A_u，则折算到输入端的零点漂移电压为

$$\Delta U_i = \frac{\Delta U_o}{A_u} \tag{3-1}$$

ΔU_i 越小，零点漂移越小。如果输入级采用差动放大电路，则可以有效抑制零点漂移，相关内容将在本章第 2 节中介绍。

3.1.2　多级放大电路性能指标的估算

在图 3-1 所示的多级放大电路中，各级电压放大倍数分别为 $A_{u1}=u_{o1}/u_i$、$A_{u2}=u_{o2}/u_{i2}$、…、$A_{un}=u_o/u_{in}$。由于信号是逐级被传送放大的，前级的输出电压便是后级的输入电压，即 $u_{o1}=u_{i2}$、$u_{o2}=u_{i3}$、…、$u_{o(n-1)}=u_{in}$，所以整个放大电路的电压放大倍数为

$$A_u=\frac{u_o}{u_i}=\frac{u_{o1}}{u_i}\frac{u_{o2}}{u_{i2}}\cdots\frac{u_o}{u_{in}}=A_{u1}A_{u2}\cdots A_{un} \tag{3-2}$$

式 (3-2) 表明，多级放大电路的电压放大倍数等于各级电压放大倍数的乘积。若用分贝 (dB) 表示，则多级放大电路的电压总的增益等于各级电压增益之和，即

$$A_u(\mathrm{dB})=A_{u1}(\mathrm{dB})+A_{u2}(\mathrm{dB})+\cdots+A_{un}(\mathrm{dB}) \tag{3-3}$$

应当注意的是：在计算各级电压放大倍数时，必须考虑后级输入电阻对前级的负载效应。即计算每级电压放大倍数时，下一级的输入电阻应作为上一级的负载来考虑。因为后级的输入电阻就是前级放大电路的负载，若不计及负载效应，各级的电压放大倍数仅为空载时的放大倍数，它与实际电路不符，这样得出的多级放大电路的电压放大倍数是错误的。

由图 3-1 可知，多级放大电路的输入电阻就是由第一级考虑到后级放大电路影响后的输入电阻求得，即 $R_i=R_{i1}$。

多级放大电路的输出电阻就是由末级放大电路求得的输出电阻，即 $R_o=R_{on}$。

【例 3-1】　两级共发射极阻容耦合放大电路如图 3-4 所示，若晶体管 VT_1 的 $\beta_1=60$，$r_{be1}=2\mathrm{k\Omega}$，$VT_2$ 的 $\beta_2=100$，$r_{be2}=2.2\mathrm{k\Omega}$，其他参数如图 3-4a 所示，各电容的容量足够大。试求放大电路的 A_u、R_i、R_o。

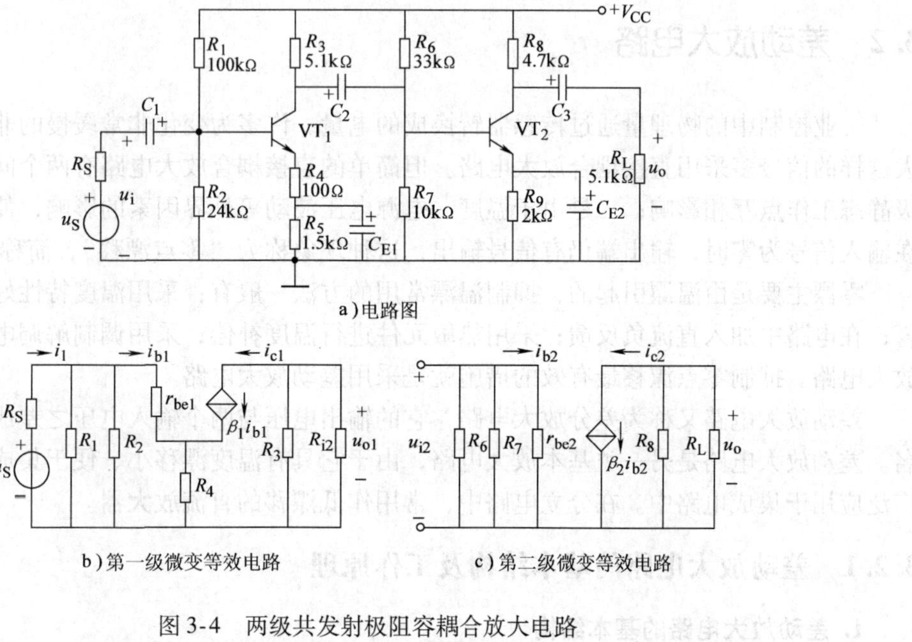

a) 电路图

b) 第一级微变等效电路　　c) 第二级微变等效电路

图 3-4　两级共发射极阻容耦合放大电路

解：在小信号工作情况下，两级共发射极放大电路的微变等效电路如图 3-4b、c 所示，

其中图 3-4b 中的负载电阻 R_{i2} 即为后级放大电路的输入电阻，即

$$R_{i2} = R_6 /\!/ R_7 /\!/ r_{be2} = \frac{1}{\frac{1}{33}+\frac{1}{10}+\frac{1}{2.2}}\text{k}\Omega \approx 1.7\text{k}\Omega$$

因此第一级的总负载为 $R'_{L1} = R_3 /\!/ R_{i2} = 5.1\text{k}\Omega /\!/ 1.7\text{k}\Omega \approx 1.3\text{k}\Omega$

第一级电压放大倍数为 $A_{u1} = \frac{u_{o1}}{u_i} = \frac{-\beta_1 R'_{L1}}{r_{be1}+(1+\beta_1)R_4} = \frac{-60\times 1.3\text{k}\Omega}{2\text{k}\Omega + 61\times 0.1\text{k}\Omega} \approx -9.6$

$$A_{u1}(\text{dB}) = 20\lg 9.6 = 19.6\text{dB}$$

第二级电压放大倍数为 $A_{u2} = \frac{u_o}{u_{i2}} = -\beta_2 \frac{R'_{L1}}{r_{be2}} = -100 \times \frac{(4.7 /\!/ 5.1)\ \text{k}\Omega}{2.2\text{k}\Omega} \approx -111$

$$A_{u2}(\text{dB}) = 20\lg 111 \approx 41\text{dB}$$

两级放大电路的总电压放大倍数为 $A_u = A_{u1}A_{u2} = (-9.6)\times(-111) = 1066$

$$A_u(\text{dB}) = A_{u1}(\text{dB}) + A_{u2}(\text{dB}) = 19.6\text{dB} + 41\text{dB} = 60.6\text{dB}$$

式中没有负号，说明两级放大电路的输出电压与输入电压同相位。

两级放大电路的输入电阻等于第一级输入电阻，即

$$R_i = R_{i1} = R_1 /\!/ R_2 /\!/ [r_{be1} + (1+\beta_1)R_4]$$
$$= 100\text{k}\Omega /\!/ 24\text{k}\Omega /\!/ (2\text{k}\Omega + 61\times 0.1\text{k}\Omega) \approx 5.7\text{k}\Omega$$

两级放大电路的输出电阻等于第二级的输出电阻，即 $R_o = R_8 = 4.7\text{k}\Omega$。

想一想

一般情况下，多级放大电路的通频带比组成多级放大电路的各单级放大电路的通频带要窄一些，为什么？

3.2 差动放大电路

工业控制中的物理量通过传感器转换成的电量，许多为变化非常缓慢的非周期信号，放大这样的信号多采用直接耦合放大电路。但简单的直接耦合放大电路有两个问题：一是前后级静态工作点互相影响；二是由于温度、电源电压波动等外界因素的影响，使放大电路即使在输入信号为零时，输出端仍有信号输出，这种现象称为“零点漂移”，简称“零漂”。

零漂主要是由温漂引起的，抑制温漂常用的方法一般有：采用温度特性好、高质量的硅管；在电路中加入直流负反馈；采用热敏元件进行温度补偿；采用调制解调电路；采用差动放大电路。抑制零点漂移最有效的措施就是采用差动放大电路。

差动放大电路又称为差分放大电路，它的输出电压与两个输入电压之差成正比，由此得名。差动放大电路是另一类基本放大电路，由于它具有温度漂移小、便于集成等优点，因而广泛应用于集成电路中。在分立电路中，常用作低漂移的直流放大器。

3.2.1 差动放大电路的基本结构及工作原理

1. 差动放大电路的基本结构

差动放大电路的基本结构如图 3-5 所示。该电路由两个完全对称的基本放大电路组成。

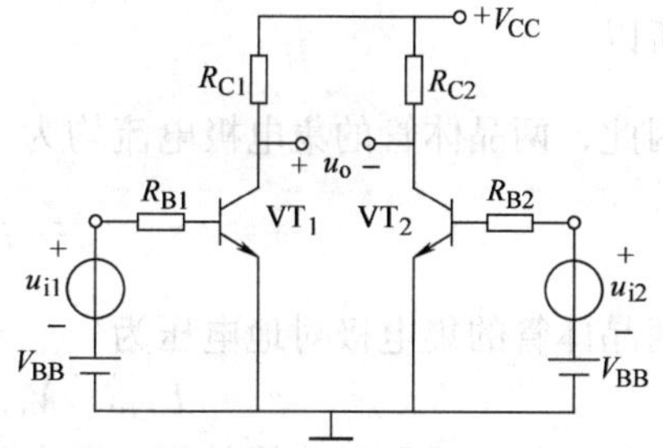

图 3-5　差动放大电路的基本结构

VT_1、VT_2 是特性参数相同的对称管，两个放大电路对应元件参数一致，即 $R_{B1}=R_{B2}$、$R_{C1}=R_{C2}$。因而有 $I_{BQ1}=I_{BQ2}$、$I_{CQ1}=I_{CQ2}$、$U_{CQ1}=U_{CQ2}$。输出 $U_o=U_{CQ1}-U_{CQ2}=0$。

当温度变化时，工作点 Q 将发生变化，而电路对称将使 U_{CQ1}、U_{CQ2}变化一致，从而输出保持为零，即电路克服了温度漂移。

当 u_{i1} 与 u_{i2} 所加信号为大小相等极性相同的输入信号（称为共模信号）时，由于电路参数对称，VT_1 和 VT_2 所产生的电流变化相等，即 $\Delta i_{B1}=\Delta i_{B2}$，$\Delta i_{C1}=\Delta i_{C2}$；因此集电极电位的变化也相等，即 $\Delta u_{C1}=\Delta u_{C2}$。输出电压 $u_o=u_{C1}-u_{C2}=(U_{CQ1}+\Delta u_{C1})-(U_{CQ2}+\Delta u_{C2})=0$，说明差动放大电路对共模信号具有很强的抑制作用，在参数完全对称的情况下，共模输出为零。

当 u_{i1} 与 u_{i2} 所加信号为大小相等、极性相反的输入信号（称为差模信号）时，由于 $\Delta u_{i1}=-\Delta u_{i2}$，又由于电路参数对称，$VT_1$ 和 VT_2 所产生的电流的变化大小相等而变化方向相反，即 $\Delta i_{B1}=-\Delta i_{B2}$，$\Delta i_{C1}=-\Delta i_{C2}$，因此集电极电位的变化也是大小相等变化方向相反，即 $\Delta u_{C1}=-\Delta u_{C2}$，这样得到的输出电压 $u_o=u_{C1}-u_{C2}=2\Delta u_{C1}=-2\Delta u_{C2}$，从而可以实现电压放大。从上述分析可以看出，输入 u_{i1} 与 u_{i2} 只要有差别即有输出，因而该电路能够放大差模信号而抑制共模信号，故称为差动放大电路。

2. 差动放大电路的工作原理

（1）差动放大电路的组成及静态分析　图 3-6a 所示为基本差动放大电路，它由两个完全对称的共发射极放大电路组成，采用双电源 V_{CC}、V_{EE} 供电。输入信号 u_{i1}、u_{i2} 从两个晶体管的基极加入，称为双端输入，输出信号从两个晶体管的集电极之间取出，称为双端输出。R_{EE} 为差动放大电路的公共发射极电阻，用来抑制零点漂移并决定晶体管的静态工作点电流。R_C 为集电极负载电阻。

若输入信号为零，即 $u_{i1}=u_{i2}=0$ 时，放大电路处于静态，其直流通路如图 3-6b 所示。由于电路对称，所以，$I_{BQ1}=I_{BQ2}$，$I_{CQ1}=I_{CQ2}$，$I_{EQ1}=I_{EQ2}$，流过 R_{EE} 的电流 I_{EE} 为 I_{EQ1} 与 I_{EQ2} 之和。由图 3-6b 可得

$$V_{EE}=U_{BEQ1}+I_{EE}R_{EE}$$

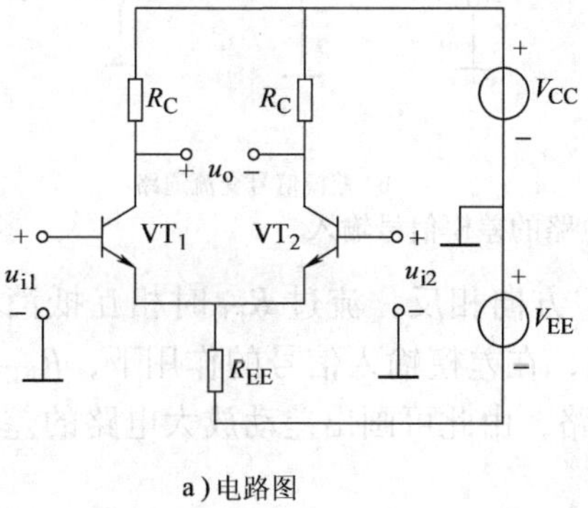

a) 电路图

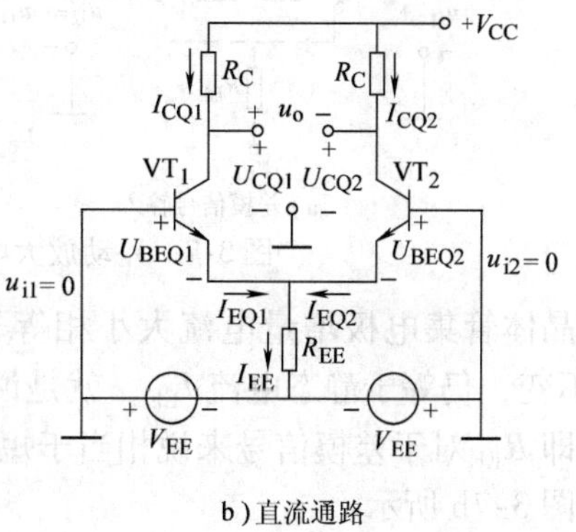

b) 直流通路

图 3-6　基本差动放大电路

所以
$$I_{EE}=\frac{V_{EE}-U_{BEQ1}}{R_{EE}} \tag{3-4}$$
因此，两晶体管的集电极电流均为
$$I_{CQ1}=I_{CQ2}\approx\frac{V_{EE}-U_{BEQ}}{2R_{EE}} \tag{3-5}$$
两晶体管的集电极对地电压为
$$U_{CQ1}=V_{CC}-I_{CQ1}R_C,\ U_{CQ2}=V_{CC}-I_{CQ2}R_C \tag{3-6}$$
可见，静态时两晶体管的集电极之间的输出电压为零，即 $u_o=U_{CQ1}-U_{CQ2}=0$。

（2）差动放大电路的动态分析

1）差模输入与差模特性。在差动放大电路两输入端加入大小相等、极性相反的输入信号时，称为差模输入，如图 3-7a 所示，此时 $u_{i1}=-u_{i2}$。两个输入端之间的电压用 u_{id}表示，即
$$u_{id}=u_{i1}-u_{i2}=2u_{i1} \tag{3-7}$$
u_{id}称为差模输入电压。

u_{i1}使 VT_1 产生的集电极增量电流为 i_{c1}，u_{i2}使 VT_2 产生的集电极增量电流为 i_{c2}，由于差动对管 VT_1 与 VT_2 的特性相同，所以 i_{c1} 和 i_{c2} 大小相等、极性相反，即 $i_{c2}=-i_{c1}$。因此，VT_1、VT_2 的集电极电流分别为
$$i_{C1}=I_{CQ1}+i_{c1} \quad i_{C2}=I_{CQ2}+i_{c2}=I_{CQ1}-i_{c1} \tag{3-8}$$
此时，两晶体管的集电极电压分别等于
$$\left.\begin{aligned}u_{C1}&=V_{CC}-i_{C1}R_C=V_{CC}-(I_{CQ1}+i_{c1})R_C\\&=U_{CQ1}-i_{c1}R_C=U_{CQ1}+u_{o1}\\u_{C2}&=U_{CQ2}-i_{c2}R_C=U_{CQ2}+u_{o2}\end{aligned}\right\} \tag{3-9}$$
式中，$u_{o1}=-i_{c1}R_C$，$u_{o2}=-i_{c2}R_C$，分别为 VT_1、VT_2 集电极的增量电压，而且 $u_{o2}=-u_{o1}$。这样两晶体管的集电极之间的差模输出电压 u_{od}为
$$u_{od}=u_{C1}-u_{C2}=u_{o1}-u_{o2}=2u_{o1} \tag{3-10}$$

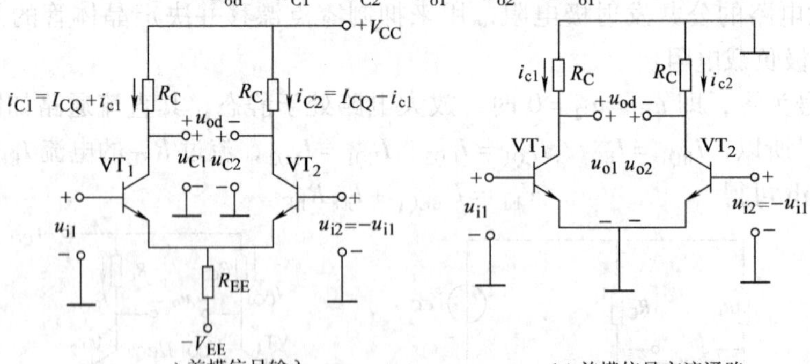

a）差模信号输入　　b）差模信号交流通路

图 3-7　差动放大电路的差模信号输入

由于两晶体管集电极增量电流大小相等、方向相反，流过 R_{EE}时相互抵消，所以流经 R_{EE}的电流不变，仍等于静态电流 I_{EE}，就是说，在差模输入信号的作用下，R_{EE}两端电压降几乎不变，即 R_{EE}对于差模信号来说相当于短路，由此可画出差动放大电路的差模输入信号交流通路如图 3-7b 所示。

双端差模输出电压 u_{od}与双端差模输入电压 u_{id}之比称为差动放大电路的差模电压放大倍数 A_{ud}，即

$$A_{ud}=\frac{u_{od}}{u_{id}} \tag{3-11}$$

将式（3-7）和式（3-10）代入式（3-11），则得

$$A_{ud}=\frac{u_{o1}-u_{o2}}{u_{i1}-u_{i2}}=\frac{2u_{o1}}{2u_{i1}}=\frac{u_{o1}}{u_{i1}}=A_{ud1} \tag{3-12}$$

式（3-12）表明，差动放大电路双端输出时的差模电压放大倍数 A_{ud} 等于单管的差模电压放大倍数 A_{ud1}。由图 3-6b 不难得到

$$A_{ud}=\frac{-\beta R_C}{r_{be}} \tag{3-13}$$

图 3-7a 所示电路中，两集电极之间接有负载电阻 R_L 时，VT_1、VT_2 的集电极电位一增一减，且变化相等。负载电阻 R_L 的中点电位始终不变，为交流零电位，因此，每边电路的交流等效负载电阻 $R'_L=R_C // (R_L/2)$。这时差模电压放大倍数变为

$$A_{ud}=\frac{-\beta R'_L}{r_{be}} \tag{3-14}$$

从差动放大电路两个输入端看进去所呈现的等效电阻，称为差动放大电路的差模输入电阻 R_{id}，由图 3-7b 可得

$$R_{id}=2r_{be} \tag{3-15}$$

差动放大电路两晶体管集电极之间对差模信号所呈现的电阻称为差动放大电路的差模输出电阻 R_o，由图 3-7b 可得

$$R_o=2R_C \tag{3-16}$$

【例 3-2】　图 3-7a 所示差动放大电路中，已知 $V_{CC}=V_{EE}=12V$，$R_C=10k\Omega$，$R_{EE}=20k\Omega$，晶体管 $\beta=80$，$r_{bb'}=200\Omega$，$U_{BEQ}=0.6V$，两输出端之间外接负载电阻 $R_L=20k\Omega$，试求：（1）放大电路的静态工作点；（2）放大电路的差模电压放大倍数 A_{ud}、差模输入电阻 R_{id} 和输出电阻 R_o。

解：（1）求静态工作点。

$$I_{CQ1}=I_{CQ2}=\frac{V_{EE}-U_{BEQ}}{2R_{EE}}=\frac{(12-0.6)V}{2\times 20k\Omega}=0.285mA$$

$$U_{CQ1}=U_{CQ2}=V_{CC}-I_{CQ1}R_C=12V-0.285mA\times 10k\Omega=9.15V$$

（2）求 A_{ud}、R_{id} 及 R_o。

$$r_{be}=r_{bb'}+(1+\beta)\frac{26mV}{I_{EQ}}=200\Omega+81\times\frac{26mV}{0.285mA}=7.59k\Omega$$

$$A_{ud}=\frac{-\beta R'_L}{r_{be}}=\frac{-80\times\frac{10\times 10}{10+10}k\Omega}{7.59k\Omega}=-52.7 \quad 其中\ R'_L=R_C//(R_L/2)$$

$$R_{id}=2r_{be}=2\times 7.59k\Omega=15.2k\Omega$$

$$R_o=2R_C=2\times 10k\Omega=20k\Omega$$

2）共模输入与共模抑制比。在差模放大电路的两个输入端加上大小相等、极性相同的信号，如图 3-8a 所示，称为共模输入。此时，令 $u_{i1}=u_{i2}=u_{ic}$。在共模信号的作用下，VT_1、VT_2 的发射极电流同时增加（或减小），由于电路是对称的，所以电流的变化量 $i_{e1}=i_{e2}$，则流过 R_{EE} 的电流的变化量为 $2i_{e1}$（或 $2i_{e2}$），R_{EE} 两端电压降的变化量为 $u_e=2i_{e1}R_{EE}=i_{e1}(2R_{EE})$，这就是说，$R_{EE}$ 对每个晶体管的共模信号有 $2R_{EE}$ 的负反馈效果（关于反馈内容

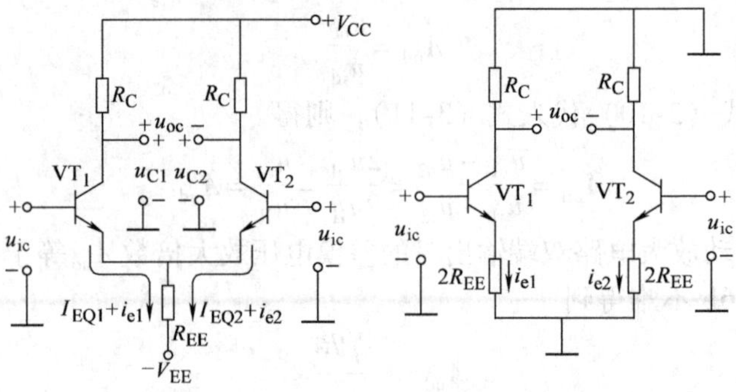

a）共模信号输入　　b）共模信号交流通路

图 3-8　差动放大电路共模输入

将在第 4 章学习），由此可以得到图 3-8b 所示共模信号交流通路。

由于差动放大电路两晶体管电路对称，对于共模信号，两晶体管集电极电位的变化相同，即$u_{c1}=u_{c2}$，因此，双端共模输出电压

$$u_{oc}=u_{c1}-u_{c2}=0 \tag{3-17}$$

在实际电路中，两管电路不可能完全对称，因此，u_{oc}不等于零，但要求u_{oc}越小越好。双端共模输出电压u_{oc}与共模输入电压u_{ic}之比，定义为差动放大电路的共模电压放大倍数A_{uc}，即

$$A_{uc}=\frac{u_{oc}}{u_{ic}} \tag{3-18}$$

显然，对于完全对称的差动放大电路，$A_{uc}=0$。

由于温度变化或电源电压波动引起两晶体管集电极电流的变化是相同的，因此可以将它们的影响等效地看做差动放大电路输入端加入共模信号的结果，所以差动放大电路对温度的影响具有很强的抑制作用。另外，伴随输入信号一起引入到两晶体管基极的相同的外界干扰信号也可以看做共模输入信号而被抑制。

实际应用中，差动放大电路两输入信号中既有差模输入信号成分，又有无用的共模输入信号成分。差动放大电路应该对差模输入信号有良好的放大能力，而对共模输入信号有较强的抑制能力，为了表征差动放大电路的这种能力，通常采用共模抑制比K_{CMR}这一指标来表征，它为差模电压放大倍数A_{ud}与共模电压放大倍数A_{uc}之比的绝对值，即

$$K_{CMR}=\left|\frac{A_{ud}}{A_{uc}}\right| \tag{3-19}$$

用分贝数表示，则为

$$K_{CMR}(\mathrm{dB})=20\lg\left|\frac{A_{ud}}{A_{uc}}\right| \tag{3-20}$$

K_{CMR}值越大，表明电路抑制共模信号的性能越好。

当电路两边理想对称、双端输出时，由于A_{uc}等于零，故K_{CMR}趋于无穷大。一般差动放大电路的K_{CMR}约为60dB，较好的可达120dB。

读一读

【知识拓展】

对于差动放大电路，若输入是一对任意信号u_{i1}和u_{i2}时，可将它们分解成为一对差模信

号 u_{id1}、u_{id2} 和一对共模信号 u_{ic} 之和，即 $u_{i1}=u_{id1}+u_{ic1}=\frac{1}{2}u_{id}+u_{ic}$、$u_{i2}=u_{id2}+u_{ic2}=-\frac{1}{2}u_{id}+u_{ic}$。在小信号作用下，差动放大器又可看成是一线性系统，因此可用叠加原理分别求出差模输入电压 u_{id} 单独作用时的差模输出电压 u_{od} 以及共模输入电压 u_{ic} 单独作用时的共模输出电压 u_{oc}。然后将差模输出电压和共模输出电压分别叠加便是输出总电压 u_o，即 $u_o=u_{od}+u_{oc}=A_{ud}u_{id}+A_{uc}u_{ic}$。

【例 3-3】 已知差动放大电路的输入信号 $u_{i1}=1.01\text{V}$，$u_{i2}=0.99\text{V}$，试求差模输入电压和共模输入电压；若 $A_{ud}=-50$、$A_{uc}=-0.05$，试求该差动放大电路的输出电压 u_o 及 K_{CMR}。

解：（1）求差模输入电压和共模输入电压。

差模输入电压为　$u_{id}=u_{i1}-u_{i2}=1.01\text{V}-0.99\text{V}=0.02\text{V}$

因此，VT_1 的差模输入电压为　$u_{id1}=\frac{u_{id}}{2}=0.01\text{V}$

VT_2 的差模输入电压为　$u_{id2}=\frac{-u_{id}}{2}=-0.01\text{V}$

共模输入电压为　$u_{ic}=\frac{u_{i1}+u_{i2}}{2}=\frac{1.01+0.99}{2}\text{V}=1\text{V}$

由此可见，当用共模信号和差模信号表示两个输入电压时，则有

$$u_{i1}=u_{ic}+\frac{u_{id}}{2}=1\text{V}+0.01\text{V}=1.01\text{V}$$

$$u_{i2}=u_{ic}-\frac{u_{id}}{2}=1\text{V}-0.01\text{V}=0.99\text{V}$$

（2）求输出电压。

差模输出电压 u_{od} 为　$u_{od}=A_{ud}u_{id}=-50\times0.02\text{V}=-1\text{V}$

共模输出电压 u_{oc} 为　$u_{oc}=A_{uc}u_{ic}=-0.05\times1\text{V}=-0.05\text{V}$

在差模信号和共模信号同时存在的情况下，对于线性放大电路来说，可利用叠加原理来求总的输出电压，故该差动放大电路的输出电压 u_o 等于

$$u_o=u_{od}+u_{oc}=A_{ud}u_{id}+A_{uc}u_{ic}=-1\text{V}-0.05\text{V}=-1.05\text{V} \tag{3-21}$$

共模抑制比 K_{CMR} 为

$$K_{CMR}(\text{dB})=20\lg\left|\frac{A_{ud}}{A_{uc}}\right|=20\lg\left(\frac{50}{0.05}\right)=20\lg(1000)=60\text{dB}$$

3.2.2　差动放大电路的输入、输出形式

前面介绍的差动放大电路是双端输入、双端输出方式，在实际电路中有时需要单端输出或单端输入方式。当信号从一只晶体管的集电极与地之间输出，则称为单端输出方式；当信号从一只晶体管的基极与地之间输入，另一只晶体管的基极接地时，则称为单端输入方式。表 3-1 所示是差动放大电路的四种连接方式及其性能比较。

1. 单端输出

表 3-1 中图 c、d 所示为负载电阻 R_L 接于 VT_1 集电极的单端输出方式，由于输出电压 u_o

表 3-1　差动放大电路的四种连接方式及其性能比较

连 接 方 式	双端输入/双端输出	单端输入/双端输出	双端输入/单端输出	单端输入/单端输出
电路图	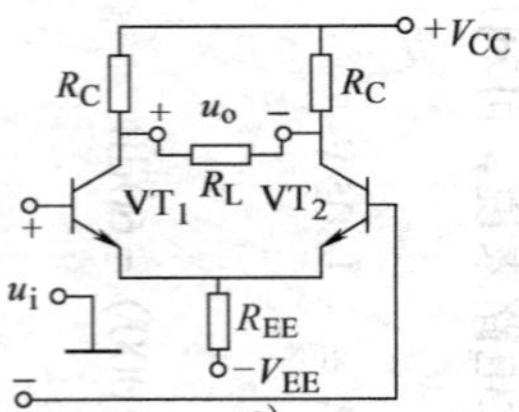 a)	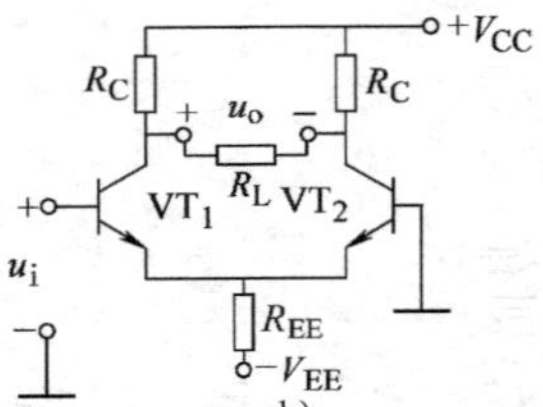 b)	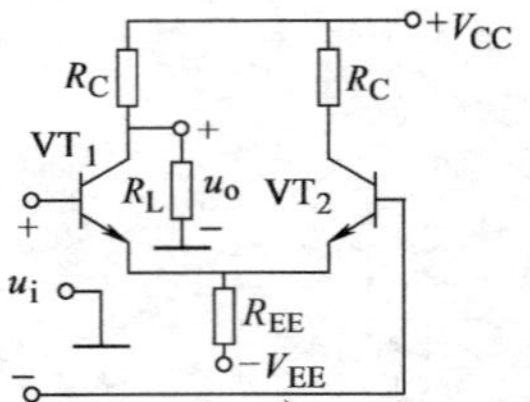 c)	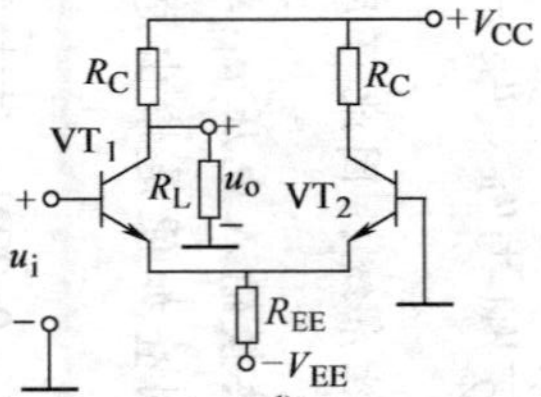 d)
差模电压放大倍数 A_{ud}	$A_{ud}=\frac{u_o}{u_i}=\frac{-\beta R_L'}{r_{be}}$　$R_L'=R_C//\frac{R_L}{2}$	$A_{ud}=\frac{u_o}{u_i}=\frac{-\beta R_L'}{r_{be}}$　$R_L'=R_C//\frac{R_L}{2}$	$A_{ud}=\frac{u_o}{u_i}=\frac{-\beta R_L'}{2r_{be}}$　$R_L'=R_C//R_L$	$A_{ud}=\frac{u_o}{u_i}=\frac{-\beta R_L'}{2r_{be}}$　$R_L'=R_C//R_L$
共模电压放大倍数 A_{uc}	$A_{uc}=\frac{u_{oc}}{u_{ic}}\to 0$	$A_{uc}=\frac{u_{oc}}{u_{ic}}\to 0$	$A_{uc}\approx\frac{R_C//R_L}{2R_{EE}}$（很小）	$A_{uc}\approx\frac{R_C//R_L}{2R_{EE}}$（很小）
共模抑制比 K_{CMR}	$K_{CMR}\to\infty$	$K_{CMR}\to\infty$	$K_{CMR}\approx\frac{\beta R_{EE}}{r_{be}}$（高）	$K_{CMR}\approx\frac{\beta R_{EE}}{r_{be}}$（高）
差模输入电阻 R_{id}	$R_{id}=2r_{be}$	$R_{id}=2r_{be}$	$R_{id}=2r_{be}$	$R_{id}=2r_{be}$
共模输入电阻 R_{ic}	$R_{ic}=\frac{r_{be}+(1+\beta)2R_{EE}}{2}$	$R_{ic}=\frac{r_{be}+(1+\beta)2R_{EE}}{2}$	$R_{ic}=\frac{r_{be}+(1+\beta)2R_{EE}}{2}$	$R_{ic}=\frac{r_{be}+(1+\beta)2R_{EE}}{2}$
输出电阻 R_o	$R_o\approx 2R_C$	$R_o\approx 2R_C$	$R_o\approx R_C$	$R_o\approx R_C$
用途	适用于输入、输出都不需接地，对称输入、对称输出的场合。用作多级直接耦合放大电路的输入级或中间级	适用于单端输入转为双端输出的场合。用作多级直接耦合放大电路的输入级	适用于将双端输入转为单端输出的场合。用作多级直接耦合放大电路的输入级或中间级	适用于输入、输出电路中需要有公共接地的场合

与输入电压 u_i 反相，称为反相输出，若负载电阻 R_L 接于 VT_2 的集电极与地之间，信号由 VT_2 集电极输出，这时输出电压 u_o 与输入电压 u_i 同相，称为同相输出。由于差动放大电路单端输出电压 u_o 仅为双端输出电压的一半，所以单端输出电路的差模电压放大倍数为双端输出电路的一半。反相单端输出的差模电压放大倍数为

$$A_{ud}(\text{单端}) = \frac{u_o}{u_i} = -\frac{1}{2} \times \frac{\beta(R_C /\!/ R_L)}{r_{be}} \tag{3-22}$$

单端输出时共模电压放大倍数为单端输出共模电压 u_{oc1}（或 u_{oc2}）与差动放大电路的共模输入电压 u_{ic}之比，即为

$$A_{uc}(\text{单端}) = \frac{u_{oc1}}{u_{ic}} \tag{3-23}$$

此时，差动放大电路的共模抑制比为

$$K_{CMR} = \left|\frac{A_{ud}(\text{单端})}{A_{uc}(\text{单端})}\right| \approx \frac{\beta R_{EE}}{r_{be}} \tag{3-24}$$

在单端输出的差动放大电路中，非输出管可以通过发射极恒流源来帮助输出管减小共模信号输出，所以非输出管是必不可少的。当然，这种电路由于二者的零点漂移不能在输出端互相抵消，所以其共模抑制比要比双端输出的小，但由于发射极恒流源对共模信号产生很强的抑制作用，其零点漂移仍然是很小的，有关发射极恒流源对差动放大电路的影响将在3.2.3节介绍。

由表3-1图c、d所示可知，单端输出时，差动放大电路差模输入电阻与输出方式无关，而差模输出电阻 R_o 为双端输出时的一半，即

$$R_o(\text{单端}) \approx R_C \tag{3-25}$$

2. 单端输入

表3-1中图b、d所示为差动放大电路单端输入方式，它相当于实际输入信号 $u_{i1} = u_i$，$u_{i2} = 0$，两个输入端之间的差模输入信号就等于 u_i。由此可见，不管是双端输入方式，还是单端输入方式，差动放大电路的差模输入电压始终是两个输入端电压之差。因此，差模电压放大倍数与输入端的连接方式无关。同理，差动放大电路的差模输入电阻、输出电阻及共模抑制比等也与输入端的连接方式无关。

3.2.3 恒流源式差动放大电路

对于单端输出的差动放大电路，从式（3-24）看出，要提高共模抑制比，应当提高 R_{EE} 的数值。而集成电路中不易制作大阻值的电阻，若静态工作点不变，加大 R_{EE}，还会增加其直流压降，这就需要相应提高电源 V_{EE}的数值，而采用过高的电源又是不现实的。采用恒流源来代替电阻 R_{EE}可以解决这些矛盾。图3-9a所示电路就是一个具有恒流源的差动放大电路，将电流源简化，其等效电路由图3-9b所示。从恒流源的特性可知，它的交流等效电阻很大，而直流压降却不大。这样可大大地提高共模抑制比，在集成电路中广泛应用。

图3-9a中，VT_3、VT_4 构成比例电流源电路，R_1、VT_4、R_2 构成基准电流电路，由图可求得

$$I_{REF} \approx I_{C4} \approx \frac{V_{EE} - U_{BE4}}{R_1 + R_2} \tag{3-26}$$

$$I_{C3}=I_o\approx I_{REF}\frac{R_2}{R_3}$$

可见，当 R_1、R_2、R_3、V_{EE}一定时，I_{C3}就为一恒定的电流。这种用恒流源来代替电阻 R_{EE}的差动放大电路，其共模抑制比可提高 1～2 个数量级。差模电压放大倍数、输入电阻、输出电阻的计算和 3.2.1 节所述相同。

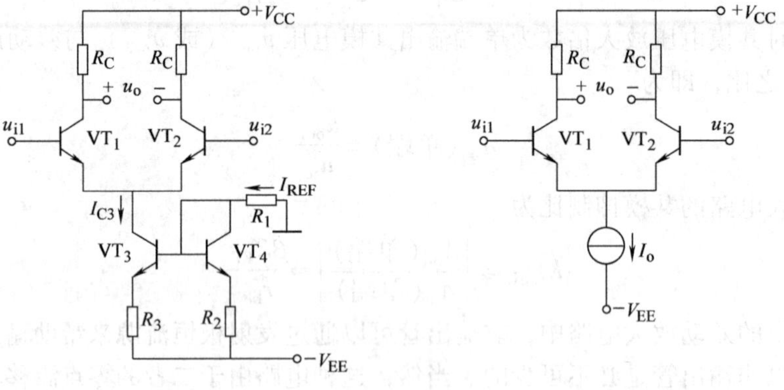

a）电路图　　　　b）简化电路

图 3-9　具有恒流源的差动放大电路

想一想

在多级放大电路中，往往第一级放大电路采用差动放大电路，为什么？

3.3　集成运算放大器

集成电路是利用半导体制造工艺将整个电路中的元器件制作在一块基片上，封装后构成特定功能的电路块。集成电路按其功能可分为数字集成电路和模拟集成电路。模拟集成电路品种繁多，其中应用最广泛的是集成运算放大器。

3.3.1　集成运算放大器的组成及封装

1. 集成运算放大器的基本组成

集成运算放大器（简称集成运放）是模拟电子电路中最重要的器件之一，它本质上是一个具有高电压增益、高输入电阻和低输出电阻的直接耦合多级放大电路，因最初它主要用于模拟量的数学运算而得名。近年来，集成运算放大器得到迅速发展，已有各种不同的类型，但基本结构具有共同之处。集成运算放大器内部电路由输入级、中间电压放大级、输出级和偏置电路四部分组成，如图 3-10 所示。

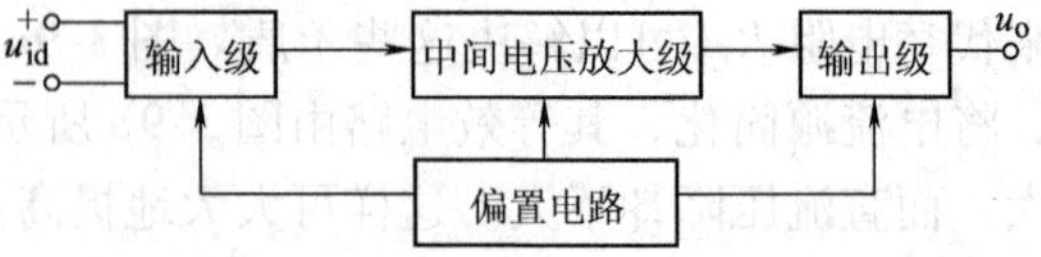

图 3-10　集成运算放大器的内部组成电路框图

（1）输入级　对于高增益的直接耦合放大电路，减小零点漂移的关键在于第一级，所以要求输入级温漂小、共模抑制比高，因此，集成运算放大器的输入级都是由具有恒流源的差动放大电路组成，并且通常工作在低电流状态，以获得较高的输入阻抗。

（2）中间电压放大级　集成运算放大器的总增益主要是由中间电压放大级提供的，因此，要求中间电压放大级有较高的电压放大倍数。中间电压放大级一般采用带有恒流源负载的共发射极放大电路，其放大倍数可达几千倍以上。

（3）输出级　输出级应有较大的电压输出幅值、较高的输出功率和较低的输出电阻，并有过载保护的功能。一般采用甲乙类互补对称功率放大电路，主要用于提高集成运算放大器的负载能力，减小大信号作用下的非线性失真。

（4）偏置电路　偏置电路为各级电路提供合适的静态工作电流，由各种电流源电路组成。此外，集成运算放大器还有一些辅助电路，如过电流保护电路等。

2. 集成运算放大器的封装符号与引脚功能

目前，集成运算放大器常见的两种封装方式是金属封装和双列直插式塑料封装，其外形如图3-11a、b所示。金属封装有8、10和12引脚等种类，双列直插式塑料封装有8、10、12、14和16引脚等种类。

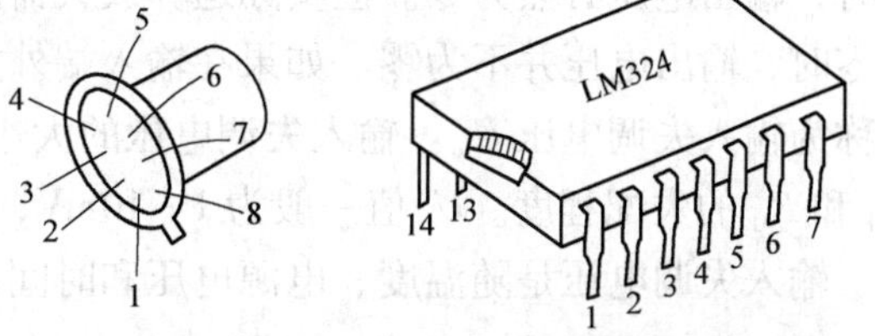

a）金属封装　　b）双列直插式塑料封装

图3-11　集成运算放大器的两种封装

金属封装器件是以管键为辨认标志，由器件顶向下看，管键朝向自己。管键右方第一根引线为引脚1，然后逆时针围绕器件，其余各引脚依次排列。双列直插式塑料封装器件是以缺口作为辨认标志（也有的产品以商标方向来标记）。由器件顶向下看，辨认标志朝向自己，标记右方第一根引线为引脚1，然后逆时针围绕器件，可依次数出其余各引脚。

集成运算放大器的符号如图3-12a、b所示，对于它的外引线排列，各制造厂家有自己的规范，例如图3-12c所示的F007，其主要引脚有：

1）引脚4、7分别接电源 $-V_{EE}$ 和 $+V_{CC}$。

2）引脚1、5外接调零电位器，其滑动端与电源 $-V_{EE}$ 相连。当输入为零、输出不为零时，调节调零电位器可使输出为零。

3）引脚6为输出端。

4）引脚2为反相输入端。当同相输入端接地时，信号加到反相输入端，输出端得到的信号与输入信号极性相反。

5）引脚3为同相输入端。当反相输入端接地时，信号加到同相输入端，则得到的输出信号与输入信号极性相同。

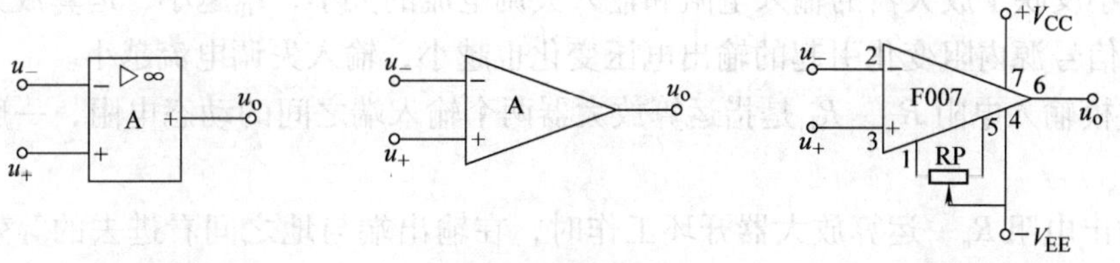

a）国际标准符号　　b）习惯通用画法符号　　c）F007的主要引脚

图3-12　集成运算放大器的符号

3.3.2 集成运算放大器的主要参数

集成运算放大器的性能可用各种参数表示，了解这些参数有助于正确挑选和合理使用各种不同类型的集成运算放大器。

（1）开环差模电压放大倍数 A_{ud} A_{ud}是指集成运算放大器在无外加反馈情况下工作在线性区时的差模电压放大倍数，$A_{ud}=\frac{\Delta U_{od}}{\Delta U_{id}}$，用分贝表示则是 $20\lg|A_{ud}|$，性能较好的集成运算放大器增益可达 140dB 以上。

（2）输入失调电压 U_{io}及其温度漂移$\frac{dU_{io}}{dT}$ 一个理想的集成运算放大器，当输入电压为零时，输出电压必然为零。但实际运算放大器的差分输入级很难做到完全对称，当输入电压为零时，输出电压并不为零。如果在输入端外加一补偿电压使输出电压为零，则该补偿电压值称为输入失调电压 U_{io}。输入失调电压的大小主要反映了差分输入级元件的失配，特别是 U_{BE}和 R_C 的失配程度。U_{io}值一般为 1～10mV，高质量的在 1mV 以下。

输入失调电压是随温度、电源电压和时间而变化的，通常将输入失调电压对温度的平均变化率称为输入失调电压温度漂移（温漂），用$\frac{dU_{io}}{dT}$表示，一般以 μV/℃为单位。

U_{io}可以通过调零电位器进行补偿，但不能使$\frac{dU_{io}}{dT}$为零。

（3）输入失调电流 I_{io}及其温度漂移$\frac{dI_{io}}{dT}$ 在常温下，输入信号为零时，放大器的两个输入端的静态电流之差称为输入失调电流 I_{io}，即 $I_{io}=|I_{B1}-I_{B2}|$。

输入失调电流的大小反映了差分输入级两个晶体管 β 的失调程度，I_{io}一般以纳安（nA）为单位，高质量的运放 $I_{io}<1$nA。

输入失调电流温度漂移（温漂）$\frac{dI_{io}}{dT}$是指 I_{io}随温度变化的平均变化率，一般以 nA/℃为单位，高质量的为几个皮安每度（pA/℃）。

（4）输入偏置电流 I_{iB} I_{iB}是指在常温下输入信号为零时，流入放大器两个输入端的静态电流的平均值，即

$$I_{iB}=\frac{1}{2}(I_{B1}+I_{B2}) \tag{3-27}$$

I_{iB}的大小反映了放大器的输入电阻和输入失调电流的大小，I_{iB}越小，运算放大器的输入电阻越高，信号源内阻变化引起的输出电压变化也越小，输入失调电流越小。

（5）差模输入电阻 R_{id} R_{id}是指运算放大器两个输入端之间的动态电阻，一般为几兆欧（MΩ）。

（6）输出电阻 R_o 运算放大器开环工作时，在输出端与地之间看进去的等效电阻即为输出电阻。它的大小反映了运算放大器的带负载能力。

（7）共模抑制比 K_{CMR} 它的定义在前面已给出，$K_{CMR}=\left|\frac{A_{ud}}{A_{uc}}\right|$，用 dB 表示，即为

$20\lg\left|\dfrac{A_{ud}}{A_{uc}}\right|$。

（8）最大差模输入电压 $U_{id(max)}$　$U_{id(max)}$ 是指运算放大器同相输入端与反相输入端之间所能加的最大输入电压。当输入电压超过 $U_{id(max)}$ 时，运算放大器输入级的晶体管将出现反向击穿现象，使运算放大器输入特性显著恶化，甚至造成运算放大器的永久性损坏。

（9）最大共模输入电压 $U_{ic(max)}$　$U_{ic(max)}$ 是指运算放大器在线性工作范围内能承受的最大共模输入电压。如果共模输入电压超过这个值，运算放大器的共模抑制比将显著下降，甚至使其失去差模放大能力或造成永久性的损坏，因此规定了最大共模输入电压。高质量的运放 $U_{ic(max)}$ 值可达十几伏。

（10）最大输出电压 $U_{o(P-P)}$　在给定负载（通常 $R_L = 2\text{k}\Omega$）上最大不失真输出电压的峰-峰值称为最大输出电压 $U_{o(P-P)}$，一般它比电源电压低 2V 以上。

（11）开环带宽 BW 和单位增益带宽 BW_G　开环带宽是指集成运算放大器的外部电路无反馈时，差模电压增益下降 3dB 所对应的频率。理想集成运算放大器的 BW 趋于无限大。

单位增益带宽 BW_G 是指集成运算放大器的开环差模电压增益下降到 0dB 时的频率。

（12）转换速率 S_R　在额定输出电压下，集成运算放大器输出电压的最大变化速率称为转换速率 S_R，即

$$S_R = \left.\frac{\mathrm{d}u_o(t)}{\mathrm{d}t}\right|_{max} \tag{3-28}$$

S_R 是反映集成运算放大器对于高速变化的输入信号响应情况的参数。只有当输入信号变化速率的绝对值小于 S_R 时，输出才线性反映输入变化规律。S_R 越大，表明集成运算放大器的高频性能越好。S_R 一般在 1V/μs 以下。

3.3.3　理想集成运算放大器

1. 理想集成运算放大器的特点

把具有理想参数的集成运算放大器叫做理想集成运算放大器。它的主要特点是：

1）开环差模电压放大倍数 $A_{ud}\to\infty$。

2）输入电阻 $R_{id}\to\infty$。

3）输出电阻 $R_o\to 0$。

4）带宽 $BW\to\infty$，转换速率 $S_R\to\infty$。

5）共模抑制比 $K_{CMR}\to\infty$。

2. 集成运算放大器的传输特性

（1）传输特性　集成运算放大器是一个直接耦合的多级放大器，它的传输特性如图 3-13 中的曲线①所示。图中 BC 段为集成运算放大器工作的线性区，AB 段和 CD 段为集成运算放大器工作的非线性区（即饱和区）。由于集成运算放大器的电压放大倍数极高，BC 段十分接近纵轴。在理想情况下，认为 BC 段与纵轴重合，所以它的理想传输特性可以用曲线②表示，则 $B'C'$ 段表示集成运算放大器工作在线性区，AB' 和 $C'D$ 段表示运算放大器工作在非线性区。

（2）工作在线性区的集成运算放大器　当集成运算放大器电路的反相输入端和输出端有通路时（称为负反馈），如图 3-14 所示，一般情况下，可以认为集成运算放大器工作在线性

区。由图 3-13 中曲线②可知，这种情况下，理想集成运算放大器具有两个重要特点：①由于理想集成运算放大器的 $A_{ud}\to\infty$，故可以认为它的两个输入端之间的差模电压近似为零，即 $u_{id}=u_{-}-u_{+}\approx 0$，可得 $u_{-}=u_{+}$，而 u_o 具有一定值。由于两个输入端之间的电压近似为零，故称为“虚短”。②由于理想集成运算放大器的输入电阻 $R_{id}\to\infty$，故可以认为两个输入端电流近似为零，即 $i_{-}=i_{+}\approx 0$，这样，输入端相当于断路，而又不是断路，称为“虚断”。

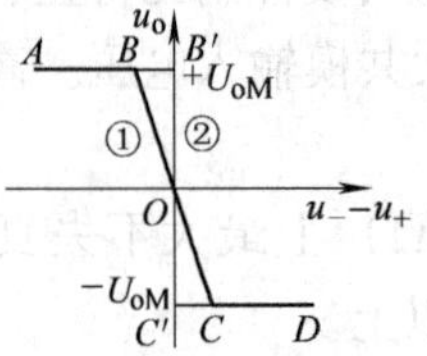

图 3-13　运算放大器传输特性曲线

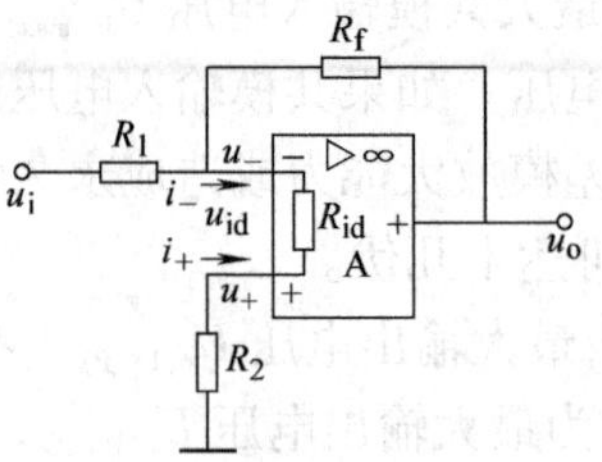

图 3-14　带有负反馈的运算放大器电路

利用集成运算放大器工作在线性区时的两个特点，分析各种运算与处理电路的线性工作情况将十分简便。

另外，由于理想集成运算放大器的输出电阻 $R_o\to 0$，一般可以不考虑负载或后级运算放大器的输入电阻对输出电压 u_o 的影响，但受运算放大器输出电流限制，负载电阻不能太小。

（3）工作在非线性区的集成运算放大器　当集成运算放大器处于开环状态或集成运算放大器的同相输入端和输出端有通路时（称为正反馈），如图 3-15 和图 3-16 所示，这时集成运算放大器工作在非线性区。它具有如下特点：

对于理想集成运算放大器而言，当反相输入端 u_{-} 与同相输入端 u_{+} 不相等时，输出电压是一个恒定的值，极性可正可负。

$$\text{当}\ u_{-}>u_{+}\ \text{时，}\ u_o=-U_{oM}$$

$$\text{当}\ u_{-}<u_{+}\ \text{时，}\ u_o=+U_{oM}$$

其中 U_{oM} 是集成运算放大器输出电压的最大值。其工作特性如图 3-13 中 AB' 和 $C'D$ 段所示。集成运算放大器工作在非线性区的具体内容将在 3.5 节中介绍。

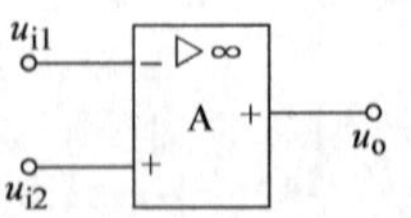

图 3-15　运算放大器开环状态

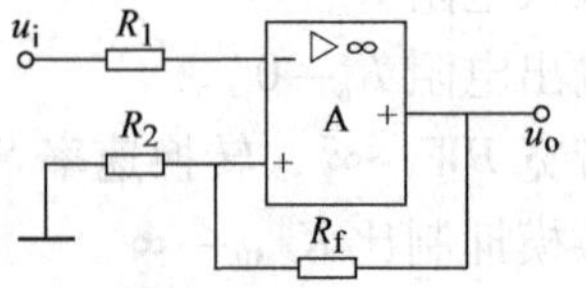

图 3-16　带有正反馈的运算放大器电路

想一想

集成运算放大器的输入级通常采用差动放大电路，为什么？

3.4　集成运算放大器的线性应用

由集成运算放大器和外接电阻、电容可以构成比例、加减、积分与微分的运算电路，称为基本运算电路。此外，还可以构成有源滤波器电路。这时集成运算放大器必须工作在传输特性曲线的线性区范围内。在分析基本运算电路的输出与输入的运算关系或电压放大倍数时，可将集成运算放大器看成理想集成运算放大器，因此可根据“虚短”和“虚断”的特点来进行分析。

3.4.1　比例运算

1. 反相比例运算

图3-17所示电路是反相比例运算电路。输入信号从反相输入端输入，同相输入端通过电阻接地。根据“虚短”和“虚断”的特点，即 $u_- = u_+$、$i_- = i_+ = 0$，可得 $u_- = u_+ = 0$。这表明，运算放大器反相输入端与地端等电位，但又不是真正接地，这种情况通常将反相输入端称为“虚地”。因此

$$i_1 = \frac{u_i}{R_1} \tag{3-29}$$

$$i_f = \frac{u_- - u_o}{R_f} = -\frac{u_o}{R_f} \tag{3-30}$$

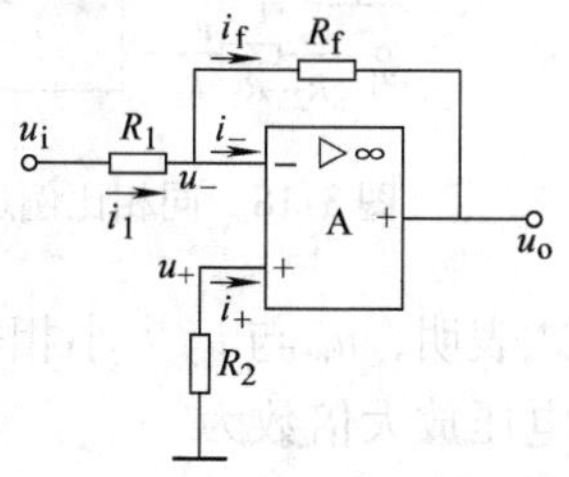

图3-17　反相比例运算电路

因为 $i_- = 0$，所以 $i_1 = i_f$，可得

$$u_o = -\frac{R_f}{R_1}u_i \tag{3-31}$$

式（3-31）表明，u_o 与 u_i 符合比例关系，式中负号表示输出电压与输入电压的相位（或极性）相反。

电压放大倍数为
$$A_{uf} = \frac{u_o}{u_i} = -\frac{R_f}{R_1} \tag{3-32}$$

改变 R_f 和 R_1 的比值，即可改变其电压放大倍数。

图3-17中运算放大器的同相输入端接有电阻 R_2，参数选择时应使两输入端外接直流通路等效电阻平衡，即 $R_2 = R_1 /\!/ R_f$，静态时使输入级偏置电流平衡，并使输入级的偏置电流在运算放大器两个输入端的外接电阻上产生相等的电压降，以便消除放大器的偏置电流及漂移对输出端的影响，故 R_2 又称为平衡电阻。

2. 同相比例运算

如果输入信号从同相输入端输入，而反相输入端通过电阻接地，并引入负反馈，如图3-18所示，称为同相比例运算电路。

由 $u_- = u_+$、$i_- = i_+ = 0$ 可得

$$u_+ = u_i = u_-,\ i_1 = i_f = \frac{u_- - u_o}{R_f}$$

故
$$u_o = u_- - i_f R_f = u_+ - i_1 R_f = u_+ - \frac{0 - u_-}{R_1} \times R_f = \left(1 + \frac{R_f}{R_1}\right)u_+ \tag{3-33}$$

即
$$u_o = \left(1 + \frac{R_f}{R_1}\right)u_i \tag{3-34}$$

式（3-34）表明，该电路与反相比例运算电路一样，u_o 与 u_i 也符合比例关系，所不同

的是，输出电压与输入电压的相位（或极性）相同。电压放大倍数为

$$A_{uf}=\frac{u_o}{u_i}=1+\frac{R_f}{R_1} \tag{3-35}$$

图 3-18 中，若去掉 R_1，则电路如图 3-19 所示，这时

$$u_o=u_-=u_+=u_i$$

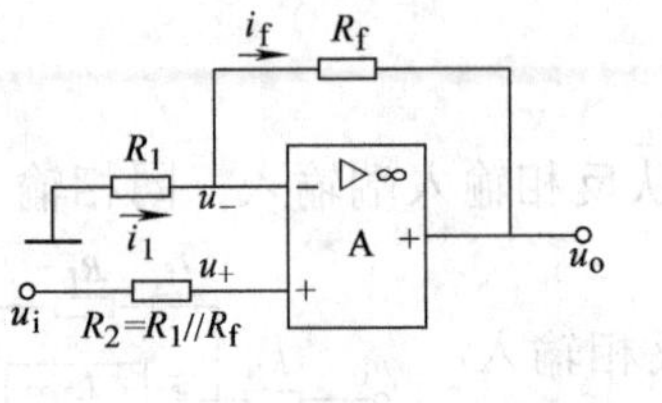

图 3-18　同相比例运算电路

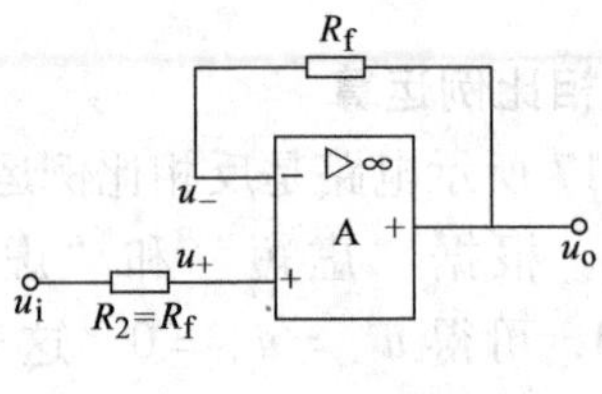

图 3-19　电压跟随器

上式表明，u_o 与 u_i 大小相等，相位相同，起到电压跟随作用，故该电路称为电压跟随器。其电压放大倍数为

$$A_{uf}=\frac{u_o}{u_i}=1$$

3.4.2　加法与减法运算

1. 加法电路

加法运算即对多个输入信号进行求和，根据输出信号与求和信号反相还是同相，可分为反相加法运算和同相加法运算两种方式。

（1）反相加法运算　图 3-20 所示为反相加法运算电路，它是利用反相比例运算电路实现的。图中输入信号 u_{i1}、u_{i2} 通过电阻 R_1、R_2 由反相输入端引入，同相输入端通过一个直流平衡电阻 R_3 接地，且 $R_3=R_1/\!/R_2/\!/R_f$。

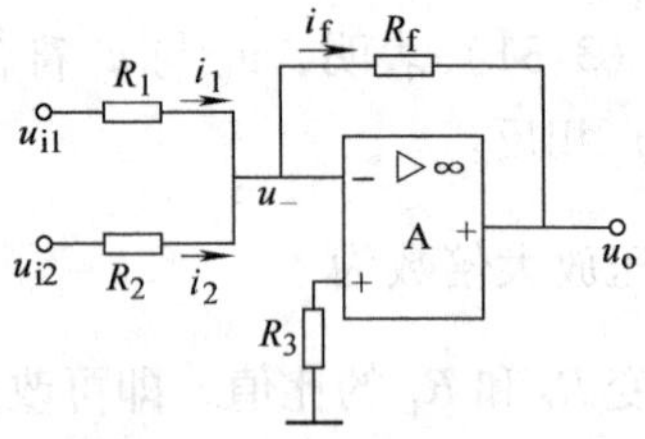

图 3-20　反相加法运算电路

根据运算放大器反相输入端“虚断”可知 $i_f=i_1+i_2$，而根据运算放大器反相输入端“虚地”可得 $u_-=0$，因此由图 3-20 得

$$-\frac{u_o}{R_f}=\frac{u_{i1}}{R_1}+\frac{u_{i2}}{R_2}$$

故可求得输出电压为

$$u_o=-R_f\left(\frac{u_{i1}}{R_1}+\frac{u_{i2}}{R_2}\right) \tag{3-36}$$

可见实现了反相加法运算。若 $R_f=R_1=R_2$，则

$$u_o=-(u_{i1}+u_{i2})$$

由式（3-36）可知，这种电路在调整某一路输入端电阻时并不影响其他路信号产生的输出值，因而调节方便，使用较广泛。

（2）同相加法运算　图 3-21 所示为同相加法运算电路，它是利用同相比例运算电路实现的。图中的输入信号 u_{i1}、u_{i2} 是通过电阻 R_2、R_3 由同相输入端引入的。为了使直流电阻平衡，要求 $R_2/\!/R_3/\!/R_4=R_1/\!/R_f$。

根据运算放大器同相端“虚断”，对 u_{i1}、u_{i2} 应用叠加原理可求得 u_+ 为

$$u_+ = \frac{R_3 /\!/ R_4}{R_2 + R_3 /\!/ R_4} u_{i1} + \frac{R_2 /\!/ R_4}{R_3 + R_2 /\!/ R_4} u_{i2}$$

根据同相输入时输出电压与运算放大器同相端电压 u_+ 的关系式（3-35）可得输出电压 u_o 为

$$u_o = \left(1 + \frac{R_f}{R_1}\right) u_+ = \left(1 + \frac{R_f}{R_1}\right)\left(\frac{R_3 /\!/ R_4}{R_2 + R_3 /\!/ R_4} u_{i1} + \frac{R_2 /\!/ R_4}{R_3 + R_2 /\!/ R_4} u_{i2}\right) \tag{3-37}$$

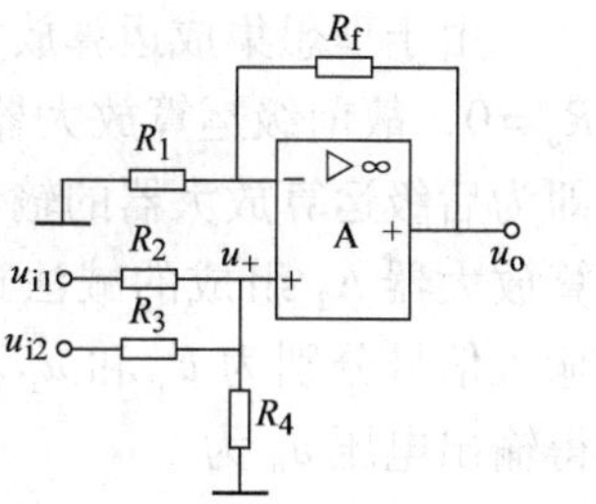

图 3-21 同相加法运算电路

可见实现了同相加法运算。

若 $R_2 = R_3 = R_4$，$R_f = 2R_1$，则式（3-37）可简化为

$$u_o = u_{i1} + u_{i2}$$

由式（3-37）可知，这种电路在调整一路输入端电阻时会影响其他路信号产生的输出值，因此调节不方便。

2. 减法电路

图 3-22 所示为减法运算电路，图中输入信号 u_{i1} 和 u_{i2} 分别加至反相输入端和同相输入端，这种形式的电路又称为差分运算电路。对该电路也可用“虚短”和“虚断”来分析，下面利用叠加原理根据同相比例运算电路和反相比例运算电路已有的结论进行分析，这样可使分析更简便。

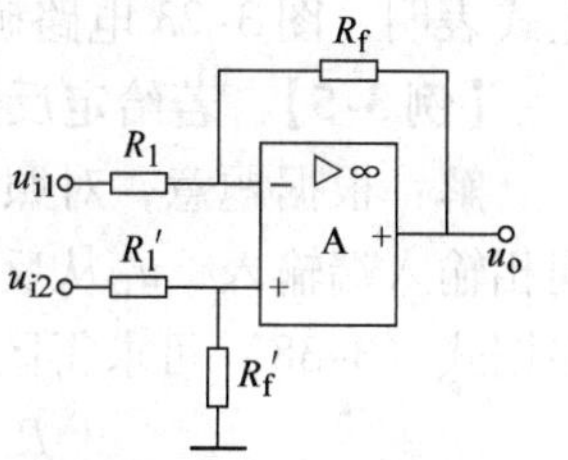

图 3-22 减法运算电路

首先，设 u_{i1} 单独作用，而 $u_{i2}=0$，此时电路相当于反相比例运算电路，可得 u_{i1} 产生的输出电压 u_{o1} 为

$$u_{o1} = -\frac{R_f}{R_1} u_{i1}$$

再设由 u_{i2} 单独作用，而 $u_{i1}=0$，则电路变为同相比例运算电路，可求得 u_{i2} 产生的输出电压 u_{o2} 为

$$u_{o2} = \left(1 + \frac{R_f}{R_1}\right) u_+ = \left(1 + \frac{R_f}{R_1}\right) \frac{R'_f}{R'_1 + R'_f} u_{i2}$$

由此可求得总输出电压 u_o 为

$$u_o = u_{o1} + u_{o2} = -\frac{R_f}{R_1} u_{i1} + \left(1 + \frac{R_f}{R_1}\right) \frac{R'_f}{R'_1 + R'_f} u_{i2} \tag{3-38}$$

当 $R_1 = R'_1$，$R_f = R'_f$ 时，则

$$u_o = \frac{R_f}{R_1}(u_{i2} - u_{i1}) \tag{3-39}$$

假设式（3-39）中 $R_f = R_1$，则 $u_o = u_{i2} - u_{i1}$。

【例 3-4】 写出图 3-23 所示电路的二级运算电路的输入、输出关系。

解： 图 3-23 电路中，运算放大器 A_1 组成同相比例运算电路，故

$$u_{o1} = \left(1 + \frac{R_2}{R_1}\right) u_{i1}$$

由于理想集成运算放大器的输出阻抗 $R_o=0$，故前级运算放大器的输出电压 u_{o1} 即为后级运算放大器的输入信号，因而运算放大器 A_2 组成的减法运算电路的两个输入信号分别为 u_{o1} 和 u_{i2}。由叠加原理可得输出电压 u_o 为

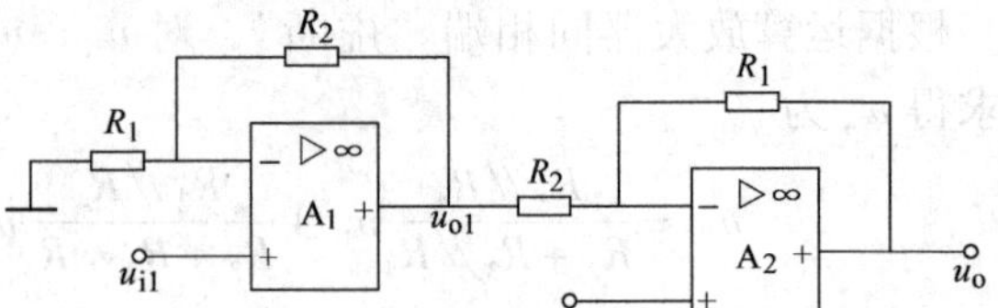

图 3-23　例 3-4 的电路

$$\begin{aligned}u_o &= -\frac{R_1}{R_2}u_{o1}+\left(1+\frac{R_1}{R_2}\right)u_{i2}\\ &= -\frac{R_1}{R_2}\left(1+\frac{R_2}{R_1}\right)u_{i1}+\left(1+\frac{R_1}{R_2}\right)u_{i2}\\ &= -\left(1+\frac{R_1}{R_2}\right)u_{i1}+\left(1+\frac{R_1}{R_2}\right)u_{i2}\\ &= \left(1+\frac{R_1}{R_2}\right)(u_{i2}-u_{i1})\end{aligned}$$

上式表明，图 3-23 电路确实是一个减法运算电路。

【例 3-5】 若给定反馈电阻 $R_f=10\text{k}\Omega$，试设计实现 $u_o=u_{i1}-2u_{i2}$ 的运算电路。

解： 根据题意，对照运算电路的功能可知：可用减法运算电路实现上述运算，将 u_{i1} 从同相输入端输入，u_{i2} 从反相输入端输入，电路如图 3-24 所示。

根据式（3-38）可求得图 3-24 中输出电压 u_o 的表达式为

$$u_o=-\frac{R_f}{R_1}u_{i2}+\left(1+\frac{R_f}{R_1}\right)\frac{R_3}{R_2+R_3}u_{i1}$$

将要求实现的 $u_o=u_{i1}-2u_{i2}$，与上式比较可得

$$-\frac{R_f}{R_1}=-2 \tag{1}$$

$$\left(1+\frac{R_f}{R_1}\right)\frac{R_3}{R_2+R_3}=1 \tag{2}$$

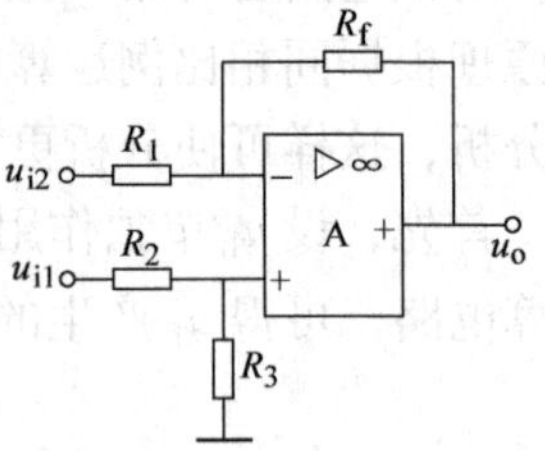

图 3-24　例 3-5 设计的运算电路

已知 $R_f=10\text{k}\Omega$，由式（1）得 $R_1=5\text{k}\Omega$

将式（1）代入式（2）得

$$\frac{R_3}{R_2+R_3}=\frac{1}{3} \tag{3}$$

根据输入端直流电阻平衡的要求，由图 3-24 可得

$$R_2/\!/R_3=R_1/\!/R_f=\frac{5\times10}{5+10}\text{k}\Omega=\frac{10}{3}\text{k}\Omega$$

即

$$\frac{R_2R_3}{R_2+R_3}=\frac{10}{3}\text{k}\Omega \tag{4}$$

联立式（3）和式（4）可得

$$R_2=10\text{k}\Omega,\ R_3=5\text{k}\Omega$$

3.4.3　积分与微分运算

1. 积分运算

图 3-25 所示电路为积分运算电路，它和反相比例运算电路的差别是用电容 C_f 代替电阻

R_f。为了使直流电阻平衡，要求 $R_1=R_2$。

根据运算放大器反相端“虚地”可得

$$i_1=\frac{u_i}{R_1},\ i_f=-C_f\frac{du_o}{dt}$$

由于 $i_1=i_f$，因此可得输出电压 u_o 为

$$u_o=-\frac{1}{R_1C_f}\int u_i dt \tag{3-40}$$

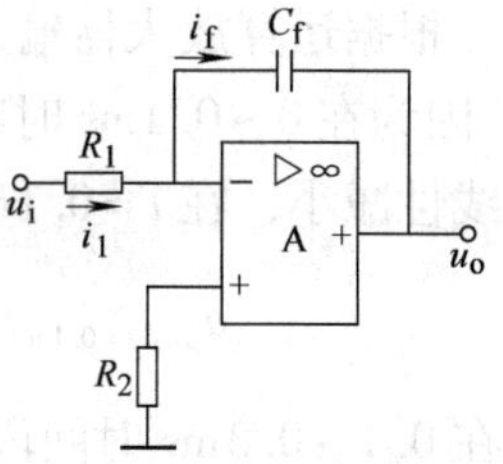

图 3-25　积分运算电路

由（3-40）式可知，输出电压 u_o 正比于输入电压 u_i 对时间 t 的积分，从而实现了积分运算。式（3-40）中 R_1C_f 为电路的时间常数。

2. 微分运算

将积分运算电路中的电阻和电容位置互换，即构成微分运算电路，如图 3-26 所示。

根据运算放大器反相端“虚地”可得

$$i_1=C_1\frac{du_i}{dt},\ i_f=-\frac{u_o}{R_f}$$

由于 $i_1\approx i_f$，因此可得输出电压 u_o 为

$$u_o=-R_fC_1\frac{du_i}{dt} \tag{3-41}$$

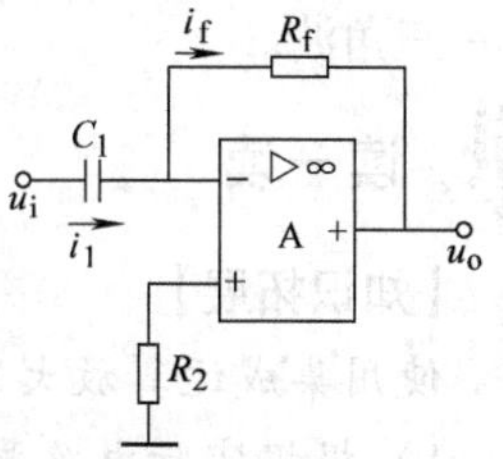

图 3-26　微分运算电路

由（3-41）式可见，输出电压 u_o 正比于输入电压 u_i 对时间 t 的微分，从而实现了微分运算。式（3-41）中 R_fC_1 为电路的时间常数。

积分电路和微分电路常常用以实现波形变换。例如，积分电路可将方波电压变换为三角波电压；微分电路可将方波电压变换为尖脉冲电压，如图 3-27 所示。

【例 3-6】　积分运算电路如图 3-28a 所示，输入信号 u_i 为一对称方波，如图 3-28b 所示，运算放大器最大输出电压为 ±10V，$t=0$ 时电容电压为零，试画出理想情况下的输出电压波形。

解：由图 3-28a 可求得电路时间常数为

$$\tau=R_1C_f=10\text{k}\Omega\times10\text{nF}=0.1\text{ms}$$

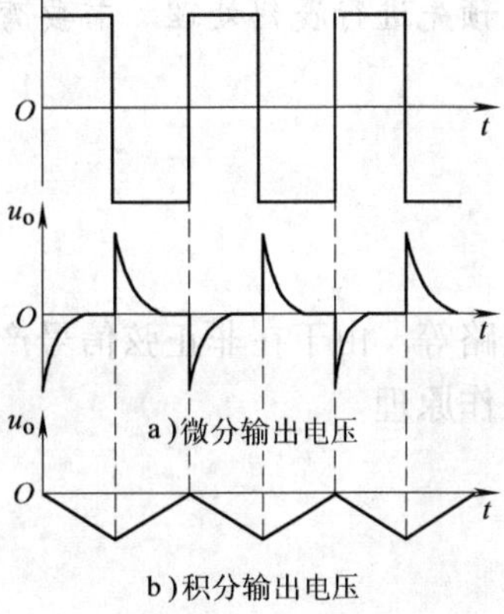

图 3-27　积分电路和微分电路用于波形变换

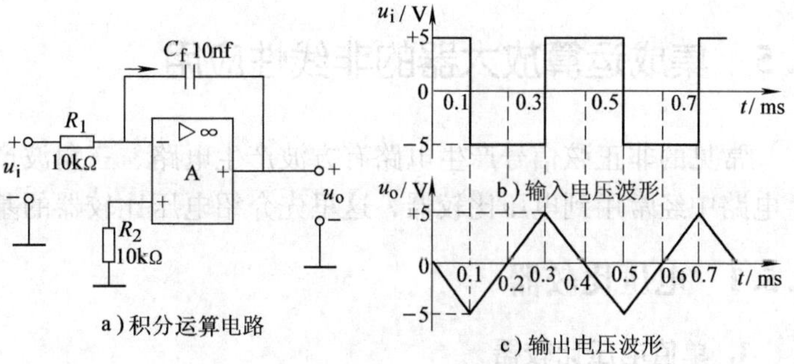

图 3-28　例 3-6 电路及波形图

根据运算放大器输入端为“虚地”可知，输出电压等于电容电压，$u_o = -u_C$，$u_o(0)=0$。因为在0~0.1ms时间段内 u_i 为+5V，根据积分电路的工作原理，输出电压 u_o 将从零开始线性减小，在 $t=0.1\text{ms}$ 时达到负峰值，其值为

$$u_o\big|_{t=0.1\text{ms}} = -\frac{1}{R_1C_f}\int_0^t u_i\mathrm{d}t + u_o(0) = -\frac{1}{0.1\text{ms}}\int_0^{0.1\text{ms}} 5\text{V}\mathrm{d}t = -5\text{V}$$

而在0.1~0.3ms时间段内为-5V，所以输出电压 u_o 从-5V开始线性增大，在 $t=0.3\text{ms}$ 时达到正峰值，其值为

$$u_o\big|_{t=0.3\text{ms}} = -\frac{1}{R_1C_f}\int_{0.1\text{ms}}^{0.3\text{ms}} u_i\mathrm{d}t + u_o\big|_{t=0.1\text{ms}} = -\frac{1}{0.1\text{ms}}\int_{0.1\text{ms}}^{0.3\text{ms}} (-5\text{V})\mathrm{d}t + (-5\text{V}) = +5\text{V}$$

上述输出电压最大值均未超过运算放大器最大输出电压，所以输出电压与输入电压之间为线性积分关系。由于输入信号 u_i 为对称方波，因此可作出输出电压波形如图3-28c所示为一三角波。

读一读

【知识拓展】

使用集成运算放大器时，必须注意以下问题：

1）根据实际电路要求和整机特点，查集成运算放大器有关资料，就能选择出额定值、直流特性参数和交流特性参数都符合要求的集成运放。

2）按各类集成运算放大器的外形结构特点、型号和引脚标记，看清它的顶视图或外引线排列图，明确各引脚的作用，正确进行接线。

3）使用前，应对所选用的集成运算放大器进行测量，以筛选出性能较好的集成运算放大器。对集成运算放大器的测量可在专用的测量仪器上进行，也可用万用表进行粗略测量以判断集成运算放大器的好坏。具体方法是：对照集成运算放大器内部电路图，用万用表欧姆档检测运放的正、负电源端对输出端是否短路，PN结是否击穿等。测量时，万用表不要选用“R×10”或“R×10k”档，以免造成电流过大或电压过高而损坏。

4）集成运算放大器最好装到管座上，没有管座需要焊接时，所用电烙铁的功率不宜超过25W，最好使用中性焊剂，焊接时间不宜过长，如焊点上有剩余焊剂，则要用酒精棉球轻轻擦干净，以免腐蚀引线。为防止虚焊，集成运放的外引线应预先进行浸锡处理。若要弯曲引脚时，应不要靠近根部。

3.5 集成运算放大器的非线性应用

常见的非正弦信号产生电路有方波产生电路、三角波产生电路等。由于在非正弦信号产生电路中经常用到电压比较器，这里先介绍电压比较器的基本工作原理。

3.5.1 电压比较器

1. 单值电压比较器

电压比较器的基本功能是对两个输入信号电压进行比较，并根据比较的结果相应输出高电平电压或低电平电压。电压比较器除广泛应用于信号产生电路外，还广泛应用于信号处理

和检测电路等。如在控制系统中，经常将一个信号与另一个给定的基准信号进行比较，根据比较的结果，输出高电平或低电平的开关量电压信号，去实现控制动作，采用集成运算放大器可以实现电压比较器的功能。

（1）电路和工作原理　由集成运算放大器组成的单值电压比较器如图 3-29a 所示，为开环工作状态。加在反相输入端的信号 u_i 与同相输入端给定的基准信号 U_{REF} 进行比较。

由 3.3.3 节介绍可知，若为理想集成运算放大器，则其开环电压放大倍数趋向于无穷大，因此有：

$$\left.\begin{aligned}&当\ u_{id}=u_--u_+=u_i-U_{REF}>0\ 时，u_o=-U_{oM}\\&当\ u_{id}=u_--u_+=u_i-U_{REF}<0\ 时，u_o=+U_{oM}\end{aligned}\right\}\tag{3-42}$$

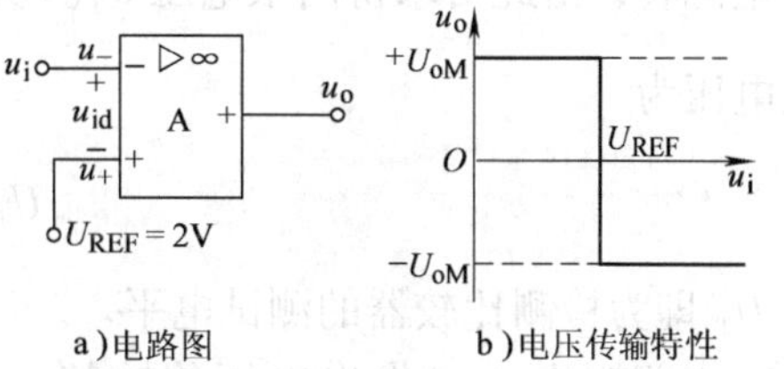

a）电路图　b）电压传输特性

图 3-29　单值电压比较器

式中，u_{id} 为运算放大器输入端的差模输入电压；$-U_{oM}$ 和 $+U_{oM}$ 为运算放大器负向和正向输出电压的最大值，此值由运算放大器电源电压和元器件参数而定。

由式（3-42）可作出输出与输入的电压变化关系，称为电压传输特性，如图 3-29b 所示。若原先输入信号 $u_i<U_{REF}$，输出为 $+U_{oM}$，当 u_i 由小变大时，只要稍微大于 U_{REF}，输出就由 $+U_{oM}$ 跳变为 $-U_{oM}$；反之亦然。

如果将 u_i 加在同相输入端，而 U_{REF} 加在反相输入端，这时的电压传输特性如图 3-29b 中虚线所示。

若在图 3-29a 电路中，$U_{REF}=0$，即同相输入端直接接地，这时的电压传输特性将平移到与纵坐标重合，称之为过零比较器。

在比较器中，将比较器的输出电压 u_o 从一个电平跳变到另一个电平时所对应的输入电压值称为门限电压（或阈值电压），用 U_T 表示。对应上述电路有 $U_T=U_{REF}$。由于上述电路只有一个门限电压值，故称单值电压比较器。U_T 是分析输入信号变化使输出电平翻转的关键参数。

（2）单值电压比较器的应用　单值电压比较器主要用于波形变换、整形以及电平检测等电路。

1）正弦波转换成单向尖脉冲的电路。

电路如图 3-30a 所示，由同相过零比较器、微分电路及限幅电路组成。过零比较器的传输特性如图 3-30b 所示。设输入信号 u_i 为正弦波，如图 3-30c 所示，在 u_i 过零时，比较器输出即跳变一次，故 u_o' 为正、负相间的方波；再经过时间常数为 $\tau=RC\ll\frac{T}{2}$（T 为正弦波的周期）的微分电路，输出 u_o'' 为正、

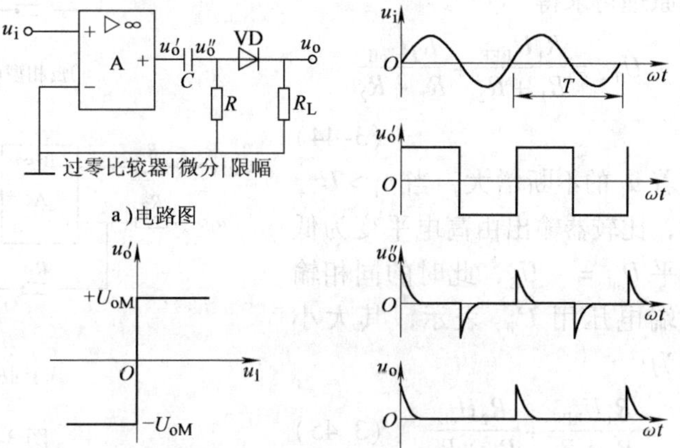

a）电路图　b）传输特性曲线　c）波形图

图 3-30　过零比较器用作波形变换

负相间的尖脉冲；然后由二极管 VD 和负载 R_L 限幅后，输出 u_o 为正尖脉冲信号。

2）电平检测器。

图 3-31a 所示电路常用于判定输入信号是否达到或超过某测试电平。由图可知，作为输出限幅的稳压管 VS 并不影响输出翻转条件。由于 $u_+=0$，当 u_- 过零（即 $u_{id}=0$）时，输出发生翻转，由此可求得门限电压 U_T。从电路可列出 $u_-=u_i-\dfrac{u_i-U_{REF}}{R_1+R_2}R_1$，令 $u_-=0$，求得门限电压为

$$U_T=u_i=-\frac{R_1}{R_2}U_{REF} \tag{3-43}$$

故 U_T 即为检测比较器的测试电平。

由门限电压可作出电压传输特性曲线如图 3-31b 所示。当 $u_i>U_T$ 时，输出为负向最大值，使稳压管 VS 正向导通，输出限幅为 $-U_F\approx-0.7V$；当 $u_i<U_T$ 时，输出为正向最大值，使稳压管 VS 反向导通，输出限幅为 U_Z。

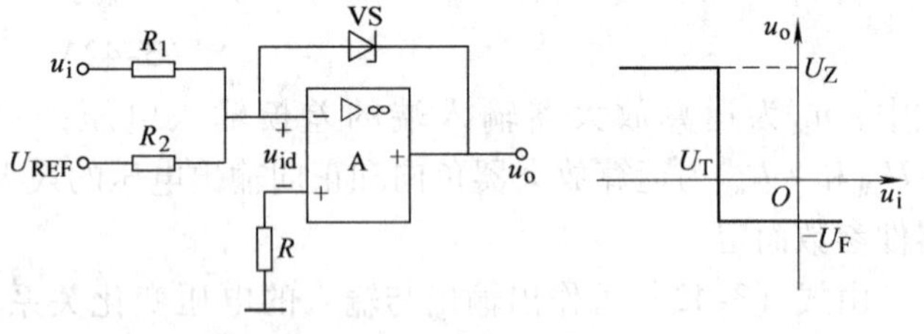

a）电路图　　b）电压传输特性曲线

图 3-31　电平检测器

2. 迟滞电压比较器

上文所介绍的电压比较器工作时，如果在门限电压附近有微小的干扰，就会导致状态翻转，使比较器输出电压出现错误阶跃，为了克服这一缺点，常将比较器输出电压通过反馈网络加到同相输入端，形成正反馈，将待比较电压 u_i 加到反相输入端，参考电压 U_{REF} 通过 R_2 接到运算放大器的同相输入端，如图 3-32a 所示，将图 3-32a 所示电路称为反相型（下行）迟滞电压比较器，也称为反相型（下行）施密特触发器。

当 u_i 足够小时，比较器输出高电平 $U_{oH}=+U_Z$，此时同相输入端电压用 U_{T+} 表示，利用叠加原理可求得

$$U_{T+}=\frac{R_1U_{REF}}{R_1+R_2}+\frac{R_2U_{oH}}{R_1+R_2} \tag{3-44}$$

随着 u_i 的不断增大，当 $u_i>U_{T+}$ 时，比较器输出由高电平变为低电平 $U_{oL}=-U_Z$，此时的同相输入端电压用 U_{T-} 表示，其大小变为

$$U_{T-}=\frac{R_1U_{REF}}{R_1+R_2}+\frac{R_2U_{oL}}{R_1+R_2} \tag{3-45}$$

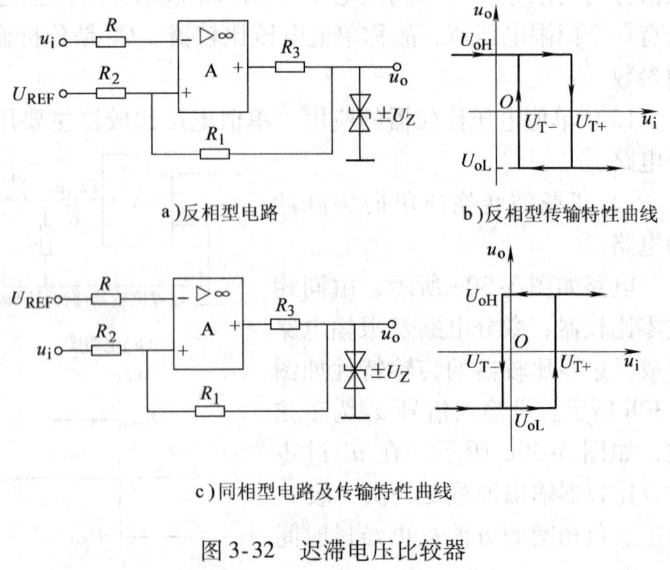

a）反相型电路　　b）反相型传输特性曲线

c）同相型电路及传输特性曲线

图 3-32　迟滞电压比较器

显然，$U_{T-}<U_{T+}$，因此，当 u_i 再增大时，比较器将维持输出低电平 U_{oL}。

反之，当 u_i 由大变小时，比较器先输出低电平 U_{oL}，运算放大器同相输入端电压为

U_{T-}，只有当 $u_i < U_{T-}$ 时，比较器的输出电压将由低电平 U_{oL} 又跳变到高电平 U_{oH}，此时运算放大器同相输入端电压又变为 U_{T+}，u_i 继续减小，比较器维持输出高电平 U_{oH}。所以，可得反相型迟滞电压比较器的传输特性如图 3-32b 所示。可见，它有两个门限电压 U_{T+} 和 U_{T-}，分别称为上门限电压和下门限电压，两者的差值称为门限宽度（或回差电压），即

$$\Delta U = U_{T+} - U_{T-} = \frac{R_2}{R_1 + R_2}(U_{oH} - U_{oL}) \tag{3-46}$$

调节 R_1 和 R_2 可改变 ΔU。ΔU 越大，比较器的抗干扰的能力超强，但分辨率越差。

还有一种同相型（上行）施密特触发器，其电路图及传输特性曲线如图 3-32c 所示，其两个门限电压为

$$U_{T+} = \frac{R_1 + R_2}{R_1}U_{REF} - \frac{R_2}{R_1}U_{oL}，\ U_{T-} = \frac{R_1 + R_2}{R_1}U_{REF} - \frac{R_2}{R_1}U_{oH}$$

回差电压为

$$\Delta U = U_{T+} - U_{T-} = -\frac{R_2}{R_1}(U_{oL} - U_{oH})$$

在图 3-32c 所示电路中，$U_{oL} = -U_Z$，$U_{oH} = +U_Z$。

做一做

项目： 迟滞电压比较器的测试。

任务要求： 按测试程序要求完成所有测试内容，并撰写测试报告。

测试设备： 模拟电路综合测试台 1 台，0 ~ 30V 直流稳压电源 1 台，数字万用表 1 块。

测试电路： 如图 3-33 所示，其中 $R_1 = R_2 = 1\text{k}\Omega$，$R_3 = 330\Omega$，$R_3 = 3.3\text{k}\Omega$，VS 为双向稳压管，型号为 1N4740（$U_Z = 10\text{V}$），运算放大器为 MC4558。

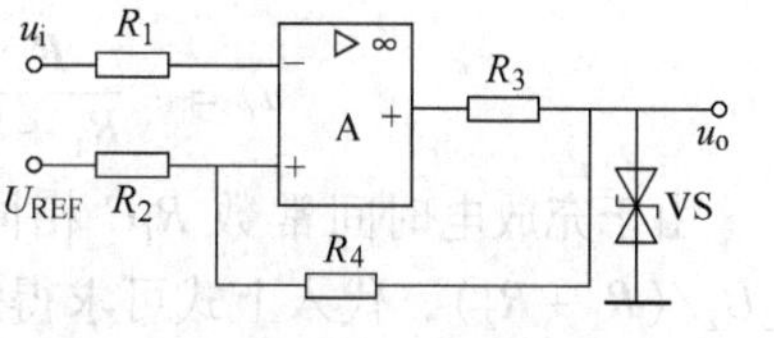

图 3-33　迟滞电压比较器测试电路

测试程序：

1）按图 3-33 接好电路，并接入 $+V_{CC} = +15\text{V}$，$-V_{CC} = -15\text{V}$。

2）保持步骤 1)，接入 $u_i = U_{REF} = 0\text{V}$，用万用表测量输出电压的大小，并记录：$u_o$ = ________ V，为________（输出高电平 u_{oH}/输出低电平 u_{oL}）。

3）保持步骤 2)，微调 u_i，使 u_i 在 ±1V 之间变化，用万用表测量并观察输出直流电压的变化情况，并记录：u_o ________（无变化/产生翻转）。

4）保持步骤 3)，微调 u_i，使 u_i 在 ±5V 之间变化，用万用表测量并观察输出直流电压的变化情况，绘出该比较器的传输特性。

3.5.2　方波产生电路

1. 电路结构与工作原理

图 3-34 所示为矩形波发生器的电路和电压波形图。它是在迟滞比较器的基础上，增加一个由 R_f、C 所组成的积分电路而成。这里迟滞比较器起开关作用，R_fC 电路起反馈和延迟作用。图中 VS 为双向稳压管，使输出电压的幅值被限制在 $+U_Z$ 和 $-U_Z$ 之间。

设开始为 $u_o = U_{oH} = +U_Z$，则加在同相输入端的电压为门限电压 U_{T+}，且 $U_{T+} = R_2U_Z/(R_1 + R_2)$。加在反相输入端的电压为电容器 C 上的电压 u_C，由于 u_C 不能突变，它只能由

U_Z 通过电阻 R_f 按指数规律向电容 C 充电建立。故电容两端电压 u_C 随时间逐渐增高，当 $u_C > U_{T+}$ 时，比较器翻转，输出电压 u_o 便由高电平 $+U_Z$ 跃变为低电平 $-U_Z$。这时同相输入端的电压是门限电压 U_{T-}，且 $U_{T-} = -R_2U_Z/(R_1+R_2)$。电容 C 通过电阻 R_f 进行放电，电容两端电压 u_C 逐渐下降，当 $u_C < U_{T-}$ 时，比较器再次翻转，输出电压 u_o 又变为高电平 $+U_Z$，电容 C 又被充电。如此反复循环，电路产生自激振荡，输出电压波形为矩形波，波形如图 3-34b 所示。

2. 振荡周期和频率

由图 3-34b 可知，当电容两端电压 u_C 与门限电压 U_{T+} 或 U_{T-} 相交时，比较器就发生翻转。因此，矩形波发生器的振荡频率不仅与积分电路 R_f、C 有关，而且与分压电阻 R_1、R_2 也有关系。下面对振荡频率计算方法作一简要介绍。

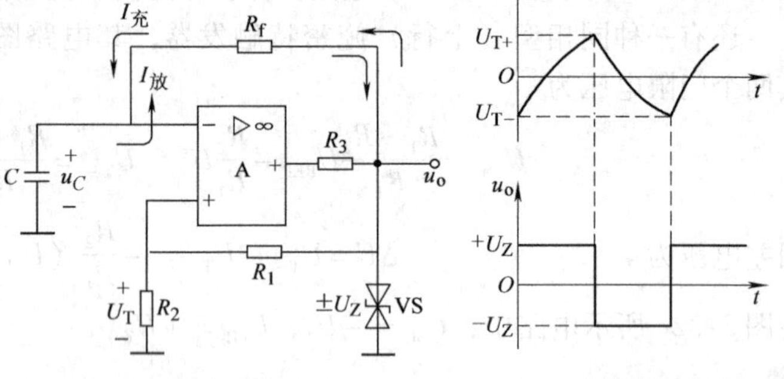

a）电路图 b）电压波形图

图 3-34 矩形波发生器的电路和电压波形

设 $t=0$ 时，$u_C = U_{T-} = -R_2U_Z/(R_1+R_2)$，$u_o = U_Z$，$U_Z$ 通过 R_f 对 C 充电，u_C 按指数规律从 $-R_2U_Z/(R_1+R_2)$ 向 U_Z 变化，电容两端电压 u_C 随时间的变化规律为

$$u_C = -\frac{R_2}{R_1+R_2}U_Z + \left(U_Z - \frac{-R_2}{R_1+R_2}U_Z\right)(1-e^{-\frac{t}{R_fC}}) \tag{3-47}$$

由于充放电时间常数 R_fC 相同，若设 T 为矩形波周期，则当 $t=T/2$ 时，$u_C = U_{T+} = R_2U_Z/(R_1+R_2)$，代入上式可求得矩形波周期 T 为

$$T = 2R_fC\ln\left(1+2\frac{R_2}{R_1}\right) \tag{3-48}$$

频率 f 为
$$f = \frac{1}{T}$$

可见，矩形波的频率 f 只与 R_fC 及 R_2/R_1 有关，而与输出电压的幅值无关。实际使用时，一般用调节 R_f 的方法来调节频率。

通常将矩形波为高电平的时间与周期时间之比称为占空比。方波的占空比为50%，由于图 3-34 所示的矩形波发生器输出波形的占空比为 50%，因此也称为方波发生器。如果需要产生占空比小于或大于 50% 的矩形波，则应设法使图 3-34 电路中电容充电的时间常数与放电的时间常数不相等。利用二极管的单向导电性可以使电容充电与放电回路不同，因而可使电容充电与放电的时间常数不同。图3-35 所示电路就是占空比可调的矩形波发生器。图中，当 RP 动点上移时，充电时间常数大于放电时间常数，矩形波为高电平的时间变长，低电平时间变短；反之，低电平时间变

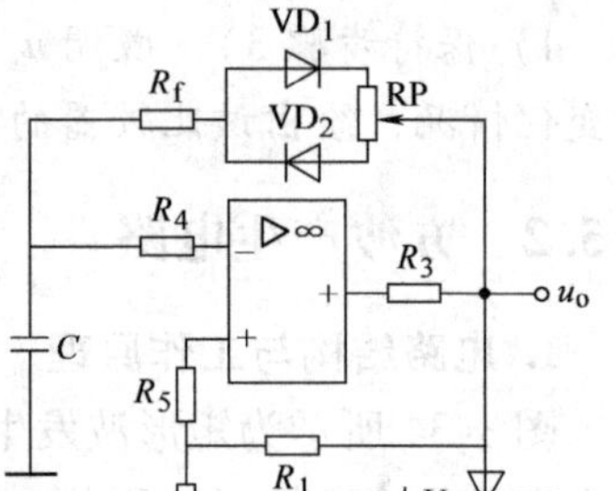

图 3-35 占空比可调的矩形波发生器

长，高电平时间变短。

如果忽略二极管导通时的内阻，利用前面估算振荡周期的方法，可求出该矩形波的振荡周期为

$$T=(2R_f+R_P)\ C\ln\left(1+2\frac{R_2}{R_1}\right) \tag{3-49}$$

式中，R_P 为电位器 RP 的总电阻。

可见调节电位器 RP 动点的位置，输出波形的周期并不改变，改变的只是输出波形的占空比。

技能训练 3　集成运算放大器应用电路的测试

1. 实训目的

1）了解集成运算放大器的调零方法。

2）熟悉用集成运算放大器构成的比例运算电路、加法电路、减法电路、积分电路和微分电路等基本运算电路。

3）学会用示波器测量波形的幅值与频率。

2. 实训指导

集成运算放大器是一种高增益的直接耦合的多级放大器，它具有很高的开环电压放大倍数、高输入电阻、低输出电阻，并具有较宽的通频带，所以得到广泛的应用。加上适当的反馈网络，可构成实现各种不同运算功能的电路。集成运算放大器电路原理图如图 3-36a ~ e 所示。输入信号源可以由图 3-36f 所示电路提供。

（1）反相比例运算（又称反相放大器）电路　图 3-36a 所示为反相比例运算电路。在理想化的条件下，其输出电压 u_o 为

$$u_o=-\frac{R_f}{R_1}u_i=-10u_i$$

（2）加法运算电路　图 3-36b 所示为加法运算电路。在理想化条件下，其输出电压u_o 为

$$u_o=-R_f\left(\frac{u_{i1}}{R_1}+\frac{u_{i2}}{R_2}\right)=-10\ (u_{i1}+u_{i2})$$

（3）减法运算电路　图 3-36c 所示为减法运算电路。在理想化条件下，其输出电压 u_o 为

$$u_o=\frac{R_f}{R_1}\ (u_{i2}-u_{i1})\ =10\ (u_{i2}-u_{i1})$$

（4）积分运算电路　图 3-36d 所示为积分运算电路。在理想化条件下，当积分电路输入一个阶跃电压时，其输出电压 u_o 为

$$u_o\approx-\frac{1}{R_1C}\int u_i\mathrm{d}t$$

（5）微分运算电路　图 3-36e 所示为微分运算电路。在理想化条件下，对输入信号实

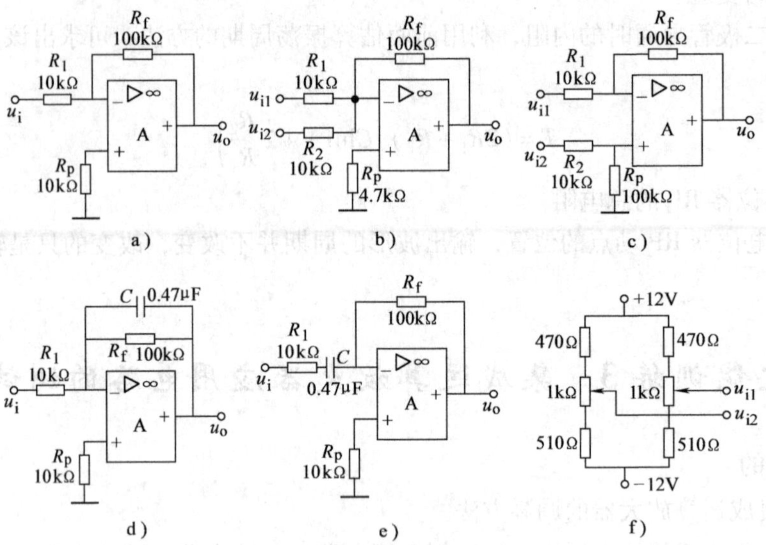

图 3-36　集成运算放大器电路原理图

现微分运算，其输出电压 u_o 为

$$u_o \approx -R_f C \frac{du_i}{dt}$$

3. 实训仪器

1）双路直流稳压电源一台。

2）双踪示波器一台。

3）晶体管毫伏表一只。

4）数字式（或指针式）万用表一只。

4. 实训内容与步骤

（1）反相比例运算（又称反相放大器）

1）按图 3-36a 所示接好电路。

2）从工作台输入频率 $f=1\text{kHz}$、峰峰值为 200mV 的正弦信号 u_i。

3）用双踪示波器同时观察输入信号 u_i 与输出信号 u_o，将数据填入表 3-2 中，并与理论计算值进行比较。

表 3-2　反相比例运算测量数据记录

输入信号 u_i/mV	输出信号测量值 u_o/V	输出信号理论计算值 $u_o=-10u_i$

（2）加法运算

1）按图 3-36b 所示接好电路，输入信号按图 3-36f 接好。

2）从输入信号电路上调出 $u_{i1}=200\text{mV}$、$u_{i2}=300\text{mV}$ 的输出电压，接到加法运算电路的两个输入端。

3）用万用表测量出输出电压 u_o，将数据填入表 3-3 中，并与理论计算值进行比较。

表 3-3　加法运算测量数据记录

输入电压 u_{i1}/mV	输入电压 u_{i2}/mV	输出电压测量值 u_o/V	输出电压理论计算值 $u_o = -10(u_{i1}+u_{i2})$

（3）减法运算

1）按图 3-36c 所示接好电路，输入信号电路按图 3-36f 接好。

2）从输入信号电路上调出 u_{i1} = 200mV、u_{i2} = 300mV 的输出电压，接到减法运算电路的两个输入端。

3）用万用表测出输出电压 u_o，将数据填入表 3-4 中，并与理论计算值进行比较。

表 3-4　减法运算测量数据记录

输入电压 u_{i1}/mV	输入电压 u_{i2}/mV	输出电压测量值 u_o/V	输出电压理论计算值 $u_o = 10(u_{i2}-u_{i1})$

（4）积分运算电路

1）按图 3-36d 所示接好电路。

2）从工作台输入频率 f = 1kHz、峰峰值为 200mV 的方波信号 u_i，如图 3-37a 所示。

3）用双踪示波器同时观察输入信号 u_i 与输出信号 u_o，并将其输出波形画在图 3-37b 中。注意其与输入信号的相位关系。

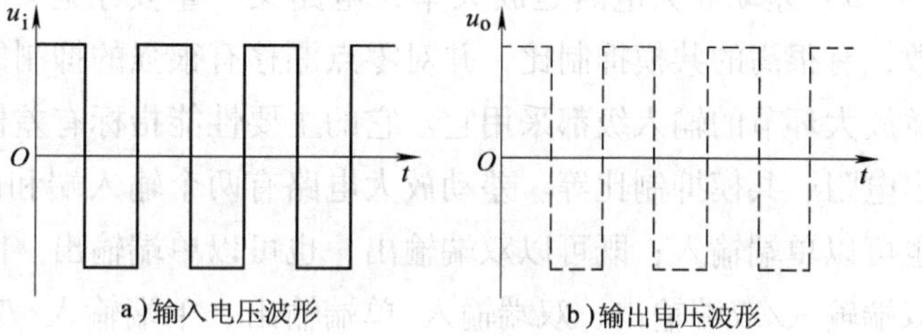

图 3-37　积分信号波形

（5）微分运算电路

1）按图 3-36e 所示接好电路。

2）从工作台输入频率 f = 1kHz、峰峰值为 100mV 的方波信号 u_i，如图 3-38a 所示。

3）用双踪示波器同时观察输入信号 u_i 与输出信号 u_o，并将其输出波形画在图 3-38b 中。注意其与输入信号的相位关系。

5. 实训报告要求

1）根据实验数据，计算比例运算、加法电路和减法电路的相关数据，并与理论值进行比较。

2）填写有关数据表格。

3）画出积分、微分电路输出波形，并注明与输入波形的相位关系。

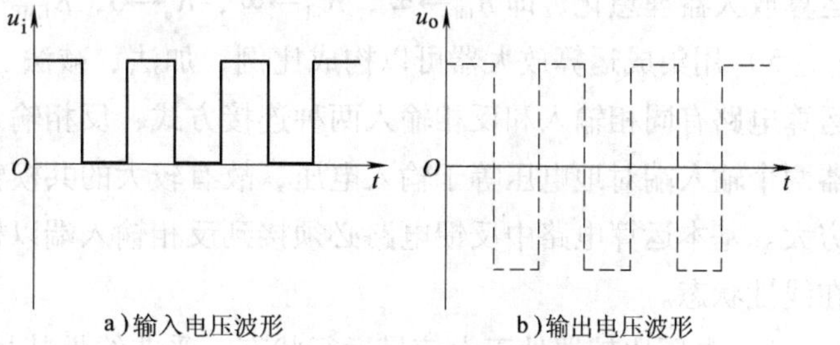

图 3-38　微分信号波形

4）分析产生实验误差的原因。

6. 思考题

1）运算放大器接成积分电路时，在积分电容两端为什么跨接电阻 R_f？

2）运算放大器作精密放大时，同相输入端对地的直流电阻要与反相输入端对地的直流电阻相等，如果不相等，会引起什么现象，请详细分析。

本 章 小 结

1）多级放大器的级间耦合方式通常有阻容耦合、直接耦合和变压器耦合三种。在分立元件电路中，阻容耦合和直接耦合用得比较多。在集成电路中，都采用直接耦合方式。直接耦合各级之间的直流电路是连通的，各级静态工作点互相影响，因此必须合理配置各级的直流电位，同时还要解决零点漂移问题。

2）计算多级放大器的电压放大倍数（增益）时，必须考虑前后级之间的相互影响。掌握了放大器输入电阻和输出电阻概念，就可以将后级对前级的影响和前级对后级的影响利用这两个概念解决。通常将后级的输入电阻作为前级的负载处理，从而使一个复杂的电路系统分成若干个独立部分进行分析，使问题简化。

3）差动放大电路是放大单元电路又一重要组态。由于它具有较高的差模电压放大倍数，有很高的共模抑制比，并对零点漂移有很强的抑制能力，所以几乎所有线性集成电路增益放大环节的输入级都采用它。它的主要性能指标有差模电压放大倍数、差模输入电阻和输出电阻、共模抑制比等。差动放大电路有两个输入端和两个输出端，信号既可以双端输入，也可以单端输入；既可以双端输出，也可以单端输出。因此，可以组合成四种连接方式，即双端输入/双端输出、双端输入/单端输出、单端输入/双端输出和单端输入/单端输出四种。为了提高共模抑制比，应使用晶体管电流源为发射极提供恒流偏置，尽可能地采用双端输出，并力求使电路两边对称。

4）集成运算放大器实质上是一个高增益的直接耦合多级放大电路。它一般由输入级、中间电压放大级、输出级和偏置电路等组成。其输入级常采用差动放大电路，故有两个输入端，输出级采用互补对称放大电路，偏置电路采用电流源电路。目前使用的集成运算放大器的差模电压增益可达80~140dB，差模输入电阻很高，输出电阻很小。因而应用中常将集成运算放大器理想化，即$A_{ud}\to\infty$，$R_{id}\to\infty$，$R_o\to0$，$K_{CMR}\to\infty$。

5）用集成运算放大器可以构成比例、加法、减法、微分、积分等基本运算电路。基本运算电路有同相输入和反相输入两种连接方式，反相输入运算电路的运算特点是：运算放大器两个输入端对地电压等于输入电压，故有较大的共模输入信号，但它的输入电阻可趋于无穷大。基本运算电路中反馈电路必须接到反相输入端以构成负反馈，使集成运算放大器工作在线性状态。

6）电压比较器处于大信号运行状态，受非线性特性的限制，输出只有高电平和低电平两种状态，其值接近于直流供电电源电压（不用稳压二极管限定输出电平时），其间相差2~3V。电压比较器可用来对两个输入电压进行比较，并根据比较结果输出高电平或低电平，它广泛应用于信号产生电路中。电压比较器的工作状态在门限电压处翻转，此时$u_-\approx u_+$。单限电压比较器中运算放大器通常工作在开环状态，只有一个门限电压。加上正反馈的电压比较器称为迟滞电压比较器，又称为施密特触发器，有上、下两个门限电压，两者的差值称为门限宽度（回差电压）。

思考与练习题

3-1　填空题

(1) 两级放大电路中第一级的电压增益为40dB，$f_{L1}=10Hz$，$f_{H1}=20kHz$。第二级的电压增益为20dB，$f_{L2}=100Hz$，$f_{H2}=150kHz$。则总的电压增益为 ________ dB，总的下限频率 $f_L=$________，总的上限频率 $f_H=$________。

(2) 差动放大电路是为了________而设置的，这主要是通过________和________来实现的。差动放大电路有________连接方式。共模抑制比 K_{CMR} 是________与________之比，K_{CMR} 越大，表明电路________能力越强。

(3) 已知差动放大电路的两输入电压分别为 u_{S1} 和 u_{S2}，则共模信号 $u_{ic}=$________，差模信号 $u_{id1}=-u_{id2}=$________，两管的差模输入电压 $u_{id}=$________，输出电压 $u_o=$________。

(4) 当集成运算放大器处于________状态时，可运用________和________概念。

(5) 理想集成运算放大器的开环差模电压放大倍数 A_{ud} 可认为________，输入电阻 R_{id} 为________，输出电阻 R_o 为________。

(6) 由集成运算放大器组成的电压比较器，其关键参数门限电压是指使输出电压发生________时的电压值。只有一个门限电压的比较器电路称________比较器，具有两个门限电压的比较器电路称________比较器或称为________。

3-2　判断题

(1) 一个理想的差动放大电路，只能放大差模信号，不能放大共模信号。　(　)

(2) 差动放大电路中的公共发射极电阻 R_{EE} 对共模信号和差模信号都存在影响，因此，这种电路是牺牲差模电压放大倍数来换取对共模信号的抑制作用的。　(　)

(3) 差动放大电路采用单端输入方式时，另一只晶体管可以省去。　(　)

(4) 共模信号都是直流信号，差模信号都是交流信号。　(　)

(5) 由于集成运算放大器的两输入端的输入电流为0，所以两输入端之间是断开的。　(　)

(6) 在放大电路中只要有反馈，就会产生自激振荡。　(　)

3-3　选择题

(1) 多级放大电路与单级放大电路相比，电压放大倍数（　），通频带（　），级数越多则上限频率 f_H（　）、下限频率 f_L（　）。

(A) 增大　(B) 减小　(C) 基本不变　(D) 不定

(2) 差动放大电路是为了（　）而设置的。

(A) 稳定放大倍数　(B) 提高输入电阻　(C) 克服温漂　(D) 扩展频带

(3) 差动放大电路用恒流源来代替电阻 R_{EE} 是为了（　）。

(A) 提高差模电压放大倍数　(B) 提高共模电压放大倍数

(C) 提高共模抑制比　(D) 提高差模输入电阻

(4) 反相比例运算电路的输入电阻较（　），同相比例运算电路的输入电阻较（　）。

(A) 高　(B) 低　(C) 不变　(D) 不确定

(5) 由集成运算放大器组成的电压比较器，其运算放大器必须处于（　　）状态。

(A) 自激振荡　　(B) 开环或负反馈　(C) 开环或正反馈　　(D) 负反馈

3-4　设三级放大电路中各级电压增益分别为 20dB、24dB 和 18dB，则总的电压放大倍数为多少倍？如果输入信号 $u_i = 2.5\text{mV}$，则输出电压为多大？

3-5　两级阻容耦合放大电路如图 3-39 所示，已知 VT_1、VT_2 的 $\beta_1 = \beta_2 = 50$，$V_{BEQ} = 0.7\text{V}$，$r_{bb'} = 200\Omega$。求放大电路的 A_u、A_{us}、R_i 和 R_o。

3-6　图 3-40 所示的差动放大电路中，已知 VT_1、VT_2 的 $\beta_1 = \beta_2 = 80$，$r_{bb'} = 200\Omega$，$U_{BEQ1} = U_{BEQ2} = 0.7\text{V}$，试求：(1) VT_1、VT_2 的静态工作点 I_{CQ} 及 U_{CEQ}；(2) 差模电压放大倍数 A_{ud}；(3) 差模输入电阻 R_{id} 和输出电阻 R_o。

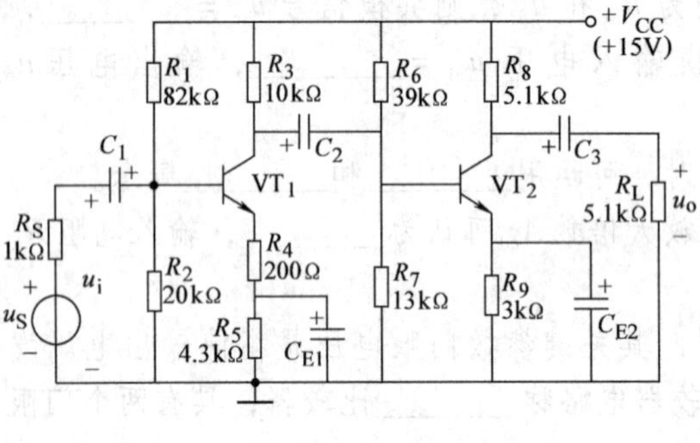

图 3-39　题 3-5 图

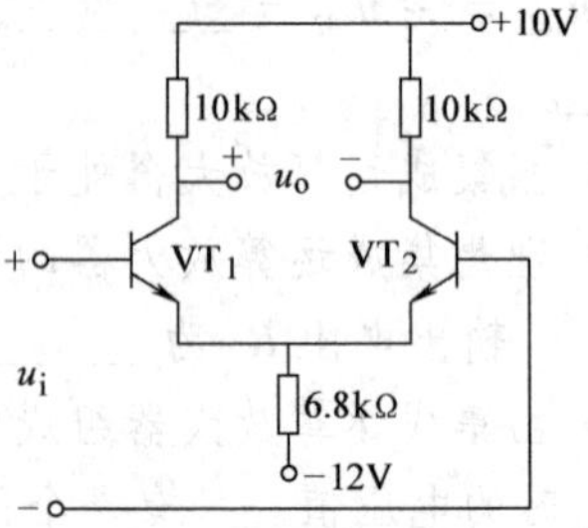

图 3-40　题 3-6 图

3-7　图 3-41 所示的差动放大电路中，已知 VT_1、VT_2 的 $\beta_1 = \beta_2 = 100$，$r_{bb'} = 200\Omega$，$U_{BEQ1} = U_{BEQ2} = 0.7\text{V}$，试求：(1) VT_1、VT_2 的静态工作点 I_{CQ} 及 U_{CEQ}；(2) 差模电压放大倍数 A_{ud}；(3) 差模输入电阻 R_{id} 和输出电阻 R_o。

3-8　图 3-42 所示差动放大电路中，设 $r_{be1} = r_{be2} = 2\text{k}\Omega$，已知 $\beta_1 = \beta_2 = 50$，硅管。试求：(1) 计算静态工作点；(2) 画出对差模信号的微变等效电路，计算差模电压放大倍数；(3) 画出对共模信号的微变等效电路，计算其对单端输出而言的共模放大倍数。

3-9　上题中，如使单端输入电压 $u_{i1} = 10\text{mV}$ ($u_{i2} = 0$)，试求：(1) 用分解成差模、共模分量的方法求输出电压 u_{o1} 和 u_{o2}；(2) 如忽略共模分量，再求 u_{o1} 和 u_{o2}；(3) 比较两种计算结果。

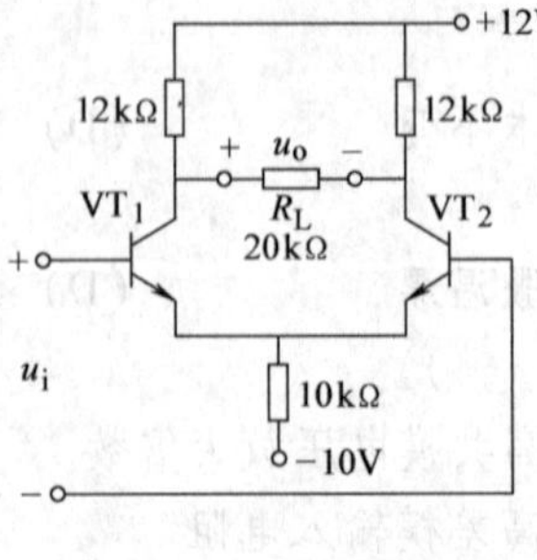

图 3-41　题 3-7 图

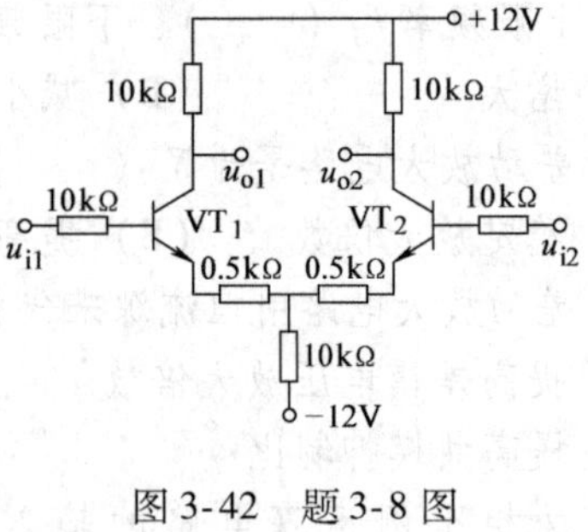

图 3-42　题 3-8 图

3-10　图 3-43 所示的差动放大电路中，$\beta_1 = \beta_2 = 150$，$U_{BE1} = U_{BE2} = 0.7\text{V}$，其他参数如

图所示。试求：(1) 差模输入电阻 R_{id}、输出电阻 R_o 及差模电压放大倍数 A_{ud}；(2) 共模输入电阻 R_{ic}、共模电压放大倍数 A_{uc} 和共模抑制比 K_{CMR}；(3) 求输入电压 $u_{i1}=5\text{mV}$、$u_{i2}=1\text{mV}$ 时，双端输出电压 u_o 和单端输出电压 u_{o2} 值。

3-11　差动放大电路如图3-44所示，若已知 $\beta=100$，试求：(1) 静态时的 U_{CQ2}；(2) 差模电压放大倍数 A_{ud}；(3) 差模输入电阻 R_{id} 和输出电阻 R_o。

3-12　集成运算电路如图3-45所示，试分别求出各电路输出电压的大小。

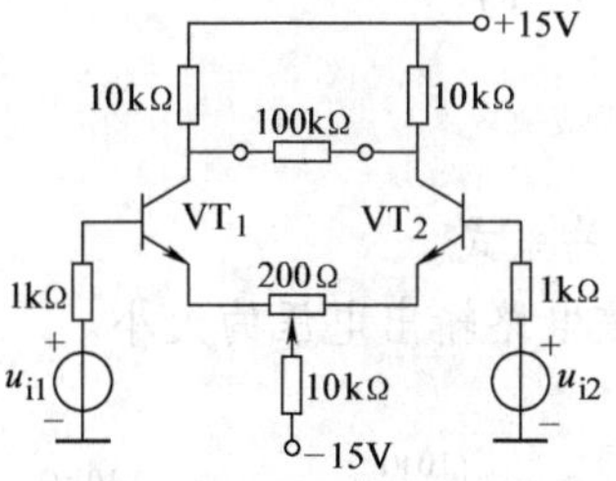

图3-43　题3-10图

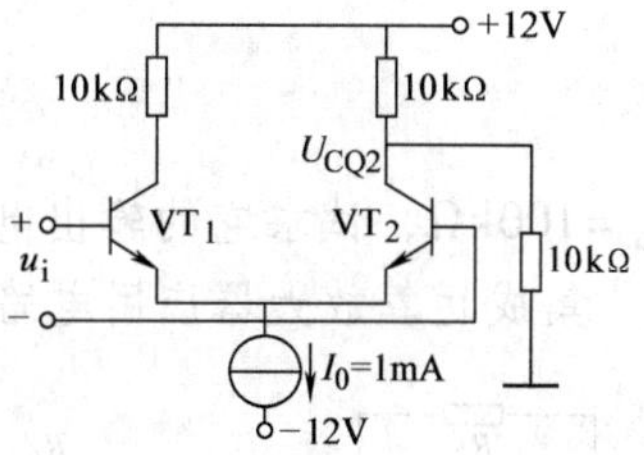

图3-44　题3-11图

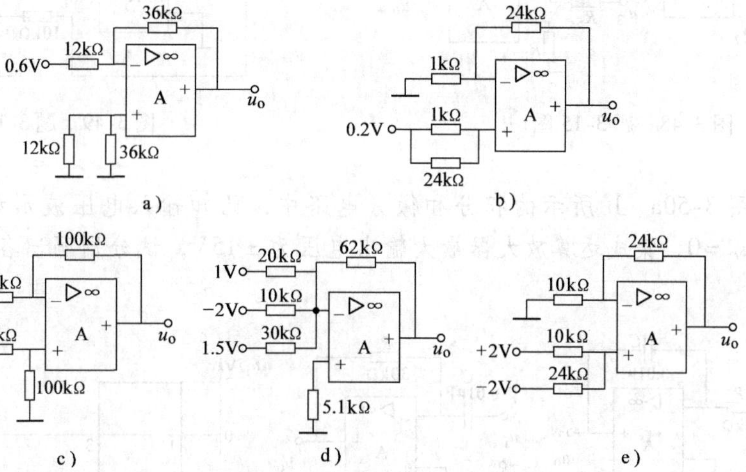

图3-45　题3-12图

3-13　写出图3-46所示各电路的名称，试分别计算它们的电压放大倍数和输入电阻。

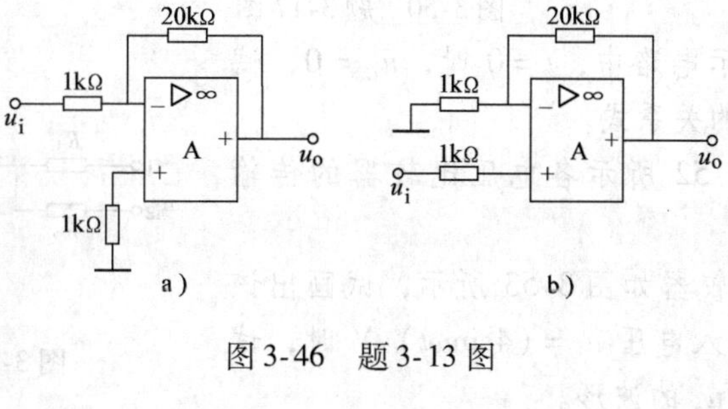

图3-46　题3-13图

3-14　集成运算放大器应用电路如图3-47所示，试分别求出各电路输出电压的大小。

3-15　集成运算放大器应用电路如图3-48所示，若已知 $R_1=R_2=R_4=10\text{k}\Omega$，$R_3=R_5=$

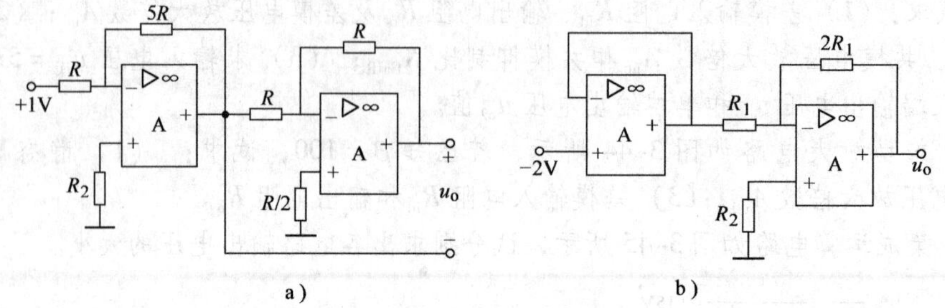

图 3-47　题 3-14 图

20kΩ，$R_6=100\text{k}\Omega$，试求它的输出电压与输入电压之间的关系式。

3-16　集成运算放大器应用电路如图 3-49 所示，求该电路输出电压的大小。

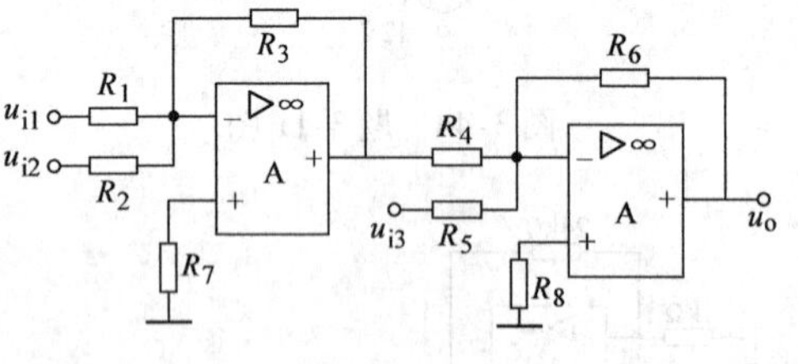

图 3-48　题 3-15 图

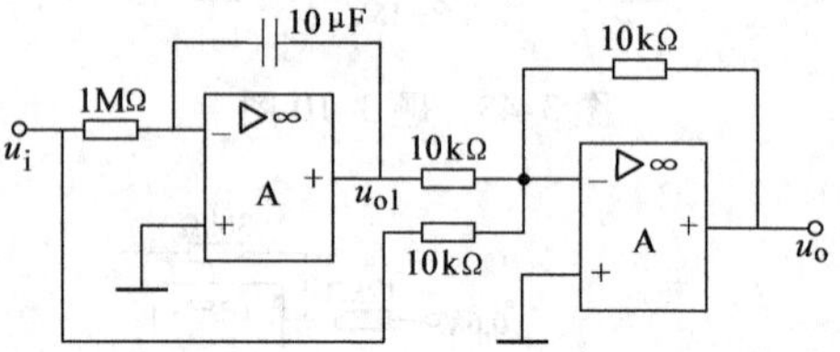

图 3-49　题 3-16 图

3-17　图 3-50a、b 所示的积分和微分电路中，已知输入电压波形如图 3-49c 所示，且 $t=0$时，$u_C=0$，集成运算放大器最大输出电压为 ±15V，试分别画出各电路的输出电压波形。

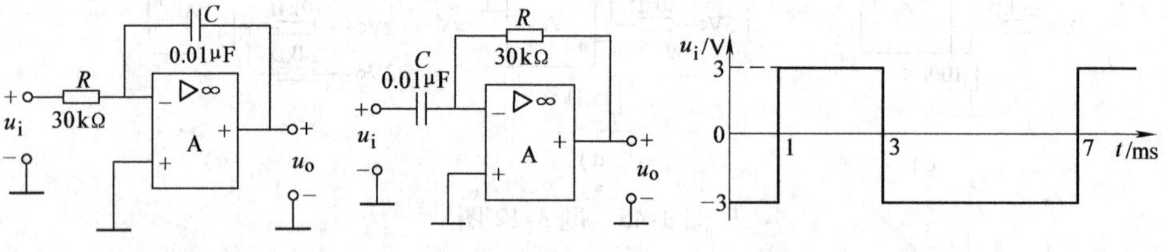

a) 积分电路　　b) 微分电路　　c) 输入电压波形

图 3-50　题 3-17 图

3-18　图 3-51 所示电路中，$t=0$ 时，$u_C=0$，试写出 u_o 与 u_{i1}、u_{i2}之间的关系式。

3-19　试画出图 3-52 所示各电压比较器的传输特性。

3-20　迟滞电压比较器如图 3-53 所示，试画出该电路的传输特性；当输入电压 $u_i=(4\sin\omega t)$ V 时，试画出该电路的输出电压 u_o 的波形。

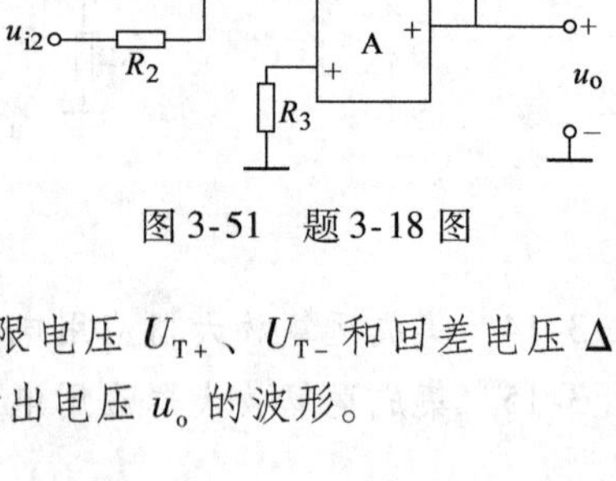

图 3-51　题 3-18 图

3-21　迟滞电压比较器如图 3-54 所示，试计算其门限电压 U_{T+}、U_{T-}和回差电压 ΔU，画出传输特性；当 $u_i=(4\sin\omega t)$ V 时，试画出该电路的输出电压 u_o 的波形。

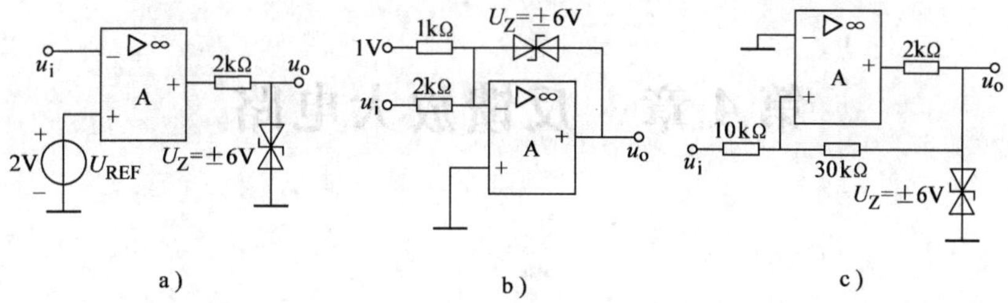

图 3-52　题 3-19 图

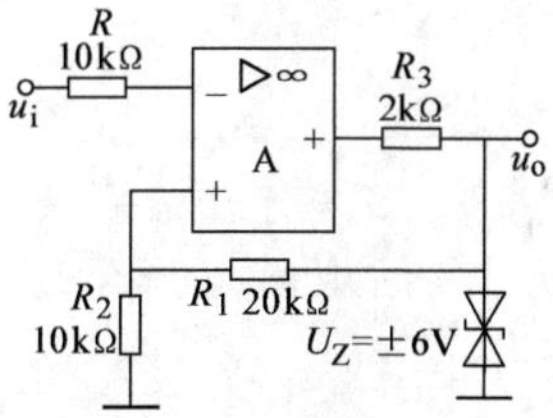

图 3-53　题 3-20 图

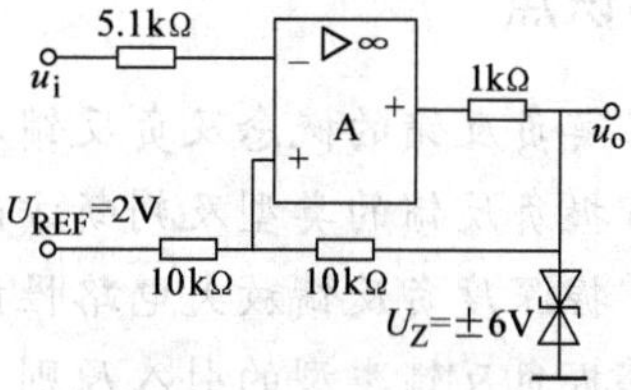

图 3-54　题 3-21 图

第 4 章　反馈放大电路

☞ 要求

熟悉负反馈的概念及负反馈对放大电路性能的影响，掌握负反馈的类型及判断方法。

知识点

- 了解负反馈的概念及负反馈对放大电路性能的影响。
- 掌握负反馈的类型及判断方法。
- 掌握深度负反馈放大电路性能指标的估算方法。
- 掌握负反馈类型的引入原则。

重点和难点

- 负反馈的类型及判断方法。
- 深度负反馈放大电路的性能指标的估算方法。
- 负反馈类型的应用。

4.1　反馈的基本概念

实际应用中需要的放大器是多种多样的，前文所介绍的基本放大电路一般不能满足使用要求，为此，在放大电路中广泛应用负反馈的方法来改善放大电路的性能。

4.1.1　反馈的概念

将放大器输出信号（电压或电流）的一部分（或全部），经过一定的电路（称为反馈网络）送回到输入回路，与原来的输入信号（电压或电流）共同控制放大器，这样的作用过程称为反馈，具有反馈电路的放大器称为反馈放大器。对放大电路而言，由多个电阻、电容等反馈元件构成的电路，称为反馈网络。

4.1.2　反馈放大电路的一般表达方式

反馈放大电路框图如图 4-1 所示。$\dot{A}$表示开环放大器（也叫基本放大器），$\dot{F}$表示反馈网络。$\dot{X}_i$ 表示输入信号（电压或电流），$\dot{X}_o$ 表示输出信号，$\dot{X}_f$ 表示反馈信号，$\dot{X}_{id}$表示净输入信号。通常，将输出信号的一部分取出的过程叫做取样；将$\dot{X}_i$ 与$\dot{X}_f$ 叠加的过程叫做比较。引入反馈后，按照信号的传输方向，基本放大器和反馈网络构成一个闭合环路，所以将引入了反馈的放大器叫闭环放大器，而未引入反馈的放大器叫开环放大器。

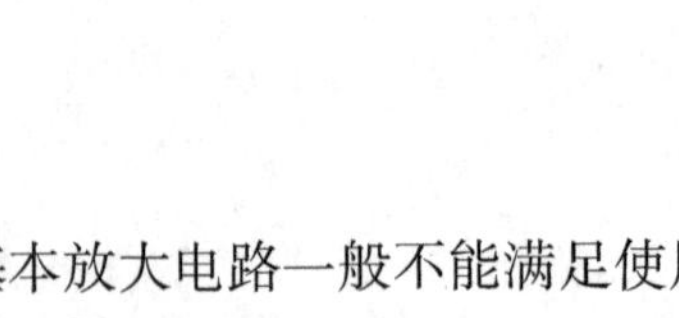

图 4-1　反馈放大电路框图

由图4-1知，净输入信号为 $\dot{X}_{id}=\dot{X}_i-\dot{X}_f$

开环放大倍数（或开环增益）为 $\dot{A}=\dfrac{\dot{X}_o}{\dot{X}_{id}}$

反馈系数为 $\dot{F}=\dfrac{\dot{X}_f}{\dot{X}_o}$

放大器闭环放大倍数（或闭环增益）为 $\dot{A}_f=\dfrac{\dot{X}_o}{\dot{X}_i}$

由以上分析可知

$$\dot{A}_f=\frac{\dot{X}_o}{\dot{X}_i}=\frac{\dot{X}_o}{\dot{X}_{id}+\dot{X}_f}=\frac{\dot{A}\dot{X}_{id}}{\dot{X}_{id}+\dot{A}\dot{F}\dot{X}_{id}}=\frac{\dot{A}}{1+\dot{A}\dot{F}} \tag{4-1}$$

式（4-1）是反馈放大器的基本关系式，它是分析反馈问题的基础。其中 $1+\dot{A}\dot{F}$ 叫反馈深度，常用其表征反馈的强弱。

1）若 $|1+\dot{A}\dot{F}|>1$，则 $|\dot{A}_f|<|\dot{A}|$，加入反馈后放大倍数减小，为负反馈。

2）若 $|1+\dot{A}\dot{F}|<1$，则 $|\dot{A}_f|>|\dot{A}|$，加入反馈后放大倍数增加，为正反馈，放大电路性能不稳定，很少用。

3）若 $|1+\dot{A}\dot{F}|=0$，则 $|\dot{A}_f|\to\infty$，当 $u_i=0$ 时，仍有输出信号，这种现象称为自激振荡。

4.2 反馈的类型及其判定方法

4.2.1 正反馈和负反馈

当电路中引入反馈后，反馈信号能削弱输入信号的反馈称为负反馈。负反馈能使输出信号维持稳定。相反，反馈信号加强了输入信号的反馈称为正反馈。正反馈将破坏电路的稳定性。

判断一个反馈是正反馈还是负反馈，通常采用“瞬时极性法”：先假设断开反馈网络，在输入端加一正极性信号，使信号沿着信号传输路径向下传输（从输入到输出），再从输出反向传输（反馈）到输入端，在输入端与原输入信号相比较，看净输入信号是增加还是减小。若反馈信号使净输入信号增加则是正反馈；若反馈信号使净输入信号减小，则是负反馈。

只存在于某一级放大器中的反馈，称为本级反馈。存在于两级以上的放大器之间的反馈，称为级间反馈。

【例4-1】 电路如图4-2所示，分析电路结构，判断反馈极性。

解：判断之前必须先找出反馈网络。反馈网络：本电路有两个反馈网络，一个是 R_2，另一个是 R_3 和 R_4 的串联，两个反馈皆为级间反馈，必须分开分别判断。

R_2 的反馈：设先断开反馈网络，并设从 A_1 同相端（信号输入端）加一正极性信号“+”（如图），则由集成运算放大器的特点可知，输入信号经 A_1 后，仍为“+”，经 R_5 直接耦合至 A_2 反相端，极性不变。然后从 A_2 输出时变为负极性输出信号“-”。再经反馈网络 R_2，取回的电压信号并无相位变化，仍为负极性信号，所以反馈信号与输入信号极性相反，净输入信号减小。因此，此反馈网络引入的是负反馈。

同理，判断 R_3 和 R_4 串联构成的反馈为正反馈。

【例 4-2】　判断图 4-3 所示电路的反馈极性。

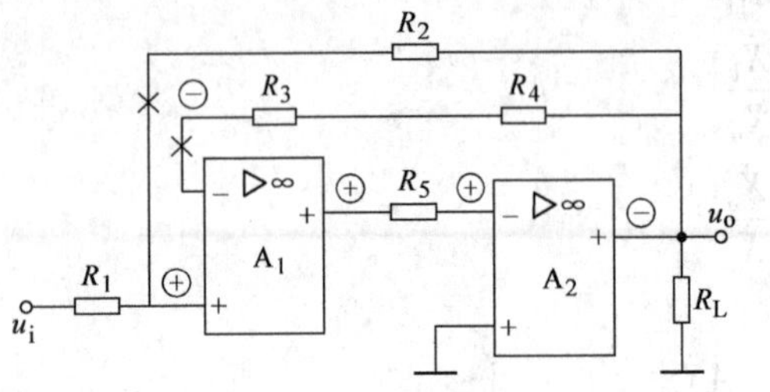

图 4-2　例 4-1 图

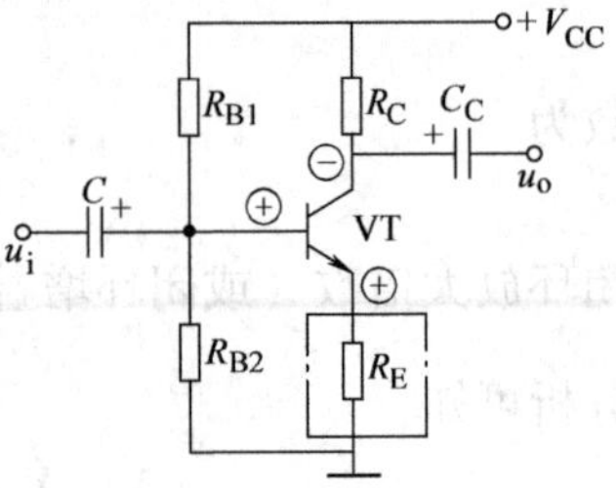

图 4-3　例 4-2 图

解：对单管放大电路，分析判断的依据是 u_{be}（净输入信号）的变化。

为了消除反馈效果，放大器又能正常工作，可以假设短路 R_E，消除放大器中的反馈。则 $u_{be}=u_b$，所以不影响输入电压 u_{be}。接入 R_E 后，$u_{be}=u_b-u_e$，反馈的效果是反馈信号削弱了输入信号（u_{be}），所以是负反馈。由 R_E 构成的反馈为本级反馈。

4.2.2　交流反馈和直流反馈

在放大电路的交流通路中存在的反馈称为交流反馈，直流通路中存在的反馈称为直流反馈。直流反馈常用于稳定直流工作点，交流反馈主要用于放大电路性能的改善。

判断一个反馈是交流反馈还是直流反馈，通常采用电容观察法。即若反馈通路有隔直电容则为交流反馈；若反馈通路有旁路电容则为直流反馈；若反馈通路无电容，则为交直流反馈。

4.2.3　电压反馈和电流反馈

从放大器的输出端看，反馈网络要从放大器的输出信号中取回反馈信号，通常有两种取样方式，按取样方式的不同，反馈分为电压反馈和电流反馈。

1. 电压反馈

反馈信号取自输出电压或者输出电压的一部分（与输出电压成比例），此种反馈称为电压反馈，如图 4-4 所示。

2. 电流反馈

反馈信号取自输出电流或者输出电流的一部分（与输出电流成比例），此种反馈称为电流反馈，如图 4-5 所示。

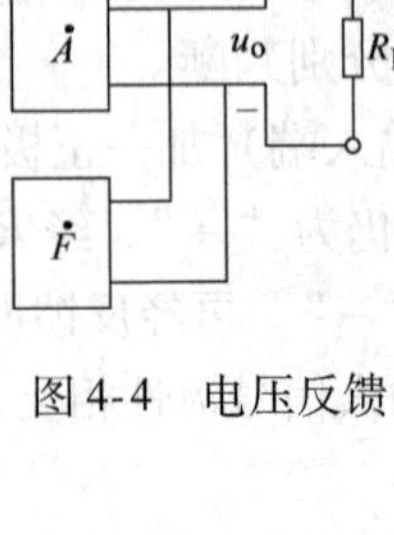

图 4-4　电压反馈

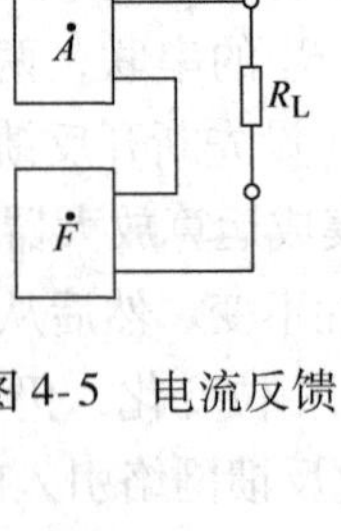

图 4-5　电流反馈

判断一个反馈是电压反馈还是电流反馈，可采用假想负载短路法，即令 $u_o=0$，将放大电路输出端交流短路，若反馈信号$\dot{X}_f$ 消失，则为电压反馈（$\dot{X}_f=\dot{F}\dot{U}_o$）；若反馈信号$\dot{X}_f$ 仍然存在，则为电流反馈（$\dot{X}_f=\dot{F}\dot{I}_o$）。画出框图，也可直接根据$\dot{A}$、$\dot{F}$网络在输出端的连接形式来判定：并联为电压反馈，串联为电流反馈。一般说来，反馈信号取自电压输出端（R_L 两端）的为电压反馈，反馈信号取自非电压输出端的为电流反馈。

4.2.4 串联反馈和并联反馈

从放大器的输入端看，反馈网络产生的反馈信号与输入信号混合产生净输入信号，按反馈信号与输入信号的混合方式分类，反馈可分为并联反馈和串联反馈。

1. 并联反馈

反馈网络、放大器和信号源为并联关系，输入信号电流被分流，反馈网络直接影响净输入电流，此种反馈称为并联反馈，如图 4-6 所示。

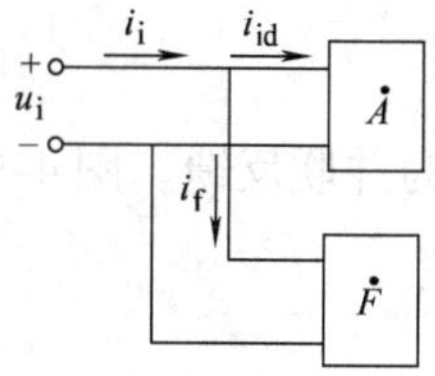

图 4-6 并联反馈

2. 串联反馈

反馈网络、放大器和信号源均为串联关系，输入信号电压被分压，反馈网络直接影响净输入电压，此种反馈称为串联反馈，如图 4-7 所示。

判断一个反馈是并联反馈还是串联反馈，可以采用假想输入信号短路法。令 $u_i=0$，即假想将放大电路输入端交流短路，若反馈信号对放大电路输入端不产生作用，这种反馈为并联反馈；若反馈信号仍能对放大电路输入端产生作用，则为串联反馈。当然也可以直接根据基本放大电路与反馈网络的连接方式确定。一般说来，对于分立元件构成的反馈，反馈信号加到共发射极放大电路基极的反馈为并联反馈；反馈信号加到共发射极放大电路发射极的反馈为串联反馈。

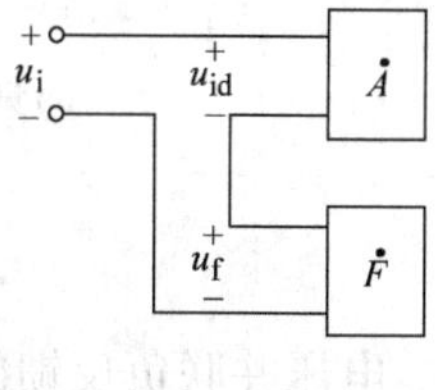

图 4-7 串联反馈

4.2.5 交流负反馈放大电路的四种组态

1. 四种负反馈组态及其特点

对于输入信号，无论信号的取样还是信号的混合，都是基本放大电路与反馈网络的连接关系，综合起来，负反馈放大电路有四种组态，分别是：电压串联负反馈、电压并联负反馈、电流串联负反馈和电流并联负反馈。

（1）电压串联负反馈　在图 4-8a 中，u_o 经 R_f 与 R_1 分压反馈到输入回路，故有反馈；反馈使净输入电压 u_{id}减小，为负反馈；$R_L=0$ 时，无反馈，故为电压反馈；$u_{id}=u_i-u_f$ 故为串联反馈。图 4-8b 为分立元件构成的电压串联负反馈。

电压串联负反馈的特点如下：

1）输出端，反馈信号直接取自输出电压。

2）输入端，反馈网络不直接接信号输入端。

（2）电压并联负反馈　在图 4-9a 中，R_f 为输入回路和输出回路的公共电阻，故有反馈；反馈使净输入电流 i_{id}减小，为负反馈；$R_L=0$ 时，无反馈，故为电压反馈；$i_{id}=i_i-i_f$，

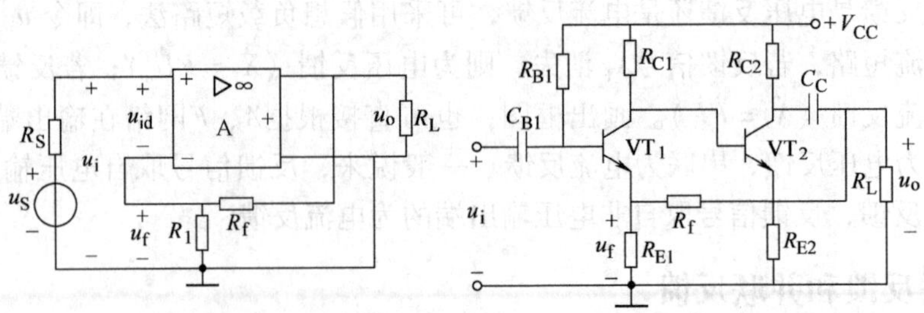

a）集成元件构成的电压串联负反馈　　b）分立元件构成的电压串联负反馈

图 4-8　电压串联负反馈

故为并联反馈。图 4-9b 为分立元件构成的电压并联负反馈。

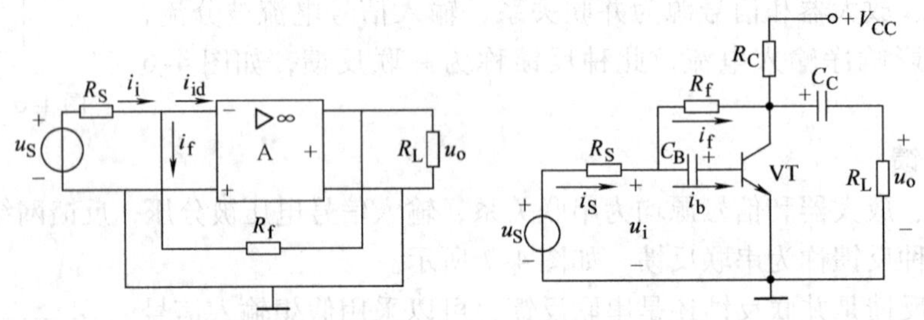

a）集成元件构成的电压并联负反馈　　b）分立元件构成的电压并联负反馈

图 4-9　电压并联负反馈

电压并联负反馈的特点如下：

1）输出端，反馈信号直接取自输出电压。

2）输入端，反馈网络直接接信号输入端，与输入信号混合。

（3）电流串联负反馈　在图 4-10a 中，R_f 为输入回路和输出回路的公共电阻，故有反馈；反馈使净输入电压 u_{id} 减小，为负反馈；$R_L=0$ 时，反馈存在，故为电流反馈；$u_{id}=u_i-u_f$ 故为串联反馈。图 4-10b 为分立元件构成的电流串联负反馈。

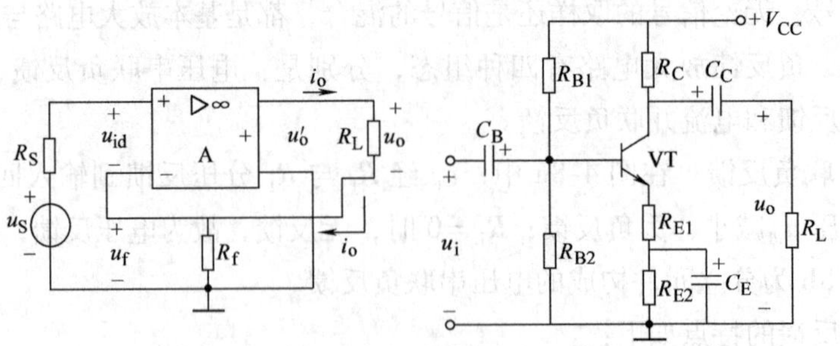

a）集成元件构成的电流串联负反馈　　b）分立元件构成的电流串联负反馈

图 4-10　电流串联负反馈

电流串联负反馈的特点如下：

1）输出端，反馈网络不直接接输出端，反馈信号取自输出电流。

2）输入端，反馈网络不直接接信号输入端。

（4）电流并联负反馈　在图 4-11a 中，R_f 介于输入回路和输出回路，故有反馈；反馈使净输入电流 i_{id} 减小，为负反馈；$R_L=0$ 时，反馈存在，故为电流反馈；$i_{id}=i_i-i_f$，故为并联反馈。图 4-11b 为分立元件构成的电流并联负反馈。

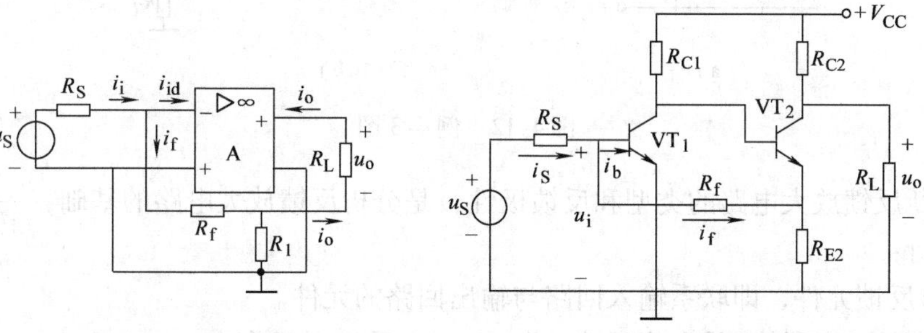

a）集成元件构成的电流并联负反馈　　b）分立元件构成的电流并联负反馈

图 4-11　电流并联负反馈

电流并联负反馈的特点如下：

1）输出端，反馈网络不直接接输出端，反馈信号取自输出电流。

2）输入端，反馈网络直接接信号输入端，与输入信号混合。

2. 反馈组态的判断

判断反馈组态，应从输出端的取样方式和输入端的连接方式分别判断反馈类型，综合后即为反馈组态。

通常可使用“短路法”判断：

1）从输出端看，假设负载 R_L 短路，即使 $u_o=0$，仍有反馈信号的是电流反馈；反馈信号消失的是电压反馈。因电流反馈取样于输出电流而非输出电压，负载 R_L 短路虽然使输出电压为零，但输出电流不为零。

2）从输入端看，使信号源短路，即使 $u_i=0$，若反馈信号随信号源短路而消失的为并联反馈，仍有反馈信号的为串联反馈。

【例 4-3】　判断下列各负反馈放大电路的反馈组态。

解：图 4-12a 中，反馈元件为 R_4，从输出端看，负载短路后反馈消失，因此为电压反馈；输入信号短路后，反馈信号仍能作用到放大电路输入端，因此为串联反馈；共集电极放大电路输入输出同相，净输入量 u_{be} 减小，所以为负反馈。由以上分析可知，此反馈为电压串联负反馈。

图 4-12b 中，有两个本级反馈，分别由集成运算放大器 A_1 和 A_2 构成，反馈元件分别为 R_2 和 R_4。根据假想负载短路法可知，两者构成的皆为电压反馈；输入端反馈节点短路后，反馈信号消失，因此皆为并联反馈；对于单个集成运算放大器组成的负反馈，从输出端引到反相输入端的为负反馈，引到同相输入端的为正反馈，因为两反馈皆引到反相输入端，所以此两个本级反馈皆为负反馈。由以上分析知，本级反馈都为电压并联负反馈。由 R_6、R_7 组成的反馈为级间反馈。根据假想负载短路法，负载短路后反馈信号依然存在，因此为电流反馈；输入信号短路后，反馈信号仍能作用到放大电路的输入端，因此是串联反馈；如图所标

输入输出极性关系，反馈极性为负反馈。由以上分析知，此级间反馈为电流串联负反馈。

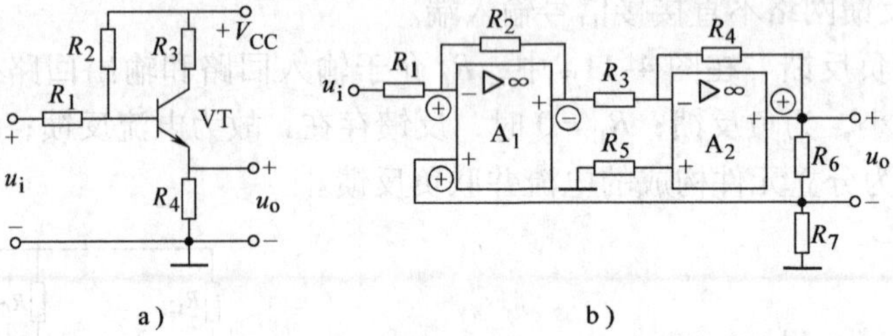

图 4-12　例 4-3 图

正确判断反馈放大电路的类型和反馈极性，是分析反馈放大电路的基础，一般来说可按以下步骤进行：

1）找出反馈元件，即联系输入回路与输出回路的元件。

2）判别是电压反馈还是电流反馈，令 $u_o=0$，看$\dot{X}_f$ 是否存在。

3）判断是串联反馈还是并联反馈，令 $u_i=0$，看$\dot{X}_f$ 能否作用到输入端。

4）判断反馈极性，采用瞬时极性法，串联反馈时看 u_{be} 的增减，并联反馈时看 i_b 的增减。

读一读

【知识拓展】

下面介绍反馈组态的另一种判断方法：先找出联系放大电路输出端和输入端的反馈元件或反馈网络（以下统称反馈电路）。在放大电路的输出端，如果反馈电路和放大电路的负载以输出端子为公共节点，则必然是取样电压，因而是电压反馈；否则，负载和反馈电路在输出端必然构成回路，便是取样电流，因而是电流反馈。在放大电路的输入端，如果反馈电路和信号源以输入端为公共节点，则为并联反馈；否则，反馈电路和信号源在输入端必然构成回路，便为串联反馈。

4.3　负反馈对放大电路性能的影响

4.3.1　提高增益的稳定性

在放大电路中，电源电压的变化、静态工作点的漂移、器件老化等原因都会使放大电路的增益发生变化。当反馈深度很深，即$|1+\dot{A}\dot{F}|\gg 1$ 时，称此反馈为深度负反馈。由反馈方程式$\dot{A}_f=\dfrac{\dot{A}}{1+\dot{A}\dot{F}}$可知，放大电路的闭环增益可近似表示为

$$\dot{A}_f=\frac{\dot{A}}{1+\dot{A}\dot{F}}\approx\frac{1}{\dot{F}} \tag{4-2}$$

式（4-2）表明，引入深度负反馈后，放大电路的增益只决定于反馈系数$\dot{F}$，基本上与放大电路的开环增益$\dot{A}$无关。通常，反馈网络是由性能比较稳定的无源线性元件组成的，因此引入深度负反馈后，放大电路的增益非常稳定。

为了定量地表述增益稳定性改善的程度，常用增益的相对变化量进行分析。若放大电路工作在中频范围，而且反馈网络又是纯阻性，皆为实数，即$\dot{A}=A$，$\dot{F}=F$，$\dot{A}_f=A_f$ 则有

$$A_f=\frac{A}{1+AF} \tag{4-3}$$

对上式求微分，可得

$$dA_f=\frac{(1+AF)-AF}{(1+AF)^2}dA=\frac{dA}{(1+AF)^2} \tag{4-4}$$

用式（4-3）来除式（4-4）两边，得

$$\frac{dA_f}{A_f}=\frac{1}{1+AF}\frac{dA}{A} \tag{4-5}$$

式（4-5）说明，引入负反馈后，闭环增益的相对变化量是开环增益相对变化量的$1/(1+AF)$，换言之，闭环增益A_f的稳定性比开环增益A的稳定性提高了$1+AF$倍。

4.3.2 减小失真和展宽通频带

1. 减小非线性失真

放大电路在大信号工作状态下，放大器件的瞬时工作点可能延伸到它的传输特性的非线性部分，从而使电路的输出波形产生非线性失真。引入负反馈可以减小非线性失真。

图4-13为负反馈减小非线性失真的示意图。图中的虚线波形为放大电路在无反馈时的净输入波形和输出波形。虽然输入信号是正弦波，但由于器件的非线性，使放大后的输出信号变为正、负半周不对称的失真波形，即波形的正半周小、负半周大。引入负反馈后，在反馈系数$\dot{F}$为常数的条件下，反馈信号也是正半周小、负半周大，从而净输入信号变为正半周大、负半周小的预失真波形，这样，经过基本放大电路放大后就能将输出信号的正半周相对扩大而负半周相对压缩，使正、负半周的幅值接近相等，从而改善了输出波形的非线性失真。

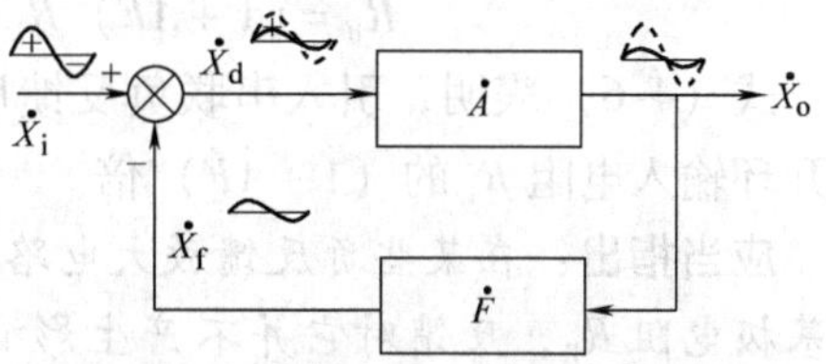

图4-13 负反馈减小非线性失真

2. 展宽通频带

利用负反馈能使放大倍数稳定的概念，很容易说明负反馈具有展宽通频带的作用。在放大电路中，当信号在低频区和高频区时，其放大倍数均要下降，如图4-14所示。由于负反馈具有稳定放大倍数的作用，因此在低频区和高频区的放大倍数下降的速度减慢，相当于通频带展宽了。在通常情况下，放大电路的增益与带宽的乘积为一常数，即

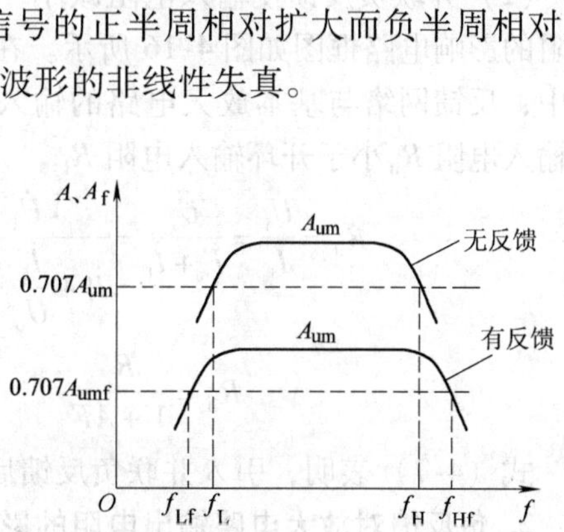

图4-14 开环与闭环的幅频特性

$$A_f(f_{Hf}-f_{Lf})=A\ (f_H-f_L)$$

一般情况下，$f_H \gg f_L$，所以$A_f f_{Hf} \approx A f_H$，这表明，引入负反馈后，电压放大倍数下降为几分

之一，通频带就展宽几倍。可见，引入负反馈能展宽通频带，但这是以降低放大倍数为代价的。

应当指出：由于负反馈的引入，在减小非线性失真的同时，也使输出信号的幅值减小。此外，输入信号本身固有的失真是不能通过引入负反馈来改善的。

4.3.3　改变放大电路的输入电阻和输出电阻

1. 负反馈对放大电路输入电阻的影响

（1）串联负反馈使放大电路的输入电阻增大　负反馈对放大电路输入电阻的影响取决于反馈网络与基本放大电路在输入回路的连接方式，而与输出回路中反馈的取样方式无直接关系。因此在分析负反馈电路输入电阻时，只需画出输入回路的连接方式即可，如图4-15所示。

图4-15中，R_i是基本放大电路的输入电阻（开环输入电阻），R_{if}是负反馈放大电路的输入电阻（闭环输入电阻），即

$$R_{if}=\frac{\dot U_i}{\dot I_i}=\frac{\dot U_i'+\frac{\dot U_f}{\dot U_o}\frac{\dot U_o}{\dot U_i'}\dot U_i'}{\dot I_i}=(1+\dot A\dot F)\frac{\dot U_i'}{\dot I_i}$$

$$R_{if}=(1+\dot A\dot F)\ R_i \tag{4-6}$$

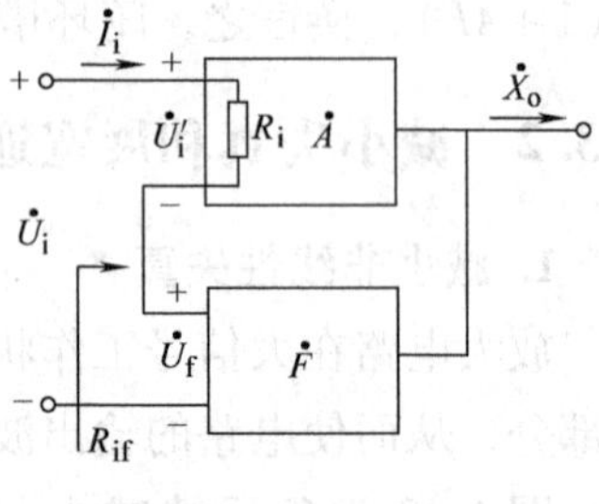

图4-15　串联负反馈对输入电阻的影响

式（4-6）表明，引入串联负反馈后，闭环输入电阻R_{if}是开环输入电阻R_i的$(1+\dot A\dot F)$倍。

应当指出：在某些负反馈放大电路中，有些电阻并不在反馈回路内，如共发射极电路中的基极电阻R_B，反馈对它并不产生影响。因此，更确切地说，引入串联负反馈，使引入反馈的支路的等效电阻增大到基本放大电路输入电阻的$(1+\dot A\dot F)$倍。但不管哪种情况，引入串联负反馈都将使输入电阻增大。

（2）并联负反馈使输入电阻减小　并联负反馈对输入电阻的影响电路框图如图4-16所示。在并联负反馈放大电路中，反馈网络与基本放大电路的输入电阻并联，因此闭环输入电阻R_{if}小于开环输入电阻R_i。

$$R_{if}=\frac{\dot U_i}{\dot I_i}=\frac{\dot U_i}{\dot I_i'+\dot I_f}=\frac{\dot U_i}{\dot I_i'+\frac{\dot I_f}{\dot U_o}\frac{\dot U_o}{\dot I_i'}\dot I_i'}$$

$$R_{if}=\frac{R_i}{1+\dot A\dot F} \tag{4-7}$$

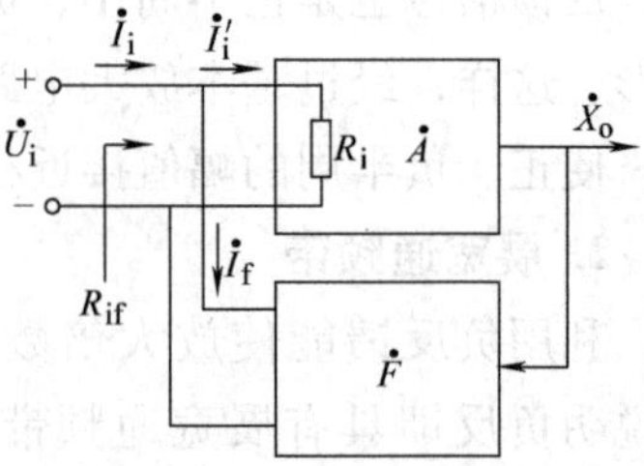

图4-16　并联负反馈对输入电阻的影响

式（4-7）表明，引入并联负反馈后，闭环输入电阻是开环输入电阻的$1/(1+\dot A\dot F)$。

2. 负反馈对放大电路输出电阻的影响

负反馈对放大电路输出电阻的影响取决于反馈网络在放大电路输出回路的取样方式，与反馈网络在输入回路的连接方式无直接关系。由于取样对象是稳定对象，因此分析负反馈对放大电路输出电阻的影响时，只要看它是稳定输出信号电压还是稳定输出信号电流即可。

（1）电压负反馈使输出电阻减小　电压负反馈对输出电阻的影响的电路框图如图4-17

所示。电压负反馈取样于输出电压，又能维持输出电压稳定。即输入信号一定时，电压负反馈的输出趋于一恒压源，其输出电阻很小。

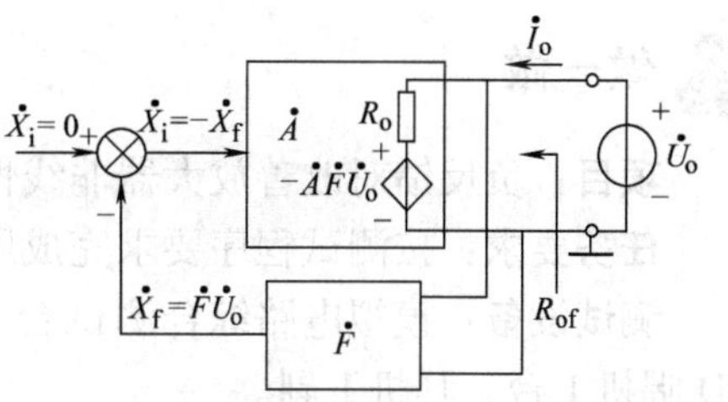

图 4-17　电压负反馈对输出电阻的影响

当反馈取样于输出电压时

$$R_{of}=\left.\frac{\dot{U}_o}{\dot{I}_o}\right|_{\dot{X}_i=0}=\frac{\dot{U}_o}{\dfrac{\dot{U}_o-(-\dot{A}\dot{F}\dot{U}_o)}{R_o}}$$

所以

$$R_{of}=\frac{1}{1+\dot{A}\dot{F}}R_o \tag{4-8}$$

注意：R_o 是在不考虑 R_L 条件下，将反馈网络等效到输入、输出端后求得。R_o 同样不考虑对反馈回路无影响的元件，但应计入总电路的 R_{of}。当 $1+\dot{A}\dot{F}\gg 1$ 时，$R_{of}\to 0$，反馈电路可等效为一恒压源。

（2）电流负反馈使输出电阻增大　电流负反馈对输出电阻的影响的电路框图如图 4-18 所示。电流负反馈取样于输出电流，又能维持输出电流稳定，即输入信号一定时，电流负反馈的输出趋于一恒流源，其输出电阻很大。

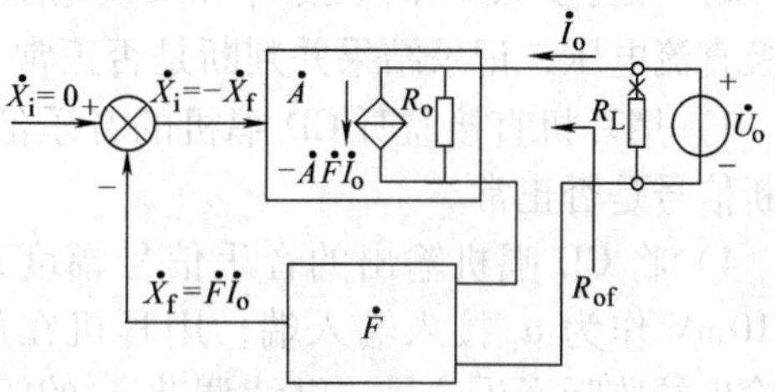

图 4-18　电流负反馈对输出电阻的影响

当反馈取样于输出电流时

$$R_{of}=\left.\frac{\dot{U}_o}{\dot{I}_o}\right|_{\dot{X}_i=0}$$

因为

$$\dot{I}_o=\frac{\dot{U}_o}{R_o}+(-\dot{A}\dot{F}\dot{I}_o)$$

所以

$$R_{of}=\frac{\dot{U}_o}{\dot{I}_o}=(1+\dot{A}\dot{F})R_o \tag{4-9}$$

注意：R_o 是在不考虑 R_L 条件下，将反馈网络等效到输入、输出端后求得。R_o 同样不考虑对反馈回路无影响的元件，但应计入总电路的 R_{of}。当 $1+\dot{A}\dot{F}>>1$ 时，$R_{of}\to\infty$，反馈电路可等效为一恒流源。

如果基本放大电路为理想运算放大器，则：①运算放大器开环放大倍数 $A=A_d=\infty$；②串联反馈时输入电阻 $R_{if}=\infty$；③并联反馈时输入电阻 $R_{if}=0$；④电压反馈时输出电阻 $R_{of}=0$；⑤电流反馈时输出电阻 $R_{of}=\infty$。

读一读

【知识拓展】

1）在现代的电子系统中，几乎没有不引入负反馈的放大器，因为引入负反馈后放大器的许多性能获得了改善。但是，这些性能的改善是以牺牲放大器一部分增益为代价的。

2）为了取得较好的负反馈效果，不同组态对信号源内阻和负载电阻的要求各不相同。凡是串联反馈，要求信号源内阻小；凡是并联反馈，则要求信号源内阻大。凡是电压反馈，希望负载电阻大；而电流反馈，则希望负载电阻小。

做一做

项目：负反馈对改善放大器非线性失真现象的测试。

任务要求：按测试程序要求完成所有测试内容，并撰写测试报告。

测试设备：模拟电路综合测试台 1 台，0 ~ 30V 直流稳压电源 1 台，数字万用表 1 块，CD 唱机 1 台，耳机 1 副。

测试电路：如图 4-19 所示，其中 $R_1 = 33\text{k}\Omega$，$R_2 = 10\text{k}\Omega$，$R_3 = 2\text{k}\Omega$，$R_4 = 680\Omega$，$R_5 = 20\text{k}\Omega$，$R_{f1} = 2\text{k}\Omega$，$R_{f2} = 470\Omega$，$C_1 = C_2 = C_f = 100\mu\text{F}$，$C_3 = 470\mu\text{F}$，$C_4 = 510\mu\text{F}$，$C_{p1} = 470\mu\text{F}$，$C_{p2} = 0.01\mu\text{F}$，$VT_1$、$VT_2$ 为晶体管，型号为 S9013，耳机阻抗（单路）$R_L = 30\Omega$。

测试程序：

1）按图 4-19 接好电路。

2）保持步骤 1)，不接 u_i 和反馈电阻 R_{f1}，接入电源电压 $+V_{CC} = 12\text{V}$，测量各晶体管的各极直流电压，记录结果并判断是否正常。

3）用耳机直接监听 CD 唱机的音乐信号，判断信号是否正常。

4）将 CD 唱机输出的音乐信号幅度衰减至 10mV 作为 u_i 接入输入端，用耳机在放大器输出端监听音乐信号；继续调节 u_i 的幅度，并使输出的音乐信号恰好无明显失真。

5）保持步骤 4)，适当增大 u_i 的幅度，使输出的音乐信号出现明显失真。与步骤 4) 监听效果比较，判断信号是否正常，并进行现象描述。

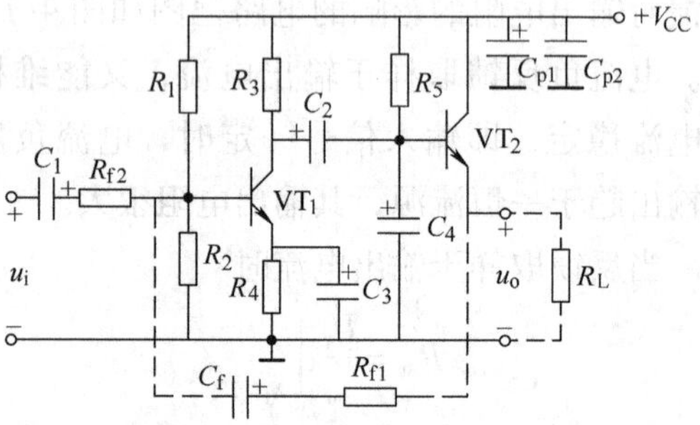

图 4-19　负反馈放大器测试电路

6）保持步骤 5)，接入反馈电阻 R_{f1}，继续用耳机在放大器输出端监听音乐信号。调节 u_i 的幅度，使输出音乐信号的音量大体与步骤 5) 相同，并与步骤 5) 监听效果比较，判断此时输出信号是否正常，并进行结果描述。

4.4　负反馈放大电路的应用

4.4.1　放大电路引入负反馈的一般原则

由以上分析可知，负反馈之所以能够改善放大电路多方面的性能，归根结底是将电路的输出量（$\dot{U}_o$ 或 $\dot{I}_o$）引回到输入端，与输入量（$\dot{U}_i$ 或 $\dot{I}_i$）进行比较，从而对净输入量（$\dot{U}_{id}$ 或 $\dot{I}_{id}$）及输出量进行调整。前文讲述过的增益稳定性的提高、非线性失真的减小、抑制噪声、展宽通频带以及对输入电阻和输出电阻的影响，均可用自动调整作用来解释。反馈越深，即 $|1+\dot{A}\dot{F}|$ 的值越大时，这种调整作用越强，对放大电路性能的改善越有益。另外，负反馈的类型不同，对放大电路所产生的影响也不同。

工程中往往要求根据实际需要在放大电路中引入适当的负反馈，以提高电路或系统的性能。引入负反馈的一般原则为：

1）为了稳定静态工作点，应引入直流负反馈；为了改善放大电路的动态性能，应引入交流负反馈（在中频段的极性）。

2）要求提高输入电阻或信号源内阻较小时，应引入串联负反馈；要求降低输入电阻或信号源内阻较大时，应引入并联负反馈。

3）根据负载对放大电路输出电量或输出电阻的要求，决定是引入电压负反馈还是电流负反馈。若负载要求提供稳定的电压信号（输出电阻小），则应引入电压负反馈；若负载要求提供稳定的电流信号，输出电阻大，则应引入电流负反馈。

4）在需要进行信号变换时，应根据四种类型的负反馈放大电路的功能选择合适的组态。例如，要求实现电流—电压信号的转换时，应在放大电路中引入电压并联负反馈等。

这里介绍的只是一般原则。**要注意的是**：负反馈对放大电路性能的影响只局限于反馈回路内，反馈回路未包括的部分并不适用。性能的改善程度均与反馈深度$|1+\dot{A}\dot{F}|$有关，但并不是$|1+\dot{A}\dot{F}|$越大越好。因为$|1+\dot{A}\dot{F}|$是频率的函数，对于某些电路来说，在某些频率下产生的附加相移可能使原来的负反馈变成了正反馈，甚至会产生自激振荡，使放大电路无法正常工作。另外，有时也可以在负反馈放大电路中引入适当的正反馈，以提高增益。

4.4.2　深度负反馈放大电路的特点及性能的估算

1. 深度负反馈的特点

根据$\dot{A}_f$和$\dot{F}$的定义，有

$$\dot{A}_f=\frac{\dot{X}_o}{\dot{X}_i}$$

$$\frac{1}{\dot{F}}=\frac{\dot{X}_o}{\dot{X}_f}$$

在$\dot{A}_f=\dfrac{\dot{A}}{1+\dot{A}\dot{F}}$中，若$|1+\dot{A}\dot{F}|>>1$，则$\dot{A}_f\approx\dfrac{1}{\dot{F}}$，即$\dfrac{\dot{X}_o}{\dot{X}_i}=\dfrac{\dot{X}_o}{\dot{X}_f}$。

所以有

$$\dot{X}_i\approx\dot{X}_f \tag{4-10}$$

式（4-10）表明，当$|1+\dot{A}\dot{F}|>>1$时，反馈信号$\dot{X}_f$与输入信号$\dot{X}_i$相差甚微，净输入信号$\dot{X}_{id}$很小，因而有$\dot{X}_{id}\approx 0$。

对于串联负反馈，有$\dot{U}_{id}=0$（虚短），$\dot{U}_i=\dot{U}_f$；对于并联负反馈，有$\dot{I}_{id}=0$（虚断），$\dot{I}_i=\dot{I}_f$。利用虚短、虚断的概念可以以快速方便地估算出负反馈放大电路的闭环增益$\dot{A}_f$和闭环电压增益$\dot{A}_{uf}$。

2. 深度负反馈放大电路性能估算

利用上述特点，结合具体的电路，就能迅速求出深度负反馈放大电路的性能指标，尤其是闭环电压放大倍数。

（1）电压串联负反馈放大电路　典型的电压串联负反馈放大电路如图4-20所示。由于反相输入端电流远小于u_o引起的电流而忽略，于是反馈电压为

$$u_f-\frac{R_1}{R_1+R_f}u_o$$

反馈系数

$$F=\frac{u_f}{u_o}=\frac{R_1}{R_1+R_f} \tag{4-11}$$

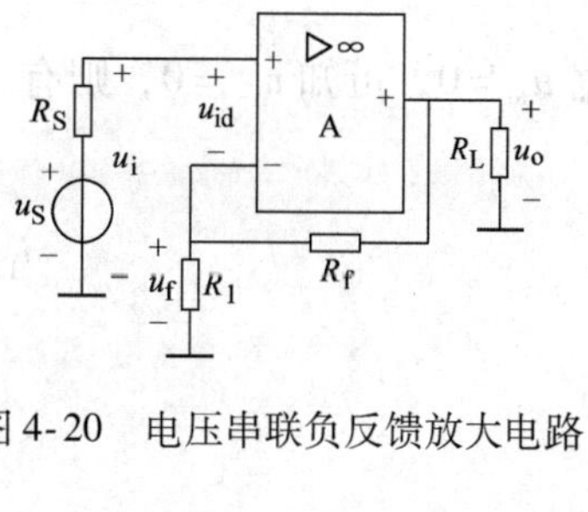

图4-20　电压串联负反馈放大电路

设 $R_1=10\text{k}\Omega$，$R_f=100\text{k}\Omega$，则 $F=1/11$。设基本放大器的电压放大倍数 $A_u=1100$，于是可算出反馈深度 $1+A_uF=101>>1$，从而满足深度负反馈条件。因此反馈放大器的闭环电压放大倍数

$$A_{uf}\approx\frac{1}{F}=1+\frac{R_f}{R_1} \tag{4-12}$$

将有关参数代入上式，得到 $A_{uf}\approx11$。

也可以利用 $x_i\approx x_f$ 的特点求 A_{uf}，在这个电路里 $u_i=u_f$。由于 $u_f=R_1u_o/(R_1+R_f)$，则 $u_i=R_1u_o/(R_1+R_f)$，于是也可推导出式（4-12）。该式再一次表明，引入深度负反馈后，放大倍数与放大器内部参数及负载基本无关。

由于是电压串联负反馈，所以放大器的闭环输入电阻 R_{if} 很大，闭环输出电阻 R_{of} 很小。

（2）电压并联负反馈放大电路　图 4-21 是电压并联负反馈放大电路，输入端的连接为并联负反馈，其输入量为 i_i，反馈量为 i_f，净输入量为 i_{id}。由于 $i_{id}=0$，因而有 $i_i=i_f$。

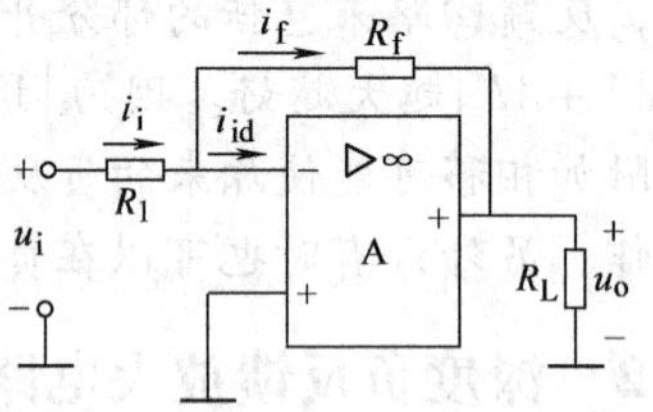

图 4-21　电压并联负反馈放大电路

再根据 $u_{id}=0$，可知 $u_-=0$，则有

$$u_o=-i_fR_f$$

$$u_i=i_iR_1$$

因此

$$A_{uf}=\frac{u_o}{u_i}=\frac{-i_fR_f}{i_iR_1}=-\frac{R_f}{R_1} \tag{4-13}$$

由于反馈为电压并联负反馈，所以闭环输入电阻 R_{if} 很小，闭环输出电阻 R_{of} 也很小。

（3）电流串联负反馈放大电路　图 4-22 是电流串联负反馈放大电路，从图中可得

$$u_f=i_oR_f=\frac{u_o}{R_L}R_f$$

因此，电压放大倍数为

$$A_{uf}=\frac{u_o}{u_i}=\frac{u_o}{u_f}=\frac{R_L}{R_f} \tag{4-14}$$

由于该反馈是电流串联负反馈，所以该放大电路的闭环输入电阻很大，闭环输出电阻也很大。

（4）电流并联负反馈放大电路　图 4-23 是电流并联负反馈放大电路，由于 $i_{id}=0$，因而有

$$i_i=i_f$$

根据 $u_{id}=0$，可知 $u_-=0$，则有

$$u_i=i_iR_1$$

$$i_L=i_f+i_2=i_f+\frac{i_fR_f}{R_2}=i_f\left(1+\frac{R_f}{R_2}\right)$$

$$u_o=-i_LR_L=-i_f\frac{R_2+R_f}{R_2}R_L$$

因此

$$A_{uf}=\frac{u_o}{u_i}=-\left(1+\frac{R_f}{R_2}\right)\frac{R_L}{R_1} \tag{4-15}$$

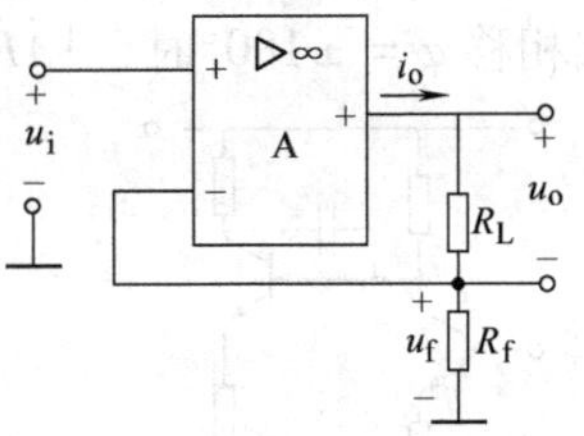

图4-22　电流串联负反馈放大电路

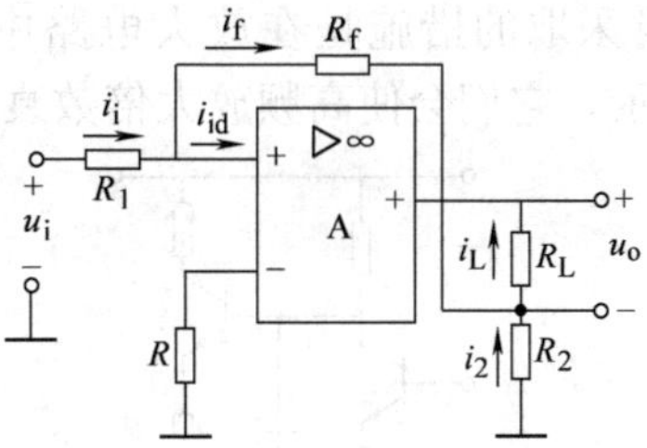

图4-23　电流并联负反馈放大电路

由于该反馈是电流并联负反馈，所以放大电路的闭环输入电阻 R_{if} 很小，而从信号源看进去的输入电阻 $R'_{if}\approx R_1$；其闭环输出电阻很大。

*4.4.3　负反馈放大电路的稳定问题

交流负反馈能够改善放大电路的许多性能，且改善的程度由负反馈的深度决定。但是，如果电路组成不合理，反馈过深，反而会使放大电路产生自激振荡，使其不能稳定地工作。

1. 负反馈放大电路产生自激振荡的原因及条件

（1）产生自激振荡的原因　前面所讲的负反馈放大电路都是假定其工作在中频区，这时电路中各电抗性元件的影响可以忽略。按照负反馈的定义，引入负反馈后，净输入信号 $\dot{X}_{id}$ 在减小，因此，$\dot{X}_f$ 与 $\dot{X}_i$ 必须是同相的，即有 $\varphi_a+\varphi_f=2n\pi$（$n=0,\ 1,\ 2\cdots$），$\varphi_a$、$\varphi_f$ 分别是 $\dot{A}$、$\dot{F}$ 的相角。可是，在高频区或低频区时，电路中各种电抗性元件的影响不能再被忽略。$\dot{A}$、$\dot{F}$ 是频率的函数，因而 $\dot{A}$、$\dot{F}$ 的幅值和相位都会随频率而变化。相位的改变，使 $\dot{X}_f$ 和 $\dot{X}_i$ 不再同相，产生了附加相移（$\Delta\varphi_a+\Delta\varphi_f$）。可能在某一频率下，$\dot{A}$、$\dot{F}$ 的附加相移达到180°，即 $\varphi_a+\varphi_f=(2n+1)\pi$，这时，$\dot{X}_f$ 与 $\dot{X}_i$ 由中频区的同相变为反相，使放大电路的净输入信号由中频时的减小变为增加，放大电路就由负反馈变成了正反馈。当正反馈较强，$\dot{X}_{id}=-\dot{X}_f=-\dot{A}\dot{F}\dot{X}_{id}$，也就是 $\dot{A}\dot{F}=-1$ 时，即使输入端不加信号（$\dot{X}_i=0$），输出端也会产生输出信号，电路产生自激振荡。这时，电路失去正常的放大作用而处于一种不稳定的状态。

（2）产生自激振荡的相位条件和幅值条件　由上面的分析可知，负反馈放大电路产生自激振荡的条件是

$$\dot{A}\dot{F}=-1 \tag{4-16}$$

它包括幅值条件和相位条件，即

$$\begin{cases}|\dot{A}\dot{F}|=1\\ \varphi_a+\varphi_f=(2n+1)\pi\end{cases} \tag{4-17}$$

为了突出附加相移，上述自激振荡的条件也常写成

$$\begin{cases}|\dot{A}\dot{F}|=1\\ \Delta\varphi_a+\Delta\varphi_f=\pm\pi\end{cases} \tag{4-18}$$

$\dot{A}$、$\dot{F}$ 的幅值条件和相位条件同时满足时，负反馈放大电路就会产生自激振荡。

2. 常用的消除自激振荡的方法

对于一个负反馈放大电路而言，消除自激振荡的方法，就是采取措施破坏自激振荡的幅值或相位条件。最简单的方法是减少其反馈系数或反馈深度，使当附加相移 $\varphi=\pm180°$ 时，$|\dot{A}\dot{F}|<1$。这样虽然能够达到消振的目的，但是由于反馈深度下降，不利于放大电路其他性能的改善。为此希望采取某些措施，使电路既有足够的反馈深度，又能稳定地工作。

通常采取的措施是在放大电路中加入由电容或电容电阻元件组成的校正电路，如图 4-24 所示。它们会使高频放大倍数衰减较快，以便当附加相移 $\varphi=\pm180°$时，$|\dot{A}\dot{F}|<1$。

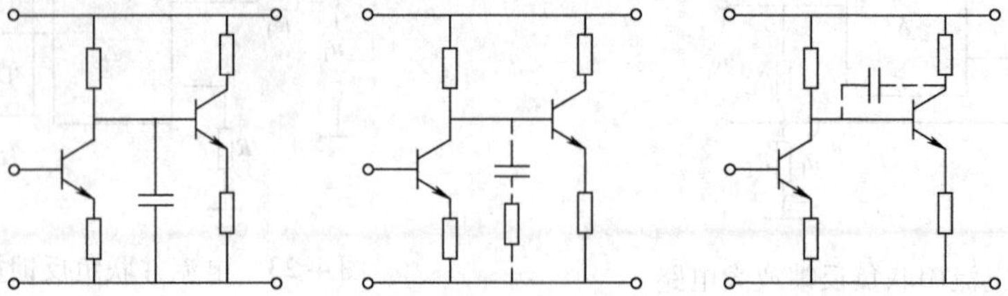

a)　　　　b)　　　　c)

图 4-24　消除自激振荡的电路

4.4.4　实际应用电路举例

1. 通用前置放大电路

图 4-25 所示为用于音频或视频放大的通用前置放大电路。

2. 精密电流变换器

图 4-26 所示为由运算放大器和场效应晶体管电路、晶体管电路构成的精密电流变换器反馈放大电路。

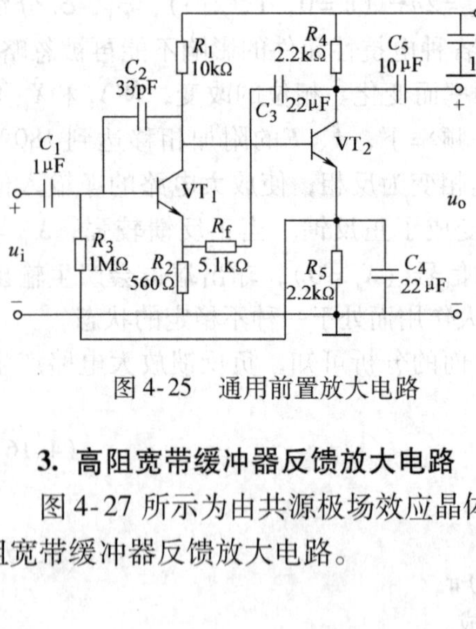

图 4-25　通用前置放大电路

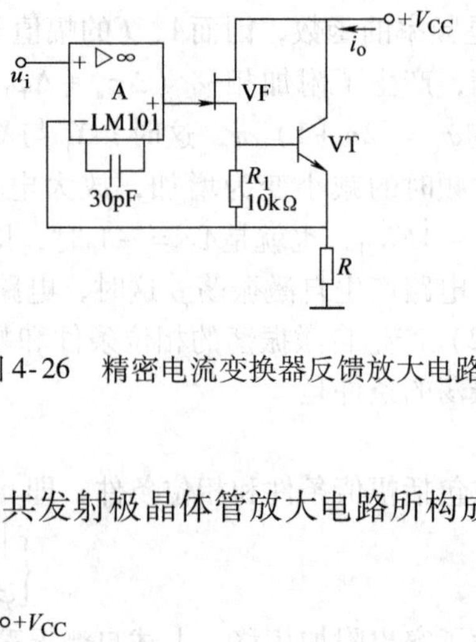

图 4-26　精密电流变换器反馈放大电路

3. 高阻宽带缓冲器反馈放大电路

图 4-27 所示为由共源极场效应晶体管放大电路和共发射极晶体管放大电路所构成的高阻宽带缓冲器反馈放大电路。

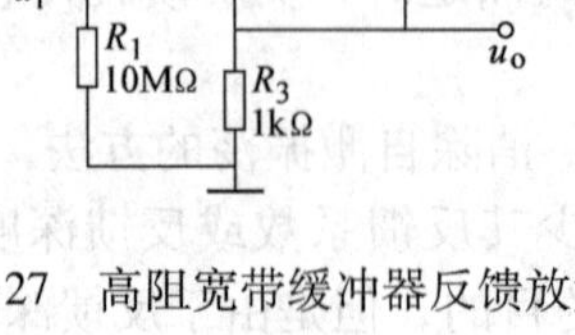

图 4-27　高阻宽带缓冲器反馈放大电路

技能训练4　负反馈放大电路的调整与测试

1. 实训目的

1）加深理解放大电路中引入负反馈的方法。

2）理解负反馈电路对放大器各项性能指标的影响。

2. 实训指导

负反馈电路在电子电路中有着非常广泛的应用，虽然它使放大器的放大倍数降低，但能在多方面改善其动态指标，如稳定放大倍数，改变输入、输出电阻，减小非线性失真和展宽通频带等。因此，几乎所有的实用放大电路都带有负反馈电路。

负反馈放大电路有四种组态，即电压串联负反馈、电压并联负反馈、电流串联负反馈和电流并联负反馈。本实训以电压串联负反馈电路为例，分析负反馈电路对放大器各项性能指标的影响。

（1）负反馈放大电路　图4-28为带有电压串联负反馈的两级阻容耦合放大电路。在电路中通过 R_f 将输出电压 $\dot{U}_o$ 引回到输入端，加在晶体管 VT_1 的发射极上，在发射极电阻 R_F 上形成反馈电压 u_f。根据反馈的判断方法可知，它属于电压串联负反馈。

主要性能指标如下：

1）闭环电压放大倍数　　$A_{uf}=\dfrac{A_u}{1+A_uF}$

式中，$A_u=u_o/u_i$，是基本放大器（无反馈）的电压放大倍数，即开环电压放大倍数；$1+A_uF$ 是反馈深度，它的大小决定了负反馈对放大器性能改善的程度。

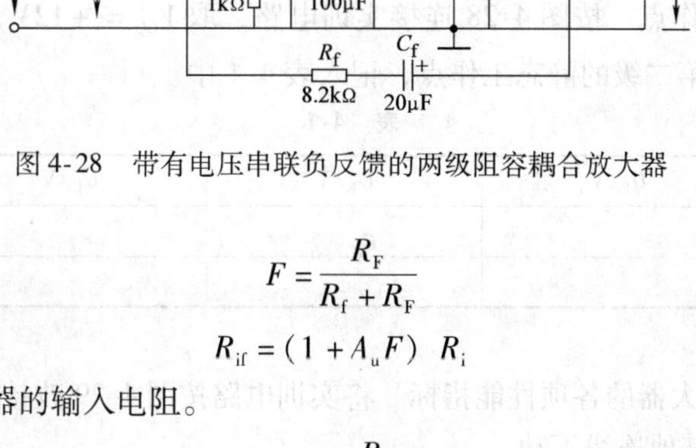

图4-28　带有电压串联负反馈的两级阻容耦合放大器

2）反馈系数　　$F=\dfrac{R_F}{R_f+R_F}$

3）输入电阻　　$R_{if}=(1+A_uF)\ R_i$

式中，R_i 是基本放大器的输入电阻。

4）输出电阻　　$R_{of}=\dfrac{R_o}{1+A_{uo}F}$

式中，R_o 是基本放大器的输出电阻；A_{uo} 是基本放大器在 $R_L=\infty$ 时的电压放大倍数。

(2) 动态参数　本实训还需要测量基本放大器的动态参数，怎样实现无反馈，得到基本放大器呢？不能简单地断开反馈支路，而是要去掉反馈作用，但又要将反馈网络的影响（负载效应）考虑到基本放大器中。为此：

1）在画基本放大器的输入回路时，因为是电压负反馈，所以可将负反馈放大器的输出端交流短路，即令 $u_o=0$，此时 R_f 相当于并联在 R_F 上。

2）在画基本放大器的输出回路时，由于输入端是串联负反馈，因此需将反馈放大器的输入端（VT_1 的发射极）开路，此时（R_f+R_F）相当于并接在输出端。可近似认为 R_f 并接在输出端。

根据上述规律，就可以得到所要求的图 4-29 所示的基本放大器。

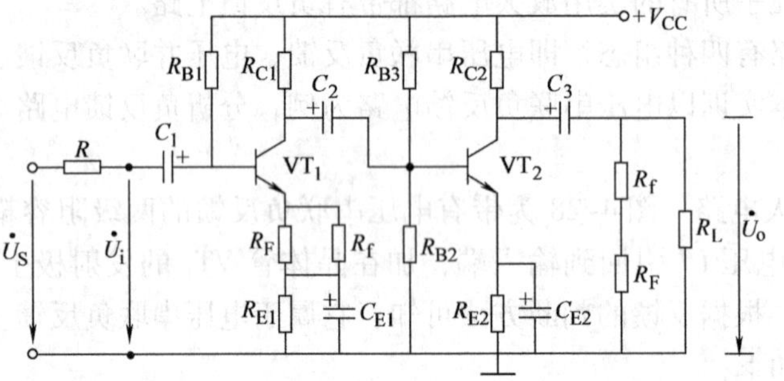

图 4-29　基本放大器

3. 实训仪器

1）+12V 直流电源一只。

2）函数信号发生器一台。

3）双踪示波器一台。

4）频率计一台。

5）交流毫伏表一块。

6）直流电压表一块。

4. 实训内容与步骤

(1) 测量静态工作点　按图 4-28 连接实训电路，取 $V_{CC}=+12V$，$\dot{U}_i=0$，用直流电压表分别测量第一级、第二级的静态工作点，记入表 4-1 中。

表　4-1

	U_B/V	U_E/V	U_C/V	I_C/mA
第一级				
第二级				

(2) 测试基本放大器的各项性能指标　将实训电路按图 4-29 改接，即把 R_f 断开后分别并接在 R_F 和 R_L 上，其他连线不动。

1）测量中频电压放大倍数 A_u、输入电阻 R_i 和输出电阻 R_o。

① 以 $f=1kHz$，U_S 约为 5mV 的正弦信号输入放大器，用示波器监视输出波形 u_o，在 u_o

不失真的情况下，用交流毫伏表测量 U_S、U_i、U_L，记入表4-2中。

表 4-2

基本放大器	U_S /mV	U_i /mV	U_L /V	U_o /V	A_u	R_i /kΩ	R_o /kΩ
负反馈放大器	U_S /mV	U_i /mV	U_L /V	U_o /V	A_{uf}	R_{if} /kΩ	R_{of} /kΩ

② 保持 U_S 不变，断开负载电阻 R_L（注意 R_f 不要断开），测量空载时的输出电压 U_o，记入表4-2中。

2）测量通频带。接上 R_L，保持 U_S 不变，然后增加和减小输入信号的频率，找出上、下限频率 f_H 和 f_L，记入表4-3中。

（3）测试负反馈放大器的各项性能指标　将实训电路恢复为图4-28所示的负反馈放大电路。适当加大 U_S（约为10mV），在输出波形不失真的条件下，测量负反馈放大器的 A_{uf}、R_{if} 和 R_{of}，记入表4-2中；测量 f_{Hf} 和 f_{Lf}，记入表4-3中。

表 4-3

基本放大器	f_L/kHz	f_H/kHz	Δf/kHz
负反馈放大器	f_{Lf}/kHz	f_{Hf}/kHz	Δf_f/kHz

（4）观察负反馈电路对非线性失真的改善

1）实训电路改接成基本放大器形式，在输入端加入 $f = 1\text{kHz}$ 的正弦信号，输出端接示波器，逐渐增大输入信号的幅值，使输出波形开始出现失真，记下此时的波形和输出电压的幅值。

2）再将实训电路改接成负反馈放大器形式，增大输入信号幅值，使输出电压幅值的大小与1)相同，比较有负反馈时，输出波形的变化。

5. 实训报告要求

1）整理数据，完成表格。

2）将基本放大器和负反馈放大器动态参数的实测值和理论估算值列表进行比较。

3）根据实训结果，总结电压串联负反馈对放大器性能的影响。

6. 思考题

1）负反馈分为哪些类型？如何划分和判断不同类型的负反馈？不同类型负反馈对放大器性能的影响是否相同？

2）负反馈对放大器性能产生影响的具体原理是什么？如何进行分析？

3）如想增大（或减小）放大器的输入电阻，应引入何种负反馈？如想增大（或减小）放大器的输出电阻，应引入何种负反馈？如何按要求在放大器中正确引入负反馈？

4）如输入信号存在失真，能否用负反馈来改善？

本 章 小 结

1）将输出信号的一部分或全部通过一定的方式引回到输入端的过程称为反馈。反馈放大电路由基本放大电路和反馈网络组成，其基本关系式为$\dot{A}_f=\dot{A}/(1+\dot{A}\dot{F})$。判断一个电路有无反馈，只要看它有无反馈网络即可。反馈网络是指将输出回路与输入回路联系起来的电路，构成反馈的元件称为反馈元件。反馈有正、负之分，可采用瞬时极性法加以判断：先假设输入信号的瞬时极性，然后顺着信号传输方向逐步推出有关量的瞬时极性，最后得到反馈信号的瞬时极性，若反馈信号为削弱净输入信号的，则为负反馈，若反馈信号为加强净输入信号的则为正反馈。反馈还有直流反馈和交流反馈之分：若反馈电路中参与反馈的各个电量均为直流量，则为直流反馈，直流负反馈影响放大电路的直流性能，常用于稳定静态工作点；若参与反馈的各个电量均为交流量，则为交流反馈，交流负反馈影响放大电路的交流性能。

2）负反馈放大电路有四种基本类型：电压串联负反馈、电流串联负反馈、电压并联负反馈和电流并联负反馈。反馈信号取样于输出电压的，称为电压反馈；取样于输出电流的，称为电流反馈。若反馈网络与信号源、基本放大电路串联连接，则称为串联反馈，其反馈信号为电压量，此时信号源内阻越小，反馈效果越好。若反馈网络与信号源、基本放大电路并联连接，则称为并联反馈，其反馈信号为电流量，此时信号源内阻越大，反馈效果越好。

3）交流负反馈虽然降低了放大电路的放大倍数，但可以稳定放大倍数、减小非线性失真、展宽通频带。电压负反馈能减小输出电阻，稳定输出电压，提高带负载能力；电流负反馈能增大输出电阻，稳定输出电流；串联负反馈能增大输入电阻；并联负反馈能减小输入电阻。应用时常根据欲稳定的量，对输入电阻、输出电阻的要求和信号源及负载情况等选择合适的负反馈类型。

4）负反馈放大电路性能的改善与反馈深度（$1+AF$）的大小有关，其值越大，性能改善越显著。当（$1+AF$）$>>1$时，称为深度负反馈。深度串联负反馈的输入电阻很大，深度并联负反馈的输入电阻很小，深度电流负反馈的输出电阻很大，深度电压负反馈的输出电阻很小。在深度负反馈放大电路中，$x_i \approx x_f$，因此，可引出两个重要概念，即深度负反馈放大电路中基本放大电路的两输入端可以近似看成短路和断路，称为“虚短”和“虚断”。利用“虚短”和“虚断”，可以很方便地估算深度负反馈放大电路的性能指标。

5）放大电路在某些条件下会形成正反馈，产生自激振荡，干扰电路的正常工作，这是应该注意的问题。在负反馈放大电路中，为了防止产生自激振荡，提高电路工作的稳定性，通常在电路中接入相位补偿网络。

思考与练习题

4-1 填空题

（1）反馈是将放大器的________量的一部分或全部返送到________回路的过程。

（2）反馈量与放大器的输入量极性相反，因而使________减小的反馈，称为________。

（3）具有输入电阻大、输出电阻小、输出电压稳定这些特点的是________负反馈。

（4）电压负反馈使输出电阻________；电流负反馈使输出电阻________。

（5）为了判别反馈极性，一般采用________法。

（6）对输出端的反馈取样信号而言，反馈信号与输出电压成正比的是________反馈，反馈信号与输出电流成正比的是________反馈。

（7）负反馈对放大器交流性能的改善是靠________来换取的。

（8）串联负反馈使输入电阻________，并联负反馈使输入电阻________。

4-2　判断题

（1）所有放大电路都必须加反馈，否则无法正常工作。（　）

（2）输出回路与输入回路之间有信号通过的就一定是反馈放大电路。（　）

（3）构成反馈通路的元器件只能是电阻、电感或电容等无源器件。（　）

（4）直流负反馈是直接耦合放大电路中的负反馈，交流负反馈是阻容耦合或变压器耦合放大电路中的负反馈。（　）

（5）串联负反馈或并联负反馈可改变放大电路的输入电阻，但不影响输出电阻。（　）

（6）电压负反馈或电流负反馈可改变放大电路的输出电阻，对输入电阻无影响。（　）

（7）负反馈能彻底消除放大电路中的非线性失真。（　）

（8）既然在深度负反馈条件下，放大倍数只与反馈系数有关，那么放大器件的参数就没有实用意义了。（　）

4-3　选择题

（1）所谓的开环指的是（　）。

（A）无信号源　（B）无反馈通路　（C）无负载

（2）所谓的闭环指的是（　）。

（A）考虑信号源内阻　（B）有反馈通路　（C）接入电源

（3）反馈量是指（　）。

（A）反馈网络从放大电路输出回路中取出的电压信号

（B）反馈到输入回路的信号

（C）前面两信号之比

（4）直流反馈是指（　）。

（A）只存在于直接耦合电路，而阻容耦合电路中不存在的反馈

（B）直流通路中的负反馈

（C）只存在放大直流信号时才有的反馈

（5）若反馈深度 $1+\dot{A}\dot{F}=0$，则放大电路工作在（　）状态。

（A）正反馈　（B）负反馈　（C）自激状态

（6）若反馈深度 $1+\dot{A}\dot{F}>1$，则放大电路工作在（　）状态。

（A）正反馈　（B）负反馈　（C）无反馈

（7）负反馈电路可以抑制（　）的干扰和噪声。

（A）反馈回路内　（B）反馈回路外　（C）与输入信号混在一起

（8）一个阻抗变换电路，要求输入电阻小，输出电阻大，应选用（　）负反馈放大电路。

（A）电压并联　　　　（B）电流并联　　　　（C）电流串联

4-4　什么叫反馈？如何区别直流反馈与交流反馈？

4-5　在图 4-30 所示各电路中，试判断各电路存在何种负反馈？

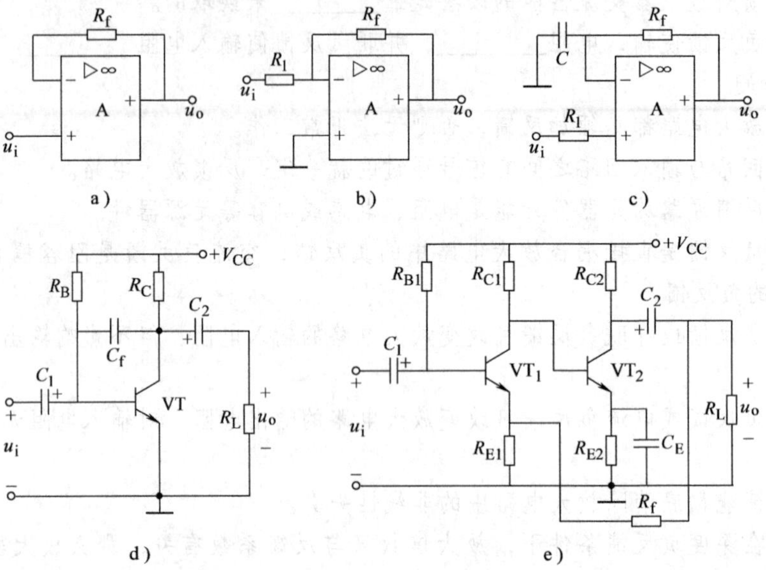

图 4-30　题 4-5 图

4-6　负反馈放大电路有哪几种类型？每种类型有何特点？

4-7　从反馈效果来看，为什么说串联负反馈要求信号源内阻越小越好？而对并联负反馈要求信号源内阻越大越好？

4-8　直流负反馈与交流负反馈的作用分别是什么？

4-9　应该引入何种类型的反馈，才能分别实现以下要求：（1）稳定静态工作点；（2）稳定输出电压；（3）稳定输出电流；（4）提高输入电阻；（5）降低输出电阻。

4-10　有一负反馈放大电路，已知 $A=10^3$，$F=0.099$，已知输入信号 u_i 为 0.1V，求其净输入信号 u_d、反馈信号 u_f 和输出信号 u_o 的值。

4-11　有一负反馈放大电路，已知其开环放大倍数 $A=50$，反馈系数 $F=0.1$，试求其反馈深度和闭环放大倍数。

4-12　有一负反馈放大电路，已知在闭环时，当输入电压为 50mV 时，输出电压为 2V；而在开环时，当输入电压为 50mV 时，输出电压则为 4V，试求其反馈深度和反馈系数。

4-13　开环放大电路的 A 有 5% 的变化时，采用负反馈要求将闭环放大倍数的变化限制在 1% 以内，设闭环放大倍数 $A_f=20$。求此时基本放大电路的 A 和反馈系数 F 应为多少？

4-14　在什么条件下，引入负反馈可提高信噪比？如果输入信号中混进了干扰，能否利用负反馈加以抑制？

4-15　负反馈放大电路产生自激振荡的原因是什么？应该如何消除？

第5章　信号产生电路

☞ 要求

熟悉信号产生电路的基础知识，掌握信号产生电路的工作原理。

知识点

- 了解正弦波振荡电路的结构。
- 掌握正弦波振荡电路的工作原理。
- 掌握非正弦波振荡电路的结构及工作原理。

重点和难点

- 正弦波振荡电路。
- 方波产生电路和锯齿波产生电路。

5.1　正弦波振荡电路

5.1.1　正弦波振荡电路的工作原理

1. 产生正弦波振荡的条件

正弦波产生电路的基本结构框图如图5-1所示，$\dot{A}$是基本放大电路的电压放大倍数，$\dot{F}$是反馈电路的反馈系数。由于振荡电路不需要外界输入信号，因此反馈信号 $\dot{X}_f$ 就是放大电路的净输入信号 $\dot{X}_{id}$，$\dot{X}_o$ 就是放大电路的输出信号。则有

$$\dot{X}_f = \dot{F}\dot{X}_o$$

又因为 $\dot{X}_o = \dot{A}\dot{X}_{id}$，所以

$$\dot{A}\dot{F} = 1 \tag{5-1}$$

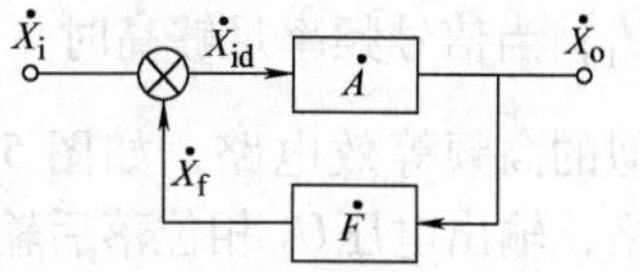

图5-1　正弦波产生电路的基本结构框图

这就是振荡电路的自激振荡条件。

这个条件包含幅值和相位两方面内容。

（1）幅值条件　$|\dot{A}\dot{F}| = 1$，即放大倍数与反馈系数乘积的模为1。在自激振荡开始时 $|\dot{A}\dot{F}| > 1$，随着振荡的建立，$|\dot{A}|$ 随着降低，最后达到 $|\dot{A}\dot{F}| = 1$ 时，振荡幅值不再增大，稳定在某一振荡振幅下工作。从 $|\dot{A}\dot{F}| > 1$ 到 $|\dot{A}\dot{F}| = 1$ 的过程就是振荡建立的过程。

（2）相位条件　反馈电压 u_f 和输入电压 u_{id} 要同相，即放大电路的相移 φ_a 与反馈网络的相移 φ_f 之和为 $2n\pi$，其中 n 取零或正整数。

$$\varphi_a + \varphi_f = 2n\pi \qquad n = 1, 2, 3, \cdots \tag{5-2}$$

综上所述，振荡电路必须具备以上两个条件，即幅值条件和相位条件。

2. 振荡电路的组成和分类

从以上分析看出，振荡器一般由四个部分组成。

（1）放大电路　放大电路是维持振荡器连续工作的主要环节，没有放大，信号就会逐渐衰减，不可能产生持续的振荡。要求放大电路必须有能量供给，结构合理，静态工作点合适，具有放大作用。

（2）反馈网络　反馈网络的作用是形成反馈，将输出信号的一部分或者全部反馈到输入端。通常把整个反馈系统称为反馈网络。

（3）选频网络　选频网络的主要作用是产生单一频率的振荡信号，一般情况下这个频率就是振荡器的振荡频率。在很多振荡电路中，选频网络和反馈网络结合在一起。根据选频网络组成元件的不同，正弦波振荡电路通常分为 *RC* 正弦波振荡电路、*LC* 正弦波振荡电路和石英晶体正弦波振荡电路。

（4）稳幅电路　稳幅电路的作用主要是使振荡信号幅值稳定，以达到振荡电路所要求的幅值，使振荡电路持续工作。

5.1.2　*RC* 正弦波振荡电路

采用 *RC* 选频网络构成的振荡电路称为 *RC* 振荡电路，它适用于低频振荡。常用的 *RC* 振荡电路有 *RC* 串并联振荡电路和 *RC* 移相式振荡电路。

1. *RC* 串并联振荡电路

（1）*RC* 串并联电路的选频特性　如图 5-2a 所示电路中，当信号频率足够低时，$\frac{1}{\omega C_1} \gg R_1$，$\frac{1}{\omega C_2} \gg R_2$，可得到近似的低频等效电路，如图 5-2b 所示，它是一个相位超前网络，输出电压$\dot{U}_2$相位超前输入电压$\dot{U}_1$；当信号频率足够高时，$\frac{1}{\omega C_1} \ll R_1$，$\frac{1}{\omega C_2} \ll R_2$，可得到近似的高频等效电路，如图 5-2c 所示，它是一个相位滞后网络，输出电压$\dot{U}_2$相位落后输入电压$\dot{U}_1$。

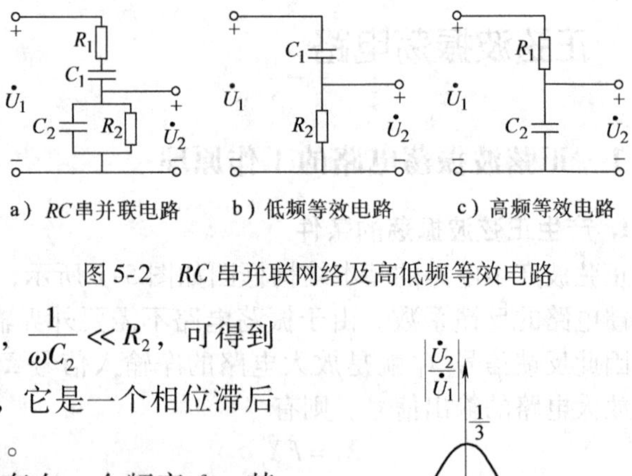

a）*RC* 串并联电路　　b）低频等效电路　　c）高频等效电路

图 5-2　*RC* 串并联网络及高低频等效电路

因此可以判定，在高频与低频之间存在一个频率 f_0，其相位关系既不是超前也不是滞后，输入与输出电压同相位。这就是 *RC* 串并联电路的选频特性，如图 5-3 所示。

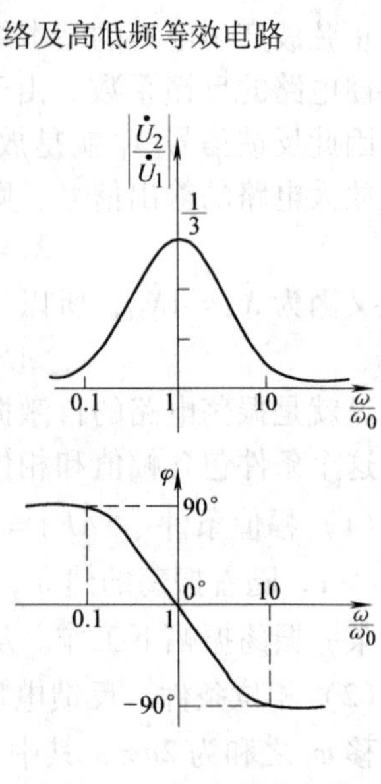

图 5-3　*RC* 串并联电路的选频特性

下面根据电路推导出它的频率特性。

$$\dot{F} = \frac{\dot{U}_1}{\dot{U}_2} = \frac{R_2 /\!/ \frac{1}{\mathrm{j}\omega C_2}}{\left(R_1 + \frac{1}{\mathrm{j}\omega C_1}\right) + R_2 /\!/ \frac{1}{\mathrm{j}\omega C_2}}$$

$$= \frac{\frac{R_2}{1 + \mathrm{j}\omega R_2 C_2}}{R_1 + \frac{1}{\mathrm{j}\omega C_1} + \frac{R_2}{1 + \mathrm{j}\omega R_2 C_2}}$$

$$\dot{F}=\frac{\dot{U}_2}{\dot{U}_1}=\frac{1}{\left(1+\frac{C_2}{C_1}+\frac{R_1}{R_2}\right)+\mathrm{j}\left(\omega R_1C_2-\frac{1}{\omega R_2C_1}\right)}$$

通常取 $R_1=R_2=R$，$C_1=C_2=C$，令 $\omega_0=\frac{1}{RC}$，则

$$\dot{F}=\frac{\dot{U}_2}{\dot{U}_1}=\frac{1}{3+\mathrm{j}\left(\frac{\omega}{\omega_0}-\frac{\omega_0}{\omega}\right)}$$

上式的幅频特性为 $$|\dot{F}|=\left|\frac{\dot{U}_2}{\dot{U}_1}\right|=\frac{1}{\sqrt{3^2+\left(\frac{\omega}{\omega_0}-\frac{\omega_0}{\omega}\right)^2}}$$

相频特性为 $$\varphi_{\mathrm{f}}=-\arctan\left[\frac{1}{3}\left(\frac{\omega}{\omega_0}-\frac{\omega_0}{\omega}\right)\right]$$

当 $\omega<\omega_0$，即频率低时，U_2 超前于 U_1；$\omega>\omega_0$，即频率较高时，U_2 滞后 U_1。

也可见，当 $\omega=\omega_0=\frac{1}{RC}$时，$|\dot{F}|=\left|\frac{\dot{U}_2}{\dot{U}_1}\right|=\frac{1}{3}$，达到最大值，而且相位移 $\varphi_{\mathrm{f}}=0$。

$$f_0=\frac{\omega_0}{2\pi}=\frac{1}{2\pi RC} \tag{5-3}$$

（2）RC 串并联网络正弦波振荡电路

1）电路组成。图5-4 为 RC 串并联网络正弦波振荡电路，其放大电路为同相比例电路，反馈网络和选频网络由 RC 串并联电路组成。

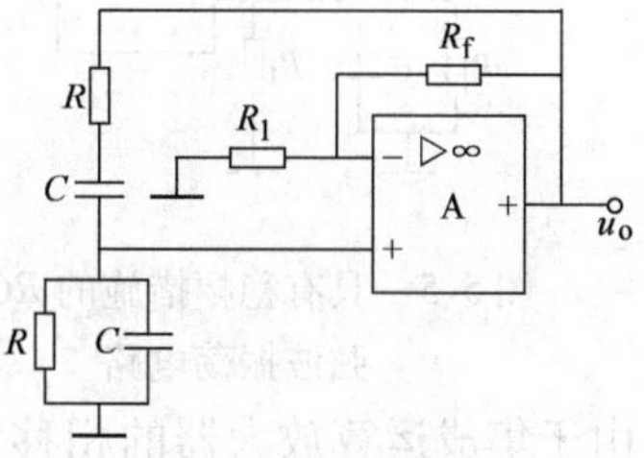

图5-4　RC 串并联网络正弦波振荡电路

2）相位条件。由 RC 串并联网络的选频特性得知，在$\omega=\omega_0=\frac{1}{RC}$时，其相移 $\varphi_{\mathrm{f}}=0$，为了使振荡电路满足相位条件 $\varphi_{\mathrm{a}}+\varphi_{\mathrm{f}}=2n\pi$，要求放大电路的相移 φ_{a} 也为 0°(或 360°)，所以放大电路可选用同相输入方式的集成运算放大器或两级共发射极分立元件放大电路等。

3）选频。由于 RC 串并联网络具有选频特性，所以使信号通过闭合回路后，仅有$\omega=\omega_0$ 的信号才满足相位条件，因此，该电路振荡频率为 ω_0，从而保证了电路输出为单一频率的正弦波。

$$f_0=\frac{\omega_0}{2\pi}=\frac{1}{2\pi RC}$$

4）起振条件。根据起振条件$|\dot{A}\dot{F}|>1$，可分别计算出$\dot{A}$、$\dot{F}$。

$$\dot{F}=\frac{\dot{U}_2}{\dot{U}_1}=\frac{1}{3+\mathrm{j}\left(\frac{\omega}{\omega_0}-\frac{\omega_0}{\omega}\right)}$$

$$\dot{A}=1+\frac{R_{\mathrm{f}}}{R_1}$$

当 $\omega=\omega_0$ 时，$\dot{F}=\frac{1}{3}$。根据 $|\dot{A}\dot{F}|>1$ 有

$$\dot{A}=1+\frac{R_f}{R_1}>3$$

可推出

$$R_f>2R_1$$

5）稳幅措施。因为开始振荡以后，振荡器的振幅会不断增加，由于受运算放大器最大输出电压的限制，输出波形将产生非线性失真。为此，只要设法使输出电压的幅值增大到一定程度时，$|\dot{A}\dot{F}|$ 适当减小（反之增大），就可以维持 $\dot{U}_0$ 的幅值基本不变。

通常利用二极管和稳压管的非线性特性、场效应晶体管的可变电阻性以及热敏电阻等非线性特性，来自动稳定振荡器输出的幅值，如图 5-5 所示。其中，VD_1、VD_2 和 R_2 是实现自动稳幅的限幅电路。

2. *RC* 移相式振荡电路

RC 超前型移相式振荡电路如图 5-6 所示，图中反馈网络由三节 *RC* 移相电路构成。

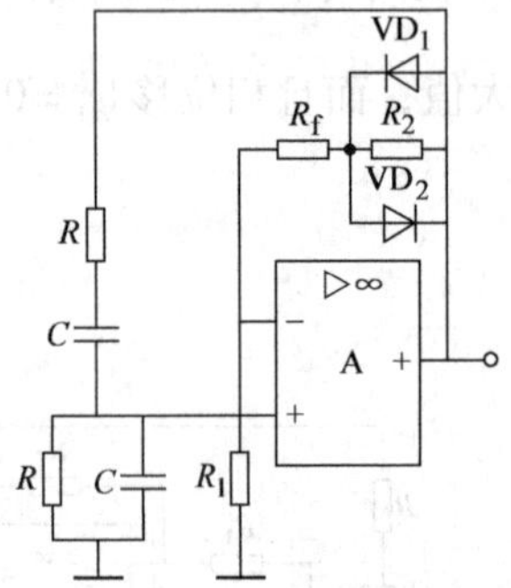

图 5-5　具有稳幅措施的 *RC* 正弦波振荡电路

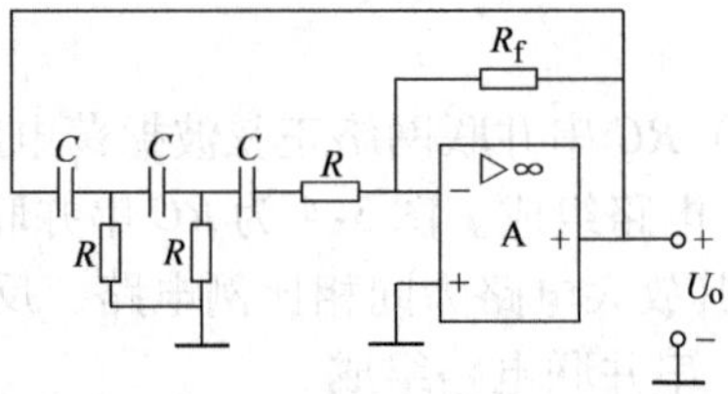

图 5-6　*RC* 超前型移相式振荡电路

由于集成运算放大器的相移为 180°，为满足振荡的相位平衡条件，要求反馈网络对某一频率的信号再移相 180°，图 5-6 中 *RC* 构成超前相移网络。一节 *RC* 电路的最大相移为 90°，不能满足振荡的相位条件；两节 *RC* 电路的最大相移可以达到 180°，但当相移等于 180°时，输出电压已接近于零，故不能满足起振的幅值条件。为此，在图 5-6 所示的电路中，采用三节 *RC* 超前相移网络，三节相移网络对不同频率的信号所产生的相移是不同的，但其中总有某一个频率的信号，通过此相移网络产生的相移刚好为 180°，满足相位平衡条件，从而产生振荡，该频率即为振荡频率 f_0。

$$f_0=\frac{1}{2\pi\sqrt{6}RC} \tag{5-4}$$

振幅起振条件为

$$A_u>29 \tag{5-5}$$

RC 移相式振荡电路具有结构简单、经济方便等优点。其缺点是选频性能较差，频率调节不方便。由于输出幅值不够稳定，输出波形较差，一般只用于振荡频率固定或稳定性要求不高的场合。

5.1.3　*LC* 正弦波振荡电路

LC 正弦波振荡电路分为变压器反馈式 *LC* 振荡电路、电感反馈式 *LC* 振荡电路和电容反

馈式 LC 振荡电路，用来产生几兆赫兹以上的高频信号。其中电容反馈式 LC 振荡电路和电感反馈式 LC 振荡电路又称为电容三点式振荡电路和电感三点式振荡电路。

1. 变压器反馈式 LC 振荡电路

（1）电路组成　变压器反馈式 LC 正弦波振荡电路如图5-7所示。

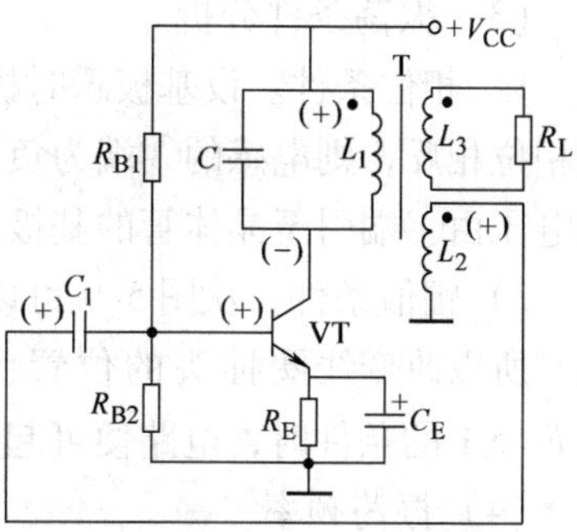

图5-7　变压器反馈式 LC 正弦波振荡电路

（2）振荡条件

1）相位平衡条件。为了满足相位平衡条件，变压器一二次绕组之间的同名端必须正确连接。电路振荡时，$f=f_0$，LC 回路的谐振阻抗是纯电阻性，由图中 L_1 及 L_2 同名端可知，反馈信号与输出电压极性相反，即 $\varphi_f=180°$。于是 $\varphi_a+\varphi_f=360°$，保证了电路的正反馈，满足振荡的相位平衡条件。

对频率 $f\neq f_0$ 的信号，LC 回路的阻抗不是纯电阻，而是感性或容性阻抗。此时，LC 回路对信号会产生附加相位移，造成 $\varphi_f\neq180°$，于是 $\varphi_a+\varphi_f\neq360°$，不能满足相位平衡条件，电路也不可能产生振荡。由此可见，LC 振荡电路只有在 $f=f_0$ 这个频率上，才有可能振荡。

2）幅值条件。为了满足幅值条件 $|\dot{A}\dot{F}|\geqslant1$，对晶体管的 β 值有一定要求。一般只要 β 值较大，就能满足振幅平衡条件。反馈线圈匝数越多，耦合越强，电路越容易起振。

（3）振荡频率

$$f=f_0=\frac{1}{2\pi\sqrt{LC}} \tag{5-6}$$

（4）电路优缺点

1）易起振，输出电压较大。由于采用变压器耦合，易满足阻抗匹配的要求。

2）调频方便。一般在 LC 回路中采用接入可变电容器的方法来实现，调频范围较宽，工作频率通常在几兆赫左右。

3）输出波形不理想。由于反馈电压取自电感两端，它对高次谐波的阻抗大，反馈也强，因此在输出波形中含有较多高次谐波成分。

2. 电感反馈式 LC 振荡电路

（1）三点式振荡电路的组成原则　如图5-8所示，选频网络由三个基本电抗元件 X_1、X_2 和 X_3 构成，选频网络的三个引出端分别与晶体管的 E、B、C 三个电极相连，与发射极相连接的 X_1 和 X_2 应为同性质的电抗元件，而 X_3 则为与它们性质相反的电抗元件。若 X_1 和 X_2 为感性，X_3 为容性，称为电感三点式振荡电路，反之为电容三点式振荡电路。

（2）电路组成　图5-9所示是电感反馈式 LC 振荡电路，又称哈特莱振荡电路。

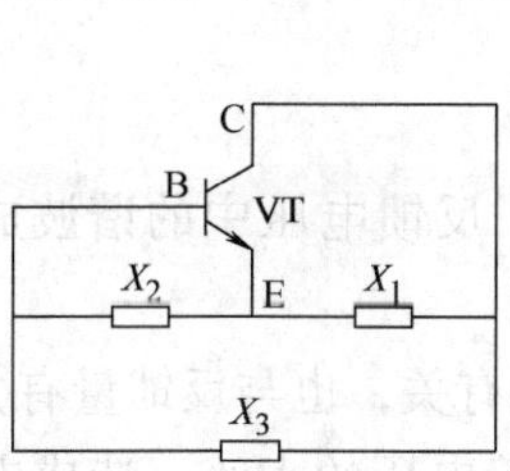

图5-8　三点式振荡电路原理图

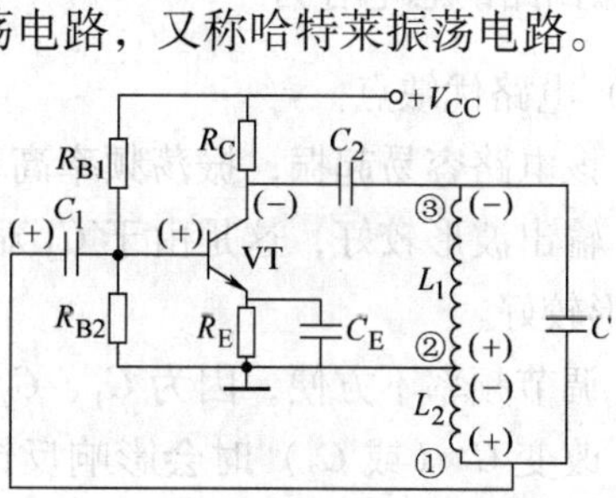

图5-9　电感反馈式 LC 振荡电路

（3）振荡条件分析

1）相位条件。设基极瞬时极性为正，由于放大器的倒相作用，集电极电位为负，与基极相位相反，则电感的③端为负，②端为公共端，①端为正，各瞬时极性如图 5-9 所示。反馈电压由①端引至晶体管的基极，故为正反馈，满足相位平衡条件。

2）幅值条件。从图 5-9 可以看出，反馈电压是取自电感 L_2 两端并加到晶体管 B、E 间的。所以改变线圈抽头的位置，即改变 L_2 的大小，就可调节反馈电压的大小。当满足 $|\dot{A}\dot{F}|>1$ 的条件时，电路便可起振。

（4）振荡频率

$$f_0=\frac{1}{2\pi\sqrt{LC}}=\frac{1}{2\pi\sqrt{(L_1+L_2+2M)C}} \tag{5-7}$$

式中，L_1+L_2+2M 为 LC 回路的总电感；M 为 L_1 与 L_2 间的互感（耦合系数）。

（5）电路优缺点

1）由于 L_1 和 L_2 之间耦合很紧，故电路易起振，输出信号幅值大。

2）调频方便，电容 C 若采用可变电容器，就能获得较大的频率调节范围。

3）由于反馈电压取自电感 L_2 两端，它对高次谐波的阻抗大，反馈也强，因此在输出波形中含有较多高次谐波成分，输出波形不理想。

3. 电容反馈式 *LC* 振荡电路

电容反馈式 LC 振荡电路又称为考毕兹振荡电路，如图 5-10所示。

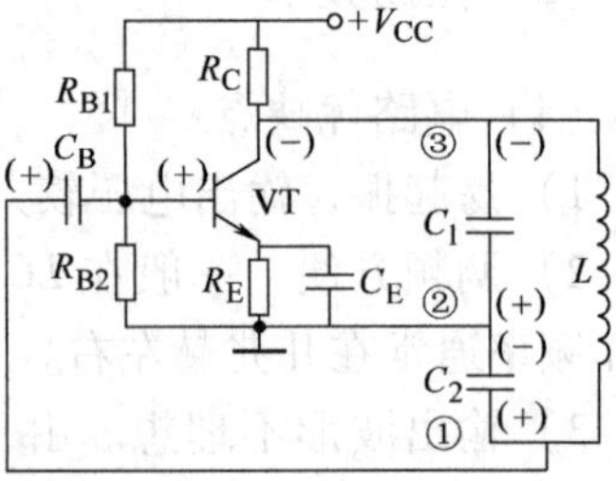

图 5-10　电容反馈式 LC 振荡电路

（1）振荡条件分析

1）相位条件。与分析电感反馈式 LC 振荡电路相位条件的方法相同，该电路也满足相位平衡条件。

2）幅值条件。由图 5-10 所示电路可看出，反馈电压取自电容 C_2 两端，所以适当地选择 C_1、C_2 的数值，并使放大器有足够的放大量，电路便可起振。

（2）振荡频率

振荡频率为

$$f_0=\frac{1}{2\pi\sqrt{LC}} \tag{5-8}$$

其中谐振回路的总电容为

$$C=\frac{C_1C_2}{C_1+C_2}$$

（3）电路优缺点

1）该电路容易起振，振荡频率高，可达 100MHz 以上。

2）输出波形较好，这是由于 C_2 对高次谐波的阻抗小，反馈电压中的谐波成分少，故振荡波形较好。

3）调节频率不方便，因为 C_1、C_2 的大小既与振荡频率有关，也与反馈量有关。

4）改变 C_1（或 C_2）时会影响反馈系数，从而影响反馈电压的大小，造成电路工作性能不稳定。

5.1.4　石英晶体振荡电路

1. 石英晶体的谐振特性与等效电路

石英晶体谐振器是振荡电路的核心元件，其结构和外形如图5-11所示。石英晶体谐振器是从一块石英晶体上按确定的方位角切下的薄片，这种晶片可以是正方形、矩形或圆形、音叉形，然后将晶片的两个对应表面上涂敷银层，并装上一对金属板，接出引线，封装于金属壳内。

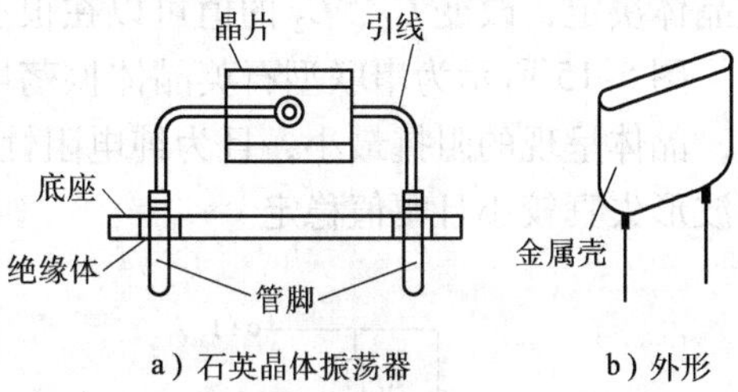

图5-11　石英晶体谐振器的结构和外形

为什么石英晶体能作为一个谐振回路，而且具有极高的频率稳定性呢？这要从石英晶体的固有特性来进行分析。物理学的研究表明，当石英晶体受到交变电场作用时，即在两极板上加以交流电压，石英晶体便会产生机械振动。反过来，若对石英晶体施加周期性机械力，使其发生振动，则又会在晶体表面出现相应的交变电场和电荷，即在极板上产生交变电压。当外加电场的频率等于晶体的固有频率时，便会产生“机—电共振”，振幅明显加大，这种现象称为压电谐振。它与 LC 回路的谐振现象十分相似。

压电谐振的固有频率与石英晶体的外形尺寸及切割方式有关。从电路上分析，石英晶体可以等效为一个 LC 电路，将它接到振荡器上便可作为选频环节使用。图5-12为石英晶体在电路中的符号和等效电路。

图5-13为石英晶体谐振器的电抗—频率特性。由图5-13可知，它具有两个谐振频率：一个是 L、C、R 支路发生串联谐振时的串联谐振频率 f_s；另一个是 L、C、R 支路与 C_0 支路发生并联谐振时的并联谐振频率 f_p。由图5-12等效电路得

$$f_s = \frac{1}{2\pi\sqrt{LC}} \tag{5-9}$$

$$f_p = \frac{1}{2\pi\sqrt{L\dfrac{CC_0}{C+C_0}}} \tag{5-10}$$

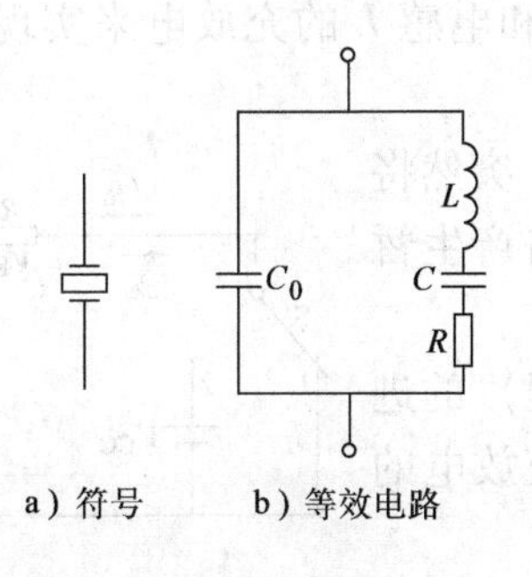

图5-12　石英晶体的符号和等效电路

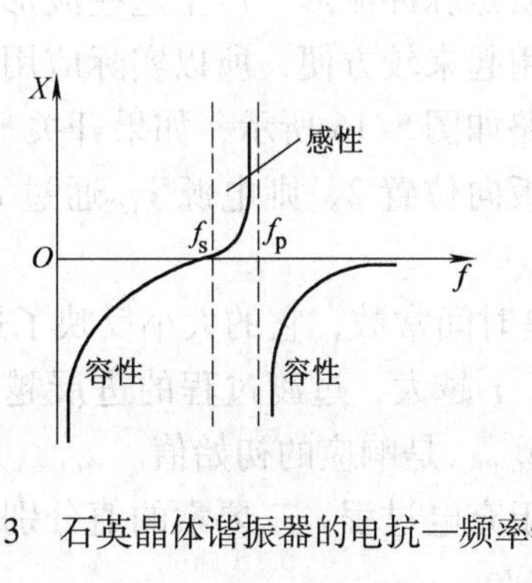

图5-13　石英晶体谐振器的电抗—频率特性

2. 两类石英晶体振荡电路

石英晶体振荡电路可以归结为两类，一类称为并联型，另一类称为串联型。前者的振荡频率接近于 f_p，后者的振荡频率接近于 f_s，分别介绍如下。

图 5-14 所示为并联型石英晶体振荡电路。当 f_0 在 $f_s \sim f_p$ 的窄小的频率范围内时，晶体在电路中起一个电感作用，它与 C_1、C_2 组成电容反馈式振荡电路。

可见，电路的谐振频率 f_0 应略高于 f_s，C_1、C_2 对 f_0 的影响很小，电路的振荡频率由石英晶体决定，改变 C_1、C_2 的值可以在很小的范围内微调 f_0。

图 5-15 所示为串联型石英晶体振荡电路。当电路中的石英晶体工作于串联谐振频率 f_s 时，晶体呈现的阻抗最小，且为纯电阻性。图中的电位器是用来调节反馈量的，使输出的振荡波形失真较小且幅值稳定。

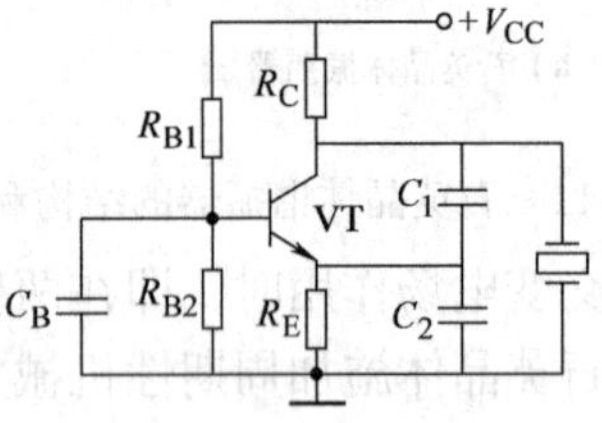

图 5-14　并联型石英晶体振荡电路

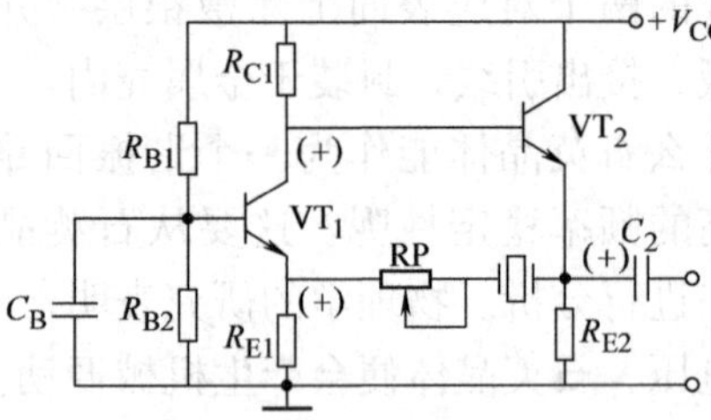

图 5-15　串联型石英晶体振荡电路

石英晶体的突出优点是有很高的频率稳定性，所以常用做标准的频率源。石英晶体振荡器也存在结构脆弱、抗振动性差、负载能力差等不足之处，从而限制了它的应用范围。

想一想

在正弦波振荡电路中通常引入的是何种极性的反馈？

5.2　非正弦信号振荡电路

5.2.1　非正弦信号产生电路的基本工作原理

在自动化、电子和通信等领域中，经常需要进行性能测试和信息的传送等，这些都离不开一些非正弦信号。常见非正弦信号产生电路有方波、三角波和锯齿波产生电路等。这些波形的实质是脉冲波形。产生这些波形一般是利用电容 C 和电感 L 的充放电来实现的，由于电容使用起来较方便，所以实际应用中主要使用电容。

电路如图 5-16 所示，如果开关 S 在位置 1，且稳定，突然将开关 S 扳向位置 2，则电源 V_{CC} 通过 R 对电容 C 充电，将产生暂态过程。

τ 是时间常数，它的大小反映了过渡过程（暂态过程）的进展速度，τ 越大，过渡过程的进展越慢。τ 近似反映了充放电的时间。$u_{C(0+)}$ 是响应的初始值。$u_{C(\infty)}$ 是响应的稳态值。

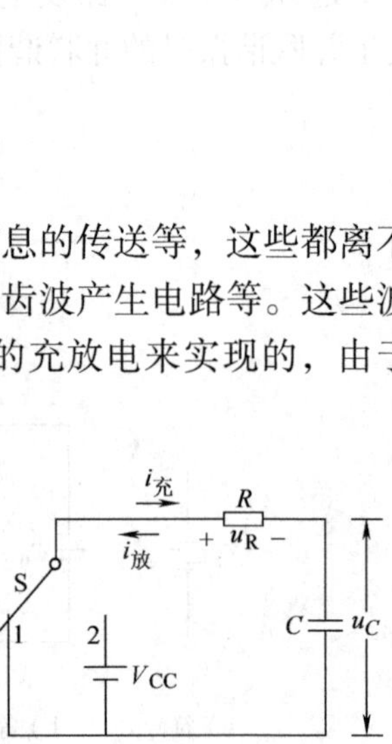

图 5-16　利用电容充放电产生脉冲波形原理图

对于充电过程，三要素的值分别为：$u_{C(0+)}=0$；$u_{C(\infty)}=V_{CC}$；$\tau_{充}=RC$。

稳定后，再将开关 S 由位置 2 扳向位置 1，则电容器将通过电阻 R 放电，这又是一个暂态过程，其中三要素为：$u_{C(0+)}=V_{CC}$；$u_{C(\infty)}=0$；$\tau_{放}=RC$。

改变充放电时间，可得到不同的波形，如图 5-17 所示。如果 $\tau_{充}=\tau_{放}=RC \ll T$，可得到近似的矩形波；如果 $\tau_{充}=\tau_{放}=RC \gg T$，可得到近似的三角波；如果 $\tau_{充} \gg \tau_{放}$，且 $\tau_{充} \gg T$，可得到近似的锯齿波。

将开关周期性地在 1 和 2 之间来回扳动，则可产生周期性的波形。

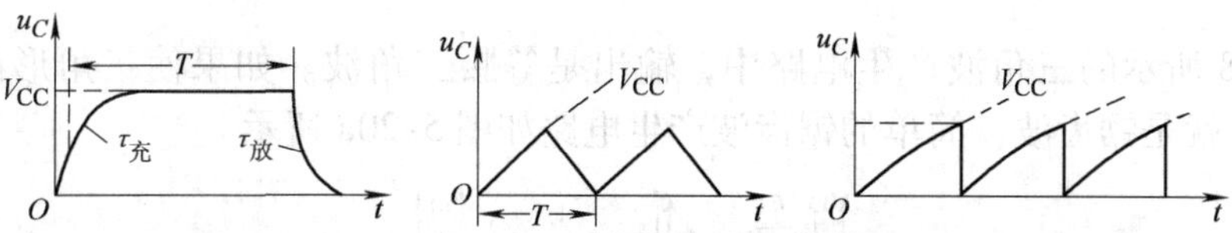

a) $\tau_{充}=\tau_{放}<<T$　　b) $\tau_{充}=\tau_{放}>>T$　　c) $\tau_{充}>>\tau_{放}$, $\tau_{充}>>T$

图 5-17　电容充放电的波形

在具体的脉冲电路里，开关由电子开关完成，如由晶体管完成，电压比较器也可作为开关。下面讨论用电压比较器的积分电路组成的非正弦信号产生电路。

5.2.2　三角波产生电路

三角波产生电路的基本电路如图 5-18a 所示。集成运算放大器 A_2 构成一个积分器，集成运算放大器 A_1 构成滞回电压比较器，其反相端接地，集成运算放大器 A_1 同相端的电压由 u_o 和 u_{o1} 共同决定，即

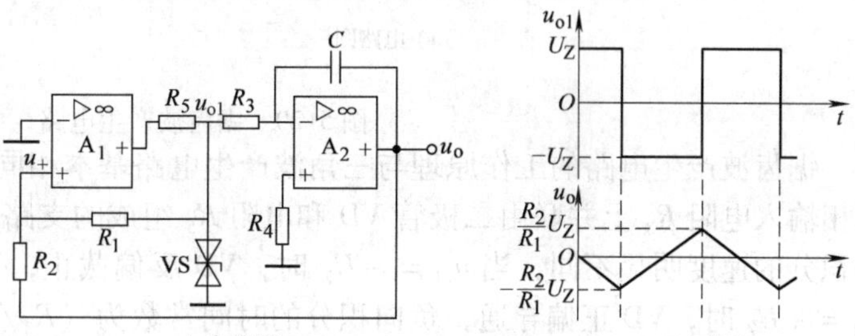

a) 电路图　　b) 波形图

图 5-18　三角波产生电路

$$u_+=\frac{R_2}{R_1+R_2}u_{o1}+\frac{R_1}{R_1+R_2}u_o$$

当 $u_+>0$ 时，$u_{o1}=+U_Z$；当 $u_+<0$ 时，$u_{o1}=-U_Z$。

在电源刚接通时，假设电容器初始电压为零，集成运算放大器 A_1 输出电压为正饱和电压 $+U_Z$，积分器输入为 $+U_Z$，电容 C 开始充电，输出电压 u_o 开始减小，u_+ 也随之减小，当 u_o 减小到 $-\frac{R_2}{R_1}U_Z$ 时，u_+ 由正值变为零，滞回电压比较器 A_1 翻转，集成运算放大器 A_1 的输出 $u_{o1}=-U_Z$。

当 $u_{o1}=-U_Z$ 时，积分器输入负电压，输出电压 u_o 开始增大，u_+ 值也随之增大，当 u_o 增加到 $\frac{R_2}{R_1}U_Z$ 时，u_+ 由负值变为零，滞回电压比较器 A_1 翻转，集成运算放大器 A_1 的输出 $u_{o1}=+U_Z$。

输出三角波的频率可由下式计算

$$f=\frac{R_1}{4R_2R_3C} \tag{5-11}$$

由式（5-11）可知，可以通过改变 R_1、R_2 和 R_3 的值来改变频率。也可以采用在积分器的输入端加电位器的方法来改变输出波形的频率，如图 5-19 所示。

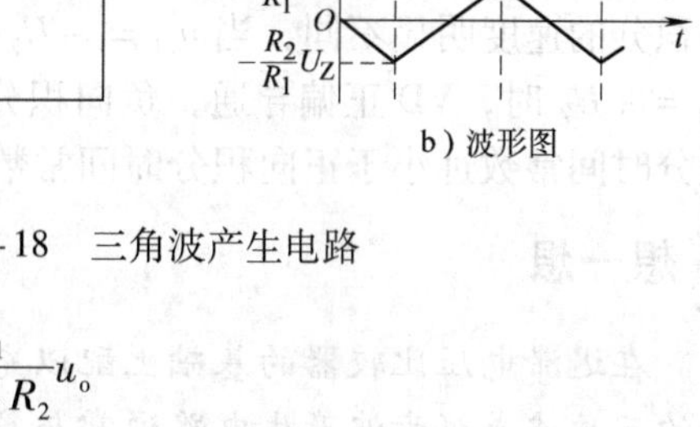

图 5-19　频率可调的三角波产生电路

调节图 5-19 中电位器 RP，使积分器的输入电压值变化，积分到一定电压所需的时间也随之改变，因此而改变波形的频率，例如 RP 的滑动端上移，被 A_2 积分的电压增加，输出信号的频率增加。

5.2.3　锯齿波产生电路

在图 5-18 所示的三角波产生电路中，输出是等腰三角波。如果使三角形两边不相等，输出电压波形就是锯齿波。简单的锯齿波产生电路如图 5-20a 所示。

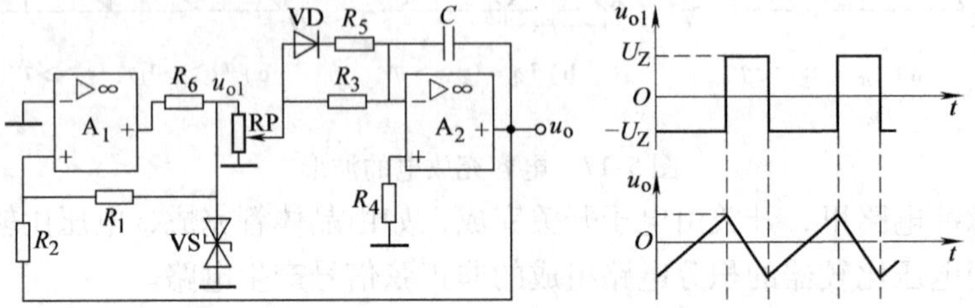

a）电路图　　b）波形图

图 5-20　锯齿波产生电路

锯齿波产生电路的工作原理与三角波产生电路基本相同，只是在集成运算放大器 A_2 的反相输入电阻 R_3 上并联由二极管 VD 和电阻 R_5 组成的支路，这样积分电路的正向积分和反向积分的速度明显不同，当 $u_{o1} = -U_Z$ 时，VD 反偏截止，正向积分的时间常数为 R_3C；当 $u_{o1} = +U_Z$ 时，VD 正偏导通，负向积分的时间常数为（$R_3 /\!/ R_5$）C，若取 $R_5 \ll R_3$，则负向积分时间常数远小于正向积分时间常数，形成如图 5-20b 所示的锯齿波。

想一想

在迟滞电压比较器的基础上配以充、放电电路即可构成方波和三角波等产生电路，而实际的三角波或锯齿波产生电路通常与集成运算放大器构成的积分电路相配合，这个积分电路所起的作用是什么？

*5.3　集成函数产生器 8038 的功能及应用

集成函数产生器 8038 是一种多用途的波形产生器，可以产生正弦波、方波、三角波和锯齿波，其频率可以通过外加的直流电压进行调节，使用方便，性能可靠。

1. 8038 的工作原理

由手册和有关资料可看出，8038 由两个恒流源、两个电压比较器和触发器等组成。其内部电路原理框图如图 5-21 所示。

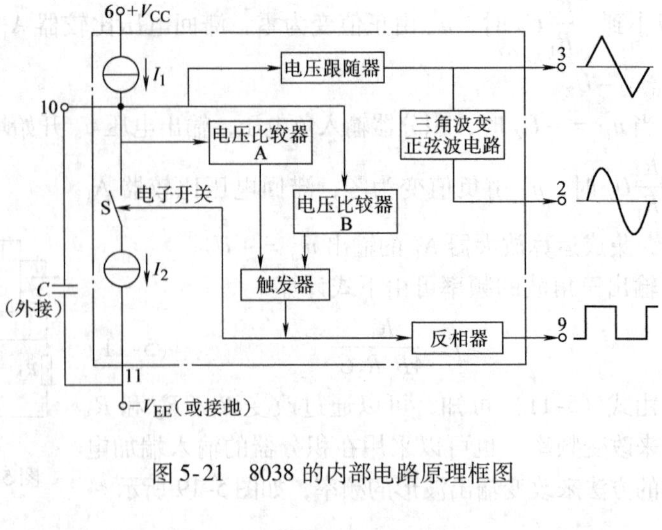

图 5-21　8038 的内部电路原理框图

在图5-21中，电压比较器A、B的门限电压分别为两个电源电压之和（$V_{CC}+V_{EE}$）的2/3和1/3，电流源I_1和I_2的大小可通过外接电阻调节，其中I_2必须大于I_1。当触发器的输出端为低电平时，它控制开关S使电流源I_2断开。而电流源I_1则向外接电容C充电，使电容两端电压随时间线性上升，当u_C上升到$u_C=2(V_{CC}+V_{EE})/3$时，电压比较器A的输出电压发生跳变，使触发器输出端由低电平变为高电平，这时，控制电子开关S使电流源I_2接通。由于$I_2>I_1$，因此外接电容C放电，u_C随时间线性下降。当u_C下降到$u_C\leqslant(V_{CC}+V_{EE})/3$时，电压比较器B输出发生跳变，使触发器输出端又由高电平变为低电平，I_2再次断开，I_1再次向C充电，u_C又随时间线性上升。如此周而复始，产生振荡。外接电容C交替地从一个电流源充电后向另一个电流源放电，就会在电容C的两端产生三角波并输出到引脚3。该三角波一路经电压跟随器缓冲后，经正弦波变换器变成正弦波后由引脚2输出，另一路通过比较器和触发器，并经过反相器缓冲，由引脚9输出方波。图5-22为8038的外部引脚排列图。

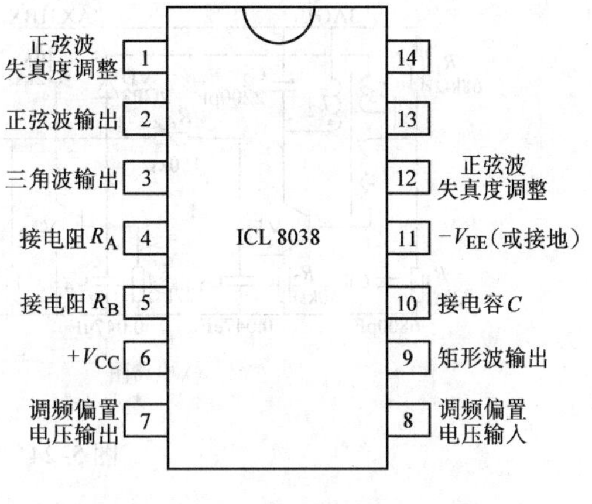

图5-22　8038的外部引脚排列图

2. 8038的典型应用

利用8038构成的函数产生电路如图5-23所示，其振荡频率由电位器RP_1滑动触点的位置、C的容量、R_A和R_B的阻值决定，图中C_1为高频旁路电容，用以消除引脚8的寄生交流电压，RP_2为方波占空比和正弦波失真度调节电位器，当RP_2位于中间时，可输出方波。

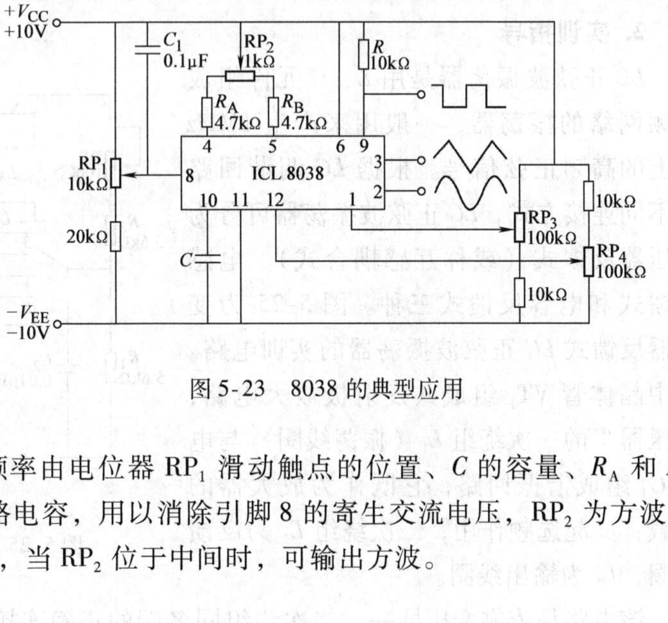

图5-23　8038的典型应用

*5.4　应用电路举例

图5-24a是接近开关的电路图，它的主要部分是由VT_1组成的LC振荡器，其中L_1、L_2和L_3是绕在同一铁心上的三个耦合线圈，如图5-24b所示。

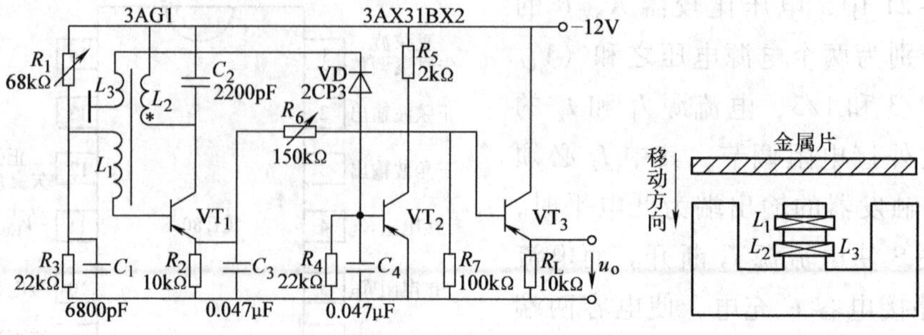

a）电路图　　b）感应端头结构图

图 5-24　接近开关

技能训练 5　正弦波发生器的调整与测试

1. 实训目的

1）掌握变压器反馈式 LC 正弦波振荡器的调整和测试方法。

2）研究电路参数对 LC 振荡器的起振条件及输出波形的影响。

2. 实训指导

LC 正弦波振荡器是用 L、C 元件组成选频网络的振荡器，一般用来产生 1MHz 以上的高频正弦信号。根据 LC 调谐回路的不同连接方式，LC 正弦波振荡器可分为变压器反馈式（或称互感耦合式）、电感反馈式和电容反馈式三种。图 5-25 为变压器反馈式 LC 正弦波振荡器的实训电路。其中晶体管 VT$_1$ 组成共发射极放大电路，变压器 T 的一次绕组 L_1（振荡线圈）与电容 C_3 组成谐振回路，它既作为放大器的负载，又起选频作用，二次绕组 L_2 为反馈线圈，L_3 为输出线圈。

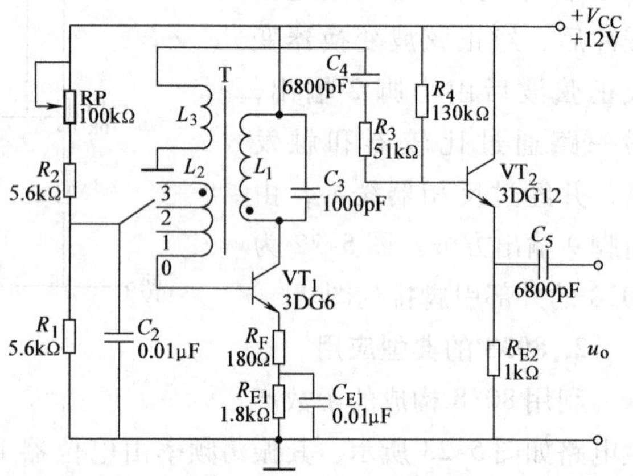

图 5-25　LC 正弦波振荡器实训电路

该电路是依靠变压器一、二次绕组同名端的正确连接（如图中所示）来满足自激振荡的相位条件，即满足正反馈条件。在实际调试中可以通过将振荡线圈 L_1 或反馈线圈 L_2 的首、末端对调，来改变反馈的极性。而振幅条件的满足，一是靠合理选择电路参数，使放大器建立合适的静态工作点，其次是改变线圈 L_2 的匝数，或它与 L_1 之间的耦合程度，以得到足够强的反馈量。稳幅作用是利用晶体管的非线性来实现的。由于 LC 并联谐振回路具有良好的选频作用，因此输出电压波形一般失真不大。

振荡器的振荡频率由谐振回路的电感和电容决定，振荡频率为

$$f_0 = \frac{1}{2\pi\sqrt{LC_3}}$$

式中，L 为并联谐振回路的等效电感（即考虑其他绕组的影响）。

振荡器的输出端增加一级射极跟随器，用以提高电路的带负载能力。

3. 实训仪器

1） +12V 直流电源一只。

2） 振荡线圈一只。

3） 双踪示波器一台。

4） 频率计一台。

5） 交流毫伏表一块。

6） 直流电压表一块。

4. 实训内容与步骤

按图 5-25 连接实训电路。电位器 RP 置最大位置，振荡电路的输出端接示波器。

（1） 静态工作点的调整

1） 接通 V_{CC} = +12 电源，调节电位器 RP，使输出端得到不失真的正弦波形，如不起振，可改变 L_2 的首末端位置，使之起振。

测量两管的静态工作点及正弦波的有效值 U_o，记入表 5-1 中。

2） 将 RP 调小，观察输出波形的变化。测量有关数据，记入表 5-1 中。

3） 调大 RP，使振荡波形刚刚消失，测量有关数据，记入表 5-1 中。

表 5-1

		U_B/V	U_E/V	U_C/V	I_C/mA	U_o/V	u_o 波形
RP 居中	VT_1						u_o t
	VT_2						
RP 小	VT_1						u_o t
	VT_2						
RP 大	VT_1						u_o t
	VT_2						

根据以上三组数据，分析静态工作点对电路起振、输出波形幅值和失真的影响。

（2） 观察反馈量大小对输出波形的影响 置反馈线圈 L_2 于位置“0”（无反馈）、“1”（反馈量不足）、“2”（反馈量合适）、“3”（反馈量过强），测量相应的输出电压波形，记入表 5-2。

表 5-2

L_2 位置	“0”	“1”	“2”	“3”
u_o 波形	u_o t	u_o t	u_o t	u_o t

（3）验证相位条件　改变线圈 L_2 的首、末端位置，观察停振现象。

恢复 L_2 的正反馈接法，改变 L_1 的首末端位置，观察停振现象。

（4）测量振荡频率　调节 RP 使电路正常起振，用示波器和频率计测量以下两种情况下的振荡频率 f_0，记入表 5-3 中。

谐振回路电容：（1）$C_3=1000\text{pF}$；（2）$C_3=100\text{pF}$。

表　5-3

C_3/pF	1000	100
f/kHz		

（5）观察谐振回路 Q 值对电路工作的影响　谐振回路两端并入 $R=5.1\text{k}\Omega$ 的电阻，观察 R 并入前后振荡波形的变化情况。

5. 实训报告要求

1）整理数据，完成表格。

2）分析电路参数对 LC 振荡器起振条件及输出波形的影响。

3）根据实训结果，总结 LC 正弦波振荡器的相位条件和幅值条件。

4）讨论实训中发现的问题及解决办法。

6. 思考题

1）正弦波振荡电路是如何分类的？它们振荡频率的大小有什么区别？

2）LC 振荡器是怎样进行稳幅的？在不影响起振的条件下，晶体管的集电极电流是大一些好，还是小一些好？

3）为什么可以用测量停振和起振两种情况下晶体管的 U_{BE} 变化来判断振荡器是否起振？

本 章 小 结

1）信号产生电路通常称为振荡器，用于产生一定频率和幅值的正弦信号和非正弦信号，因此，它有正弦波振荡电路和非正弦信号振荡电路两类，正弦波振荡电路又有 RC、LC 和石英晶体振荡电路等，非正弦信号振荡电路又有方波、三角波产生电路等。

2）反馈式正弦波振荡电路是利用选频网络通过正反馈产生自激振荡的，它振荡的相位平衡条件为：$\varphi_a+\varphi_f=2n\pi$（$n=0, 1, 2, 3\cdots$），利用相位平衡条件可确定振荡频率；幅值平衡条件为：$|\dot{A}\dot{F}|=1$，利用幅值平衡条件可确定振荡幅值。

振荡的相位起振条件为 $\varphi_a+\varphi_f=2n\pi$（$n=0, 1, 2, 3\cdots$），幅值起振条件为 $|\dot{A}\dot{F}|>1$。振荡电路起振时，电路处于小信号工作状态，而振荡处于平衡状态时，电路处于大信号工作状态。为了满足振荡的起振条件并实现稳幅、改善输出波形，要求振荡电路的闭环增益应随振荡输出信号幅值而变，当输出信号幅值增大时，闭环增益应减小，反之，闭环增益应增大。

3）RC 正弦波振荡电路适用于低频振荡，一般在 1MHz 以下，常采用 RC 桥式振荡电路（见图 5-4），其振荡频率 $f_0=1/2\pi RC$。为了满足振荡条件，要求 RC 桥式振荡电路中的放大电路应满足下列条件：①同相放大，$A_u>3$；②高输入阻抗、低输出阻抗；③为了起振容易、改善输出波形及稳幅，放大电路需采用非线性元件构成负反馈电路，使放大电路的增益自动随输出电压的增大（或减小）而减小（或增大）。

4）LC 正弦波振荡电路的选频网络由 LC 回路构成，它可以产生较高频率的正弦波振荡信号。它有变压器反馈式、电感反馈式和电容反馈式等电路，其振荡频率近似等于 LC 谐振回路的谐振频率。

5）石英晶体振荡电路是采用石英晶体谐振器代替 LC 谐振回路构成的，其振荡频率的准确性和稳定性很高，频率稳定度一般可达 $10^6 \sim 10^8$ 数量级。石英晶体振荡电路有并联型和串联型两类，并联型石英晶体振荡电路中，石英晶体的作用相当于一电感；而串联型石英晶体振荡电路中，利用石英晶体的串联谐振特性，以低阻抗接入电路。

6）非正弦信号产生电路中没有选频网络，它通常由比较器、积分电路和反馈电路等组成，其状态的翻转依靠电路中电容电量的变化，改变电容的充、放电电流的大小，就可以调节振荡周期。利用电压控制的电流源提供电容的充、放电电流，可以得到理想的振荡波形，同时振荡频率的调节也很方便，故集成压控振荡器的使用越来越广泛。

思考与练习题

5-1　判断题

（1）只要电路引入了正反馈，就一定会产生正弦波振荡。　（　）

（2）凡是振荡电路中的集成运算放大器均工作在线性区。　（　）

（3）非正弦信号振荡电路与正弦波振荡电路的振荡条件完全相同。　（　）

（4）在 RC 桥式正弦波振荡电路中，若 RC 串并联选频网络中的电阻均为 R，电容均为 C，则其振荡频率 $f_0 = 1/RC$。　（　）

（5）负反馈放大电路不可能产生自激振荡。　（　）

（6）在 LC 正弦波振荡电路中，不用通用型集成运算放大器的原因是其上限截止频率太低。　（　）

5-2　选择题

（1）正弦波振荡电路的幅值平衡条件是（　　）。

（A）$|\dot{A}\dot{F}| > 1$　（B）$|\dot{A}\dot{F}| = 1$　（C）$|\dot{A}\dot{F}| < 1$

（2）为了满足振荡的相位平衡条件，反馈信号与输入信号的相位差应等于（　　）。

（A）90°　（B）180°　（C）270°　（D）360°

（3）变压器反馈式 LC 振荡器的特点是（　　）。

（A）起振容易，但调频范围较窄　（B）共基极接法不如共发射极接法

（C）便于实现阻抗匹配、调频方便

（4）电感三点式 LC 振荡器的优点是（　　）。

（A）振荡波形较好　（B）起振容易，调频范围宽

（C）可以改变线圈抽头位置，使 L_2/L_1 尽可能增加

（5）电容三点式 LC 振荡器的应用场合是（　　）。

（A）适合于几兆赫兹以上的高频振荡　（B）适合于几兆赫兹以下的低频振荡

（C）适合于频率稳定性要求较高的场合

（6）石英晶体振荡器的主要优点是（　　）。

（A）振幅稳定　（B）频率稳定性高　（C）频率高

5-3　电路如图5-26所示，试用相位平衡条件判断哪个电路可能振荡，哪个不能，简述理由。

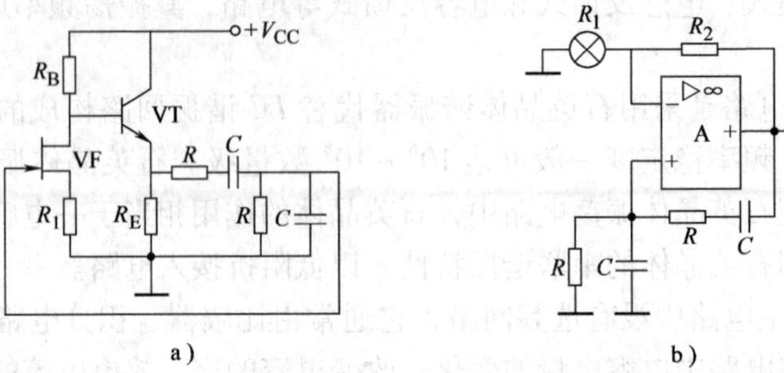

图5-26　题5-3图

5-4　分别标出图5-27所示各电路中变压器的同名端，使之满足正弦波振荡的相位条件。

5-5　判断图5-28两个电路能否产生振荡，如能振荡，估计其振荡频率。已知两个电路中 $L=0.4\text{mH}$，$C_1=C_2=25\text{pF}$。

5-6　设电路如图5-29所示，$R=10\text{k}\Omega$，$C=0.1\mu\text{F}$。试求

（1）振荡器的振荡频率。

（2）为保证电路起振，对$\dfrac{R_f}{R_1}$的比值有何要求？

（3）试提出稳幅措施。

5-7　画出图5-30所示电路的电压传输特性曲线。已知 $R_1=10\text{k}\Omega$，$R_2=20\text{k}\Omega$，$R_3=2\text{k}\Omega$，$U_Z=\pm 6\text{V}$。

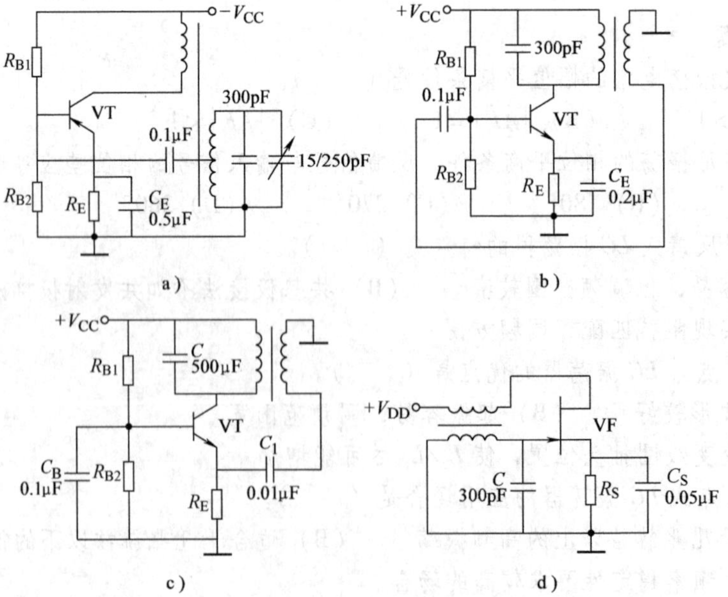

图5-27　题5-4图

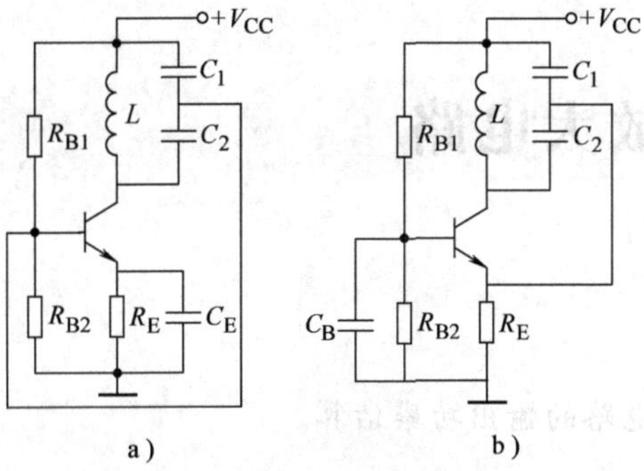

图5-28　题5-5图

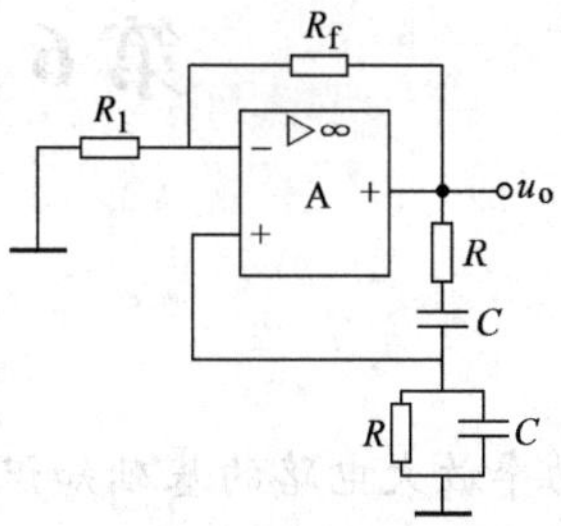

图5-29　题5-6图

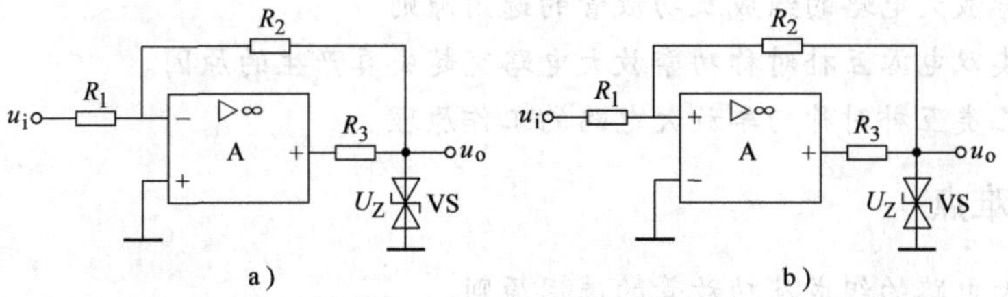

图5-30　题5-7图

第 6 章　功率放大电路

☞ 要求

熟悉功率放大电路的基础知识，掌握功率放大电路的输出功率估算。

知识点

- 了解功率放大电路的组成及功放管的选用原则。
- 了解乙类双电源互补对称功率放大电路交越失真产生的原因。
- 掌握甲乙类互补对称功率放大电路的工作原理。

重点和难点

- 功率放大电路的组成及功放管的选用原则。
- 甲乙类互补对称功率放大电路的工作原理。

6.1　功率放大电路概述

在多级放大电路中，输出级的主要作用是驱动负载。例如将放大后的信号送给扬声器使其发出声音，或送到自动控制系统的电动机使其执行一定的动作等。这就要求输出级向负载提供足够大的信号电压和电流，即向负载提供足够大的信号功率。这种主要作用是向负载提供功率的放大电路称为功率放大电路，简称功放。

1. 功率放大电路的分类

（1）按放大电路的频率分类　可分为低频功率放大电路和高频功率放大电路。本章主要介绍低频功率放大电路。

低频功率放大电路的任务要求是：向负载提供足够的输出功率；具有较高的效率；输出波形的非线性失真限制在规定的范围内。

（2）按功率放大电路中晶体管导通时间的不同分类　可分为甲类功率放大电路、乙类功率放大电路和甲乙类功率放大电路。

功放管在甲类、乙类、甲乙类功率放大电路中相应的静态工作点位置及波形如图 6-1 所示，甲类位于负载线的中点附近，甲乙类接近截止区，乙类处于截止区。低频功率放大电路中主要用乙类或甲乙类功率放大电路。

1）甲类功率放大电路：在单管放大电路中，信号的整个周期内晶体管都处于导通状态，非线性失真小；但不论有无信号，始终有较大的静态工作电流，消耗一定的电源功率，输出功率和效率低，最高不超过 50%。

2）乙类功率放大电路：晶体管只在信号的半个周期内是导通的，电路会出现截止失真。

3）甲乙类功率放大电路：设置有一定的静态电流，在信号电压很小时，两只管子同时导通，每只晶体管的导通时间超过半个周期。甲乙类电路既提高了能量的转换效率，又解决了交越失真问题。

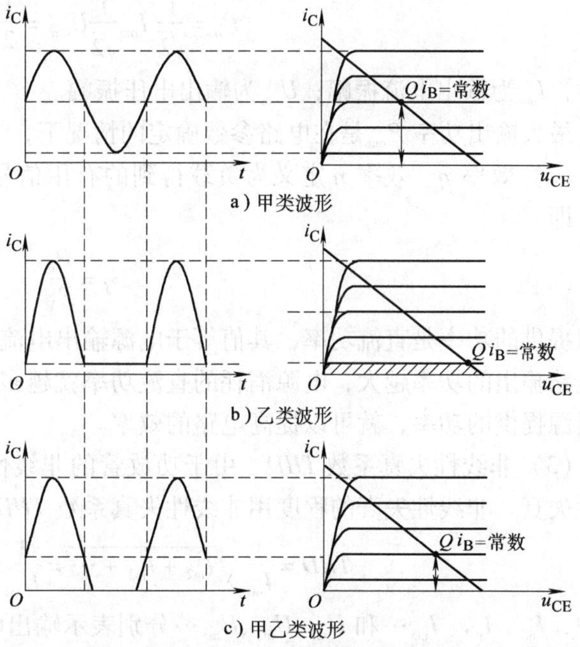

图6-1　各类功率放大电路的静态工作点及其波形

2. 功率放大电路的特点

从能量控制的观点来看，功率放大电路与电压放大电路都属于能量转换电路，都是将电源的直流功率转换成被放大信号的交流功率。但它们具有各自的特点：

1）低频电压放大电路工作在小信号状态，动态工作范围小，非线性失真小，可用微变等效电路法分析计算电压放大倍数、输入电阻和输出电阻等，一般不讨论输出功率。

2）功率放大器是在大信号情况下工作，具有动态工作范围大的特点，应采用图解法进行分析；分析的主要指标是输出功率和效率等。

3. 对功率放大电路的要求

（1）输出大功率　功率放大电路的负载一般都需较大的功率。为了满足这个要求，功率放大电路的输出电压和电流的幅值都应较大，功率放大器件（功放管）往往接近极限运用状态。对功率放大级的分析，小信号模型已不再适用，常采用图解法进行分析。

（2）提高效率　所谓效率，就是负载得到的有用信号功率与直流电源提供的直流功率的比值。由于功率放大器件工作在大信号状态，输出功率大，消耗在功放管和电路上的功率也大，因此必须尽可能降低功放管和电路上的功率，提高效率。

（3）减小非线性失真　由于功放管在大信号下工作，动态工作点易进入非线性区，为此在功率放大电路设计、调试过程中，必须将非线性失真限制在允许的范围内。减小非线性失真与输出功率要大又互相矛盾，在使用功率放大器时，要根据实际情况选择。例如在电声设备中，减小非线性失真就是主要问题，而在驱动继电器等场合下，对非线性失真的要求就降为次要问题了。

（4）散热保护　在功率放大器中，功放管本身也要消耗一部分功率，直接表现为管子的结温升高，当结温升高到一定程度以后，管子就要损坏。因而输出功率受到管子允许的最大集电极损耗功率的限制。采取适当的散热措施，改善热稳定性，就有可能充分发挥管子的潜力，增加输出功率。

4. 低频功率放大电路的主要技术指标

低频功率放大电路的主要技术指标有以下三项。

（1）最大输出功率 P_{om}　输出功率 P_o 等于输出电压与输出电流的有效值的乘积，即

$$P_{\mathrm{o}}=\frac{1}{\sqrt{2}}I_{\mathrm{om}}\frac{1}{\sqrt{2}}U_{\mathrm{om}}=\frac{1}{2}I_{\mathrm{om}}U_{\mathrm{om}} \tag{6-1}$$

式中，I_{om}为输出电流振幅；U_{om}为输出电压振幅。

最大输出功率 P_{om}是在电路参数确定的情况下，负载上可能获得的最大交流功率。

（2）效率 η　效率 η 定义为负载得到的有用信号功率 P_{o} 与电源供给的直流功率 P_{V} 之比，即

$$\eta=\frac{P_{\mathrm{o}}}{P_{\mathrm{V}}} \tag{6-2}$$

电源提供的功率是直流功率，其值等于电源输出电流平均值与其电压的乘积。通常，功率放大电路输出的功率越大，电源消耗的直流功率就越多。因此，在一定的输出功率下，减小直流电源提供的功率，就可以提高电路的效率。

（3）非线性失真系数 *THD*　由于功放管的非线性及其工作在大信号下，因此易产生非线性失真。非线性失真的程度用非线性失真系数 *THD* 来衡量，即

$$THD=\frac{1}{I_{\mathrm{m1}}}\sqrt{I_{\mathrm{m2}}^{2}+I_{\mathrm{m3}}^{2}+\cdots}=\frac{1}{U_{\mathrm{m1}}}\sqrt{U_{\mathrm{m2}}^{2}+U_{\mathrm{m3}}^{2}+\cdots} \tag{6-3}$$

式中，I_{m1}、I_{m2}、I_{m3}…和 U_{m1}、U_{m2}、U_{m3}…分别表示输出电流和输出电压中的基波分量和各次谐波分量的振幅。

想一想

在乙类和甲乙类功率放大电路中，静态工作点设置的都比较低，这种设置有什么优、缺点？

6.2　乙类双电源互补对称功率放大电路

功率放大器早期采用变压器耦合输出，其优点是可以实现阻抗匹配，但也存在体积大、传输损耗大等缺点，在实际中已使用不多。目前大量应用的是无变压器的乙类互补对称功率放大电路。此类电路按电源供给的不同，分为双电源互补对称功率放大电路和单电源互补对称功率放大电路。

6.2.1　乙类双电源互补对称功率放大电路的工作原理

1. 电路组成

双电源互补对称电路又称无输出电容的功放电路，简称 OCL 电路，其原理电路如图 6-2b所示。图中 VT_1、VT_2 为导电类型互补（NPN、PNP）且性能参数完全相同的功放管。两管均接成射极输出电路以增强带负载能力。

静态时，两管发射结零偏而截止，静态电流为零，由于两管特性对称，所以输出端的静态电压为零。

电路输入信号波形如图 6-2a 所示。在 u_{i} 正半周期间，VT_1 发射结正偏而导通，VT_2 发射结反偏而截止，各极电流如图 6-2b 中实线所示。在 u_{i} 负半周期间，VT_1 发射结反偏截止，VT_2 发射结正偏导通，各极电流如图 6-2b 中虚线所示。VT_1、VT_2 分别在正、负半周轮流工

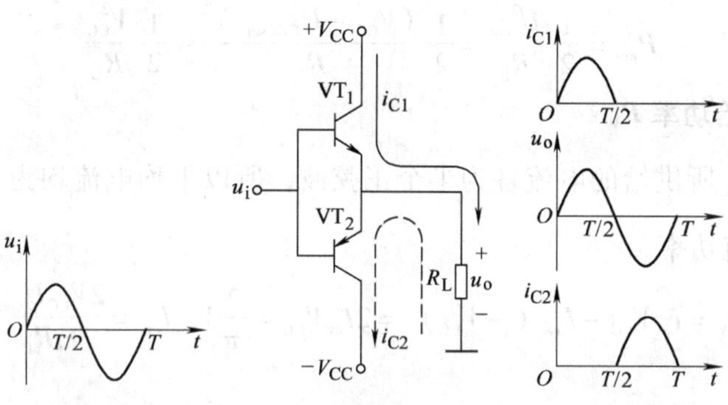

a）输入信号波形　　b）基本原理电路　　c）输出信号波形

图6-2　乙类双电源互补对称电路及工作波形

作，使负载 R_L 获得一个完整的正弦信号电压，如图6-2c所示。该电路输出电压 u_o 虽未被放大，但由于 $i_o = i_e = (1+\beta)\ i_b$，因此具有功率放大作用。这种电路结构对称，两管互相补偿且轮流导通工作，故称之为互补对称电路（或互补推挽电路）。

2. 图解分析

该电路负载线方程式为 $u_{CE} = V_{CC} - i_C R_L$，设管子的 $I_{CEO} = 0$，则静态电流 $I_{C1} = I_{C2} = 0$，$U_{CEQ} = V_{CC}$。属于乙类功率放大电路。由此可作出如图6-3所示斜率为 $-1/R_L$ 的负载线。为便于分析，将 VT_2 的特性曲线倒置于 VT_1 特性曲线的右下方，且使 Q 点位置对齐。图中显示了两管信号电流 i_{C1} 和 i_{C2} 波形及合成后的 u_{ce} 波形。从图中可以看出，任意一个半周期内，每个管子C、E两极间信号电压为 $|u_{CE}| = |V_{CC}| - |u_o|$，而输出电压 $u_o = -u_{ce} = i_o R_L = i_c R_L$。在一般情况下，$U_{om} = U_{cem}$，$I_{om} = I_{cm}$，其大小随输入信号幅值而变，最大输出电压幅值为 $U_{om(max)} = V_{CC} - U_{CE(sat)} \approx V_{CC}$。

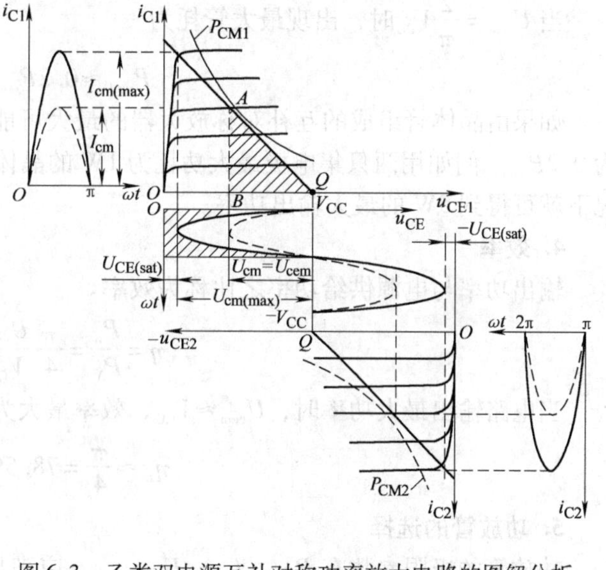

图6-3　乙类双电源互补对称功率放大电路的图解分析

6.2.2　乙类双电源互补对称功率放大电路性能的估算

1. 最大输出功率 P_{om}

由图6-3可知，$I_{om} = I_{cm}$，$U_{om} = U_{cem}$，得

$$P_o = \frac{1}{2} I_{cm} U_{cem} = \frac{1}{2}\ \frac{U_{cem}^2}{R_L} \tag{6-4}$$

当输入信号足够大时，$U_{cem} = V_{CC} - U_{CE(sat)} \approx V_{CC}$，则获得的最大输出功率为

$$P_{om}=\frac{1}{2}\frac{U_{cem}^2}{R_L}=\frac{1}{2}\frac{(V_{CC}-U_{CE(sat)})^2}{R_L}\approx\frac{1}{2}\frac{V_{CC}^2}{R_L} \tag{6-5}$$

2. 直流电源供给功率 P_V

由于 V_{CC} 和 $-V_{CC}$ 所供给的电流各为半个正弦波，所以平均电流均为 $I_{av}=\frac{1}{\pi}I_{cm}$，因此正负电源供给的总直流功率

$$P_V=I_{av}V_{CC}-I_{av}(-V_{CC})=2I_{av}V_{CC}=\frac{2}{\pi}V_{CC}I_{cm}=\frac{2V_{CC}U_{cem}}{\pi R_L} \tag{6-6}$$

3. 管耗 P_c

静态时，管子电流为零，所以管耗也为零，有输入信号时才有管耗。由于 VT_1、VT_2 各导通半个周期，且两管对称，故两管的管耗是相同的，每只管子的平均管耗为

$$P_{c1}=\frac{1}{2}(P_V-P_o)=\frac{1}{R_L}\left(\frac{V_{CC}U_{cem}}{\pi}-\frac{U_{cem}^2}{4}\right) \tag{6-7}$$

输出最大功率时的管耗

$$P_{c1}\approx 0.137P_{om} \tag{6-8}$$

当 $U_{cem}=\frac{2}{\pi}V_{CC}$ 时，出现最大管耗为

$$P_{cm1}\approx 0.2P_{om} \tag{6-9}$$

如果由晶体管组成的互补对称放大器的最大可能输出功率为 P_{om}，则每管的最大管耗仅为 $0.2P_{om}$。例如用两只集电极最大功耗为1W的晶体管组成一个互补对称放大器，在理想情况下就可得到5W的最大输出功率。

4. 效率

输出功率与电源供给功率之比称为效率。

$$\eta=\frac{P_o}{P_V}=\frac{\pi}{4}\frac{U_{cem}}{V_{CC}} \tag{6-10}$$

当电路输出最大功率时，$U_{cem}\approx V_{CC}$，效率最大为

$$\eta_m\approx\frac{\pi}{4}=78.5\% \tag{6-11}$$

5. 功放管的选择

功放管的极限参数有 P_{CM}、I_{CM}、$U_{(BR)CEO}$，应满足下列条件：

（1）功放管集电极的最大允许功耗

$$P_{CM}\geqslant P_{cm1}=0.2P_{om} \tag{6-12}$$

（2）功放管的最大耐压 $U_{(BR)CEO}$ 在该电路中，一只管子饱和导通时，另一只管子承受的最大反向电压为 $2V_{CC}$。即

$$U_{(BR)CEO}\geqslant 2V_{CC} \tag{6-13}$$

（3）功放管的最大集电极电流

$$I_{CM}\geqslant\frac{V_{CC}}{R_L} \tag{6-14}$$

【例6-1】 功率放大电路如图6-4所示。设 $V_{CC}=12V$，$R_L=16\Omega$，VT_1 和 VT_2 的 $U_{CES}=0$，$U_{BE}=0$。试求：（1）$R=0$，$U_i=4V$ 时的 P_o、P_V、η 及 P_{c1}；（2）$R=0.4\Omega$，$U_i=4V$ 时

的 P_o、P_V、η 及 P_{c1}；（3）$R=0.4\Omega$ 时，电路的最大输出功率 P_{om} 及此时的 P_V、η 和 P_{c1}；（4）若 VT_1、VT_2 的 U_{CES} 均为 0.5V，$R=0.4\Omega$，求电路输出最大时的 P_o、P_V、η 及 P_{c1}。

解：（1）这是一个乙类互补对称功率放大电路，VT_1 和 VT_2 在 u_i 的正、负半周轮流导通时，均为共集电极组态，$A_u\approx1$。故

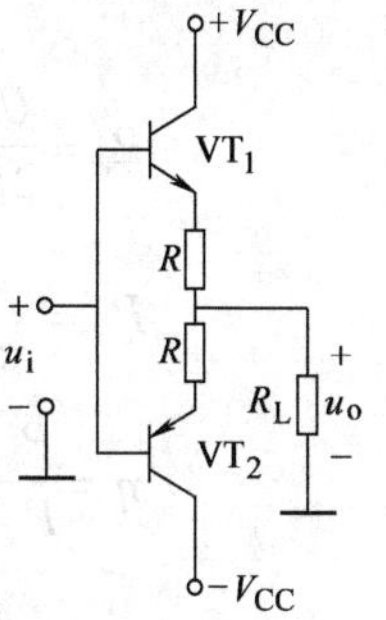

图6-4　例6-1图

$$U_o=U_i=4V$$

$$P_o=\frac{U_{om}^2}{2R_L}=\frac{U_o^2}{R_L}=1W$$

$$P_V=\frac{2U_{om}V_{CC}}{\pi R_L}=\frac{2\sqrt{2}U_oV_{CC}}{\pi R_L}=\frac{2\sqrt{2}\times4\times12}{\pi\times16}W=2.7W$$

$$\eta=\frac{P_o}{P_V}\times100\%=\frac{1}{2.7}\times100\%=37\%$$

$$P_{c1}=\frac{1}{2}(P_V-P_o)=\frac{1}{2}\times(2.7-1)W=0.85W$$

（2）$$U_o=A_uU_i\frac{R_L}{R+R_L}=1\times4\times\frac{16}{0.4+16}V=3.9V$$

$$P_o=\frac{U_o^2}{R_L}=\frac{3.9\times3.9}{16}W=0.95W$$

$$P_V=\frac{2\sqrt{2}(A_uU_i)V_{CC}}{\pi(R_L+R)}=\frac{2\sqrt{2}\times1\times4\times12}{\pi\times(16+0.4)}W=2.64W$$

$$\eta=\frac{P_o}{P_V}\times100\%=36\%$$

$$P_{c1}=\frac{1}{2}\left[P_V-\frac{(A_uU_i)^2}{R_L+R}\right]=\frac{1}{2}\times\left[2.64-\frac{(1\times4)^2}{16+0.4}\right]W=0.83W$$

（3）若 U_{CES} 可忽略，电路输出功率最大时的输出电压幅值为

$$U_{om}=V_{CC}\frac{R_L}{R_L+R}=12\times\frac{16}{16+0.4}V=11.7V$$

VT_1、VT_2 发射极输出电压幅值最大值为

$$U'_{om}=V_{CC}=12V$$

$$P_o=\frac{U_{om}^2}{2R_L}=\frac{(11.7)^2}{2\times16}W=4.28W$$

$$P_V=\frac{2U'_{om}V_{CC}}{\pi(R_L+R)}=\frac{2V_{CC}^2}{\pi(R_L+R)}=\frac{2\times12^2}{\pi\times(16+0.4)}W=5.59W$$

$$\eta=\frac{P_o}{P_V}\times100\%=\frac{4.28}{5.59}\times100\%=77\%$$

$$P_{c1}=\frac{1}{2}\left[P_V-\frac{(U'_{om})^2}{2(R_L+R)}\right]=\frac{1}{2}\times\left[5.59-\frac{12^2}{2\times(16+0.4)}\right]W=0.6W$$

（4）若 $U_{CES}=0.5V$，VT_1 和 VT_2 发射极输出电压幅值最大值为

$$U'_{om} = V_{CC} - U_{CES} = (12 - 0.5)\ V = 11.5V$$

$$U_{om} = U'_{om}\frac{R_L}{R_L + R} = \left(11.5 \times \frac{16}{16 + 0.4}\right)V = 11.2V$$

$$P_o = \frac{U_{om}^2}{2R_L} = \frac{11.2^2}{2 \times 16}W = 3.92W$$

$$P_V = \frac{2U'_{om}V_{CC}}{\pi\ (R_L + R)} = \frac{2 \times 11.5 \times 12}{\pi \times\ (16 + 0.4)}W = 5.36W$$

$$\eta = \frac{P_o}{P_V} \times 100\% = \frac{3.92}{5.36} \times 100\% = 73\%$$

$$P_{c1} = \frac{1}{2}\left[P_V - \frac{(U'_{om})^2}{2\ (R_L + R)}\right] = \frac{1}{2} \times \left[5.36 - \frac{11.5^2}{2 \times\ (16 + 0.4)}\right]W = 0.66W$$

读一读

【知识拓展】

在功率放大电路中，晶体管集电结要消耗相当大的部分功率，管耗会使结温和管壳温度升高，为了充分利用晶体管，使其输出足够大的功率，功放管一般都装有散热装置，以改善晶体管的散热条件。此外，处于大电流、高电压工作状态下的功放管损坏的可能性很大，防止击穿与保护问题也是不可忽视的问题。

6.3 乙类单电源互补对称功率放大电路

乙类双电源互补对称功率放大电路（OCL 电路）具有电路简单、效率高等特点，但采用双电源供电，给使用和维修带来不便。为了克服这个缺点，可采用单电源供电的互补对称电路，这种电路又称为无输出变压器的功放电路，简称 OTL 电路，如图 6-5 所示。与乙类双电源互补对称功率放大电路相比，在输出端负载支路中串接了一个大容量电容 C_2。

1. 电路组成

图 6-5 中，VT_3 组成电压放大级，R_{C1} 为其集电极负载。VT_1 和 VT_2 是一对性能相近的异型管，它们组成互补对称电路。由于 VT_1、VT_2 特性对称，且它们在电路中是串联的，所以静态时，K 点电位应为 $V_{CC}/2$。所以电容 C_2 上的电压亦为 $V_{CC}/2$。由于 C_2 容量很大，满足 $R_LC_2 \gg T$（信号周期），故有信号输入时，电容两端电压基本不变，可视为一恒定值 $V_{CC}/2$。该电路就是利用大电容的储能作用，来充当另一组电源，使该电路完全等同于双电源时的情况。此外，C_2 还有隔直作用。电路中，VT_3 的偏置由 V_{CC} 通过 RP 和 R_1 提供。由此可见，OTL 电路和正、负电源各为 $V_{CC}/2$ 的 OCL 电路完全相同。

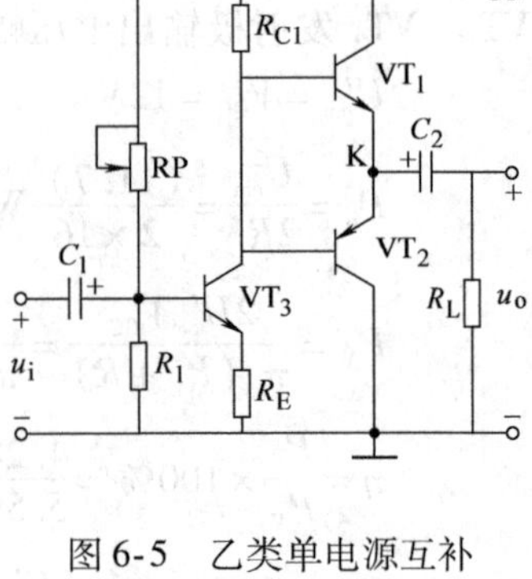

图 6-5　乙类单电源互补对称功率放大电路

2. 工作原理

输入信号电压的负半周，经 VT_3 倒相放大，VT_3 集电极电压瞬时极性为“正”，VT_1 正向偏置导通，VT_2 反向偏置截止。经 VT_1 放大后的电流经 C_2 送给负载 R_L，且对 C_2 充电。R_L 上获得正半周电压。输入信号电压的正半周，经 VT_3 倒相放大，VT_3 集电极电压瞬时极性为“负”，VT_1 反向偏置截止，VT_2 正向偏置导通，C_2 放电，经 VT_2 放大的电流由该管集电极经 R_L 和 C_2 流回发射极，负载 R_L 上获得负半周电压。

3. 电路性能参数计算

OTL 电路与 OCL 电路相比，每个管子实际工作电源电压不是 V_{CC}，而是 $V_{CC}/2$，因此，在计算 OTL 电路的主要性能指标时，将 OCL 电路计算公式中的参数 V_{CC} 全部改为 $V_{CC}/2$ 即可。

想一想

在乙类单电源互补对称功率放大电路中，电容 C_2 在电路起到什么作用？如果没有这个电容或电容量过小，则会产生什么样的后果？

6.4　甲乙类互补对称功率放大电路

6.4.1　甲乙类互补对称功率放大电路的工作原理

1. 交越失真

乙类放大电路静态时 I_C 为零，效率高。但是，当有信号输入时，必须要求信号电压大于导通电压，管子才能导通。显然，当信号电压小于导通电压时，就没有电压输出。因此，信号在过零点附近其波形会出现失真，称为交越失真，如图 6-6 所示。为了消除交越失真，应为两功放管提供一定的偏置，使静态时 VT_1、VT_2 处于微导通状态，一般采用如图 6-7 所示的甲乙类互补对称功率放大电路。

2. 工作原理

在图 6-7 所示电路中，VT_3 组成电压放大级，R_C 为其集电极负载电阻，VD_1、VD_2 正偏导通，和 RP 一起为 VT_1、VT_2 提供偏置电压，使 VT_1、VT_2 在静态时处于微导通状态，即处于甲乙类工作状态。此外，VD_1、VD_2 还有温度补偿作用，使 VT_1、VT_2 的静态电流基本不随温度的变化而变化。

注意：该电路若静态工作点失调，例如 RP、VD_1、VD_2 中任一元器件虚焊，则从 $+V_{CC}$ 经 R_C、VT_1 发射结、VT_2 发射结、VT_3 集电极、VT_3 发射极、R_E 到 $-V_{CC}$ 形成一个通路，有较大的基极电流 I_{B1} 和 I_{B2} 流过，从而导致 VT_1、VT_2 因功耗过大而损坏。因此常在输出回路中串接熔断器以保护功放管和负载。

【例 6-2】　甲乙类互补对称功率放大电路如图 6-7 所示，$V_{CC}=12V$，$R_L=35\Omega$，两个管子的 $U_{CES}=2V$，试求：（1）最大不失真输出功率；（2）电源供给的功率；（3）最大输出功率时的效率。

解：（1）最大不失真输出功率 P_{om} 为

$$P_{om}=\frac{1}{2}\times\frac{(V_{CC}-U_{CES})^2}{R_L}=1.43W$$

（2）电源供给的功率 P_V 为

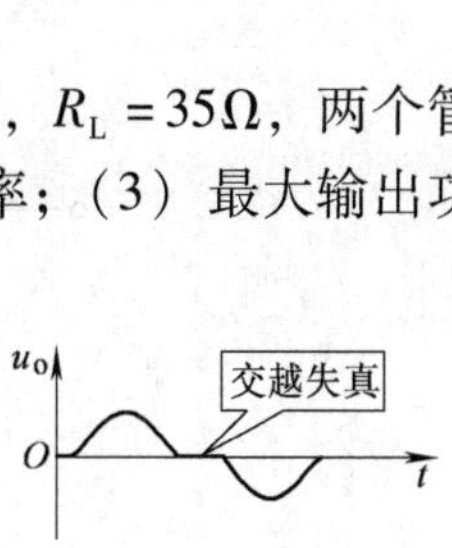

图 6-6　交越失真波形

$$P_V = \frac{2}{\pi} \times \frac{V_{CC}(V_{CC} - U_{CES})}{R_L} = 2.2\text{W}$$

(3) 最大输出功率时的效率 η_m 为

$$\eta_m = \frac{\pi}{4} \times \frac{V_{CC} - U_{CES}}{V_{CC}} = 65\%$$

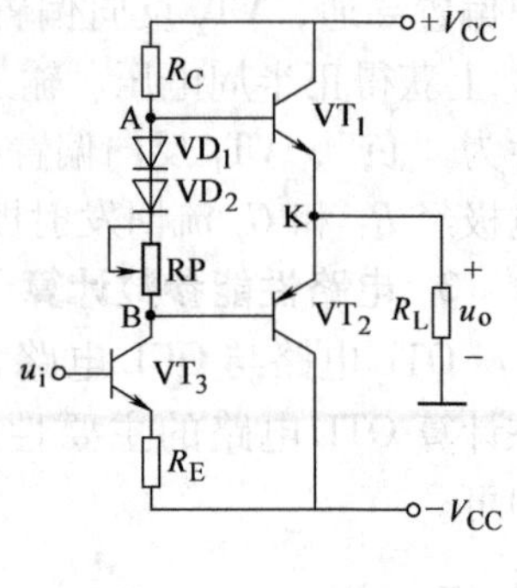

图 6-7　甲乙类互补对称功率放大电路

6.4.2　复合管互补对称放大电路

1. 复合管

输出功率较大的电路应采用较大功率的功放管。大功率功放管的电流放大倍数 β 往往较小，且选用特性一致的互补管也比较困难，在实际应用中往往采用复合管来解决这两个问题。

(1) 复合管的结构　复合管又称达林顿管，它是由 NPN 型管和 PNP 型管组合而成的，可以由两个晶体管或多个晶体管按一定规律组合而成。复合管的组合方式如图 6-8 所示。

(2) 复合管的组成原则

1) 在正确的外加电压下，每只管子的各极电流均有合适的通路，且均工作在放大区。

2) 为了实现电流放大，应将第一只管的集电极或发射极电流作为第二只管子的基极电流。

(3) 复合管的特点

1) 复合管的类型取决于前一只管子，即 i_B 向管内流者等效为 NPN 型管，如图 6-8a、d 所示。i_B 向管外流者等效为 PNP 型管，如图 6-8b、c 所示。

2) 复合管的电流放大倍数约等于两只管子电流放大倍数之积，即 $\beta \approx \beta_1\beta_2$。

3) 复合管的各管各极电流必须符合电流一致性原则，即各极电流流向必须一致：串接点处电流方向一致，并接点处必须保证总电流为两管输出电流之和。

2. 电路结构

图 6-9 为复合管组成的 OTL 电路，这种电路又称为准互补对称功率放大电路。其中，

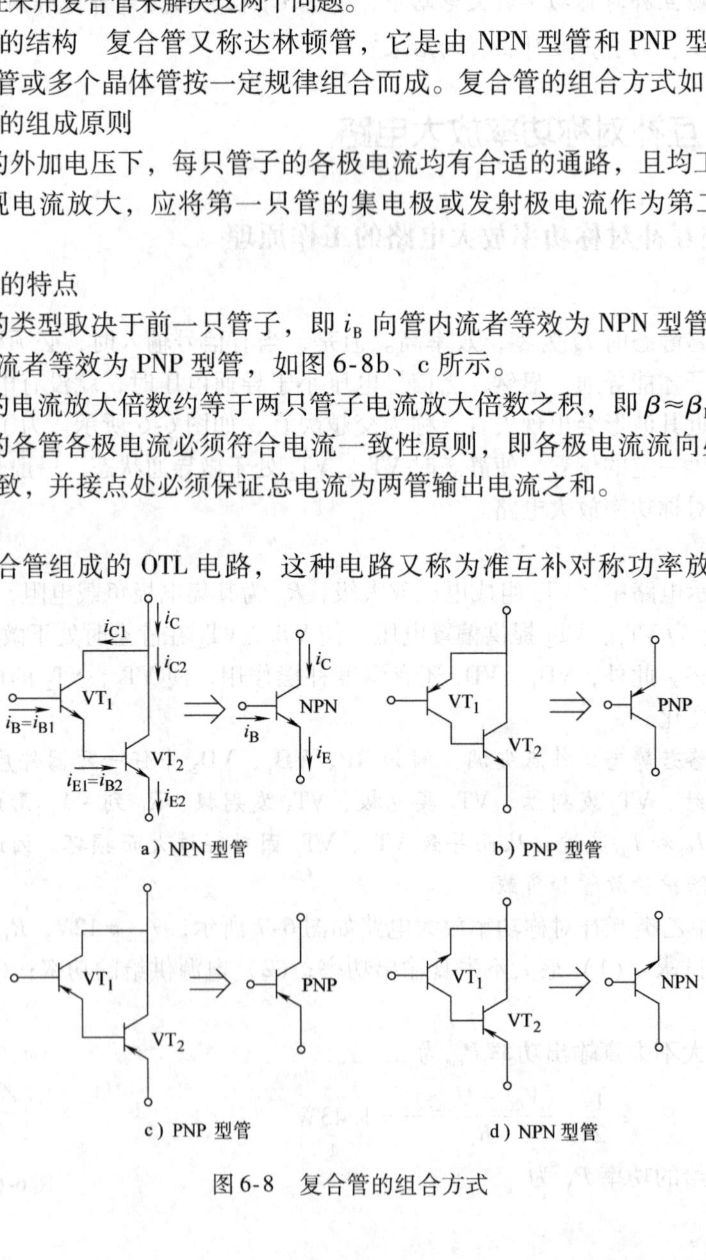

图 6-8　复合管的组合方式

VT_1 组成激励级，它的基极偏置电压取自于中点电位$\frac{1}{2}V_{CC}$。RP_1 引入交直流电压并联负反馈。VT_2、VT_4 复合成 NPN 型管，VT_3、VT_5 复合成 PNP 型管，RP_2、VD_1、VD_2 给两只复合管提供偏压，以消除交越失真，VD_1、VD_2 还具有温度补偿作用。R_{C1} 为 VT_1 集电极负载电阻。R_4、R_5 用于减小复合管穿透电流。R_7、R_8 为负反馈电阻，用于稳定工作点和减小失真。C 为输出耦合电容，充当另一组电源。

3. 工作原理

当 VT_1 集电极输出正半周信号电压时，VT_2、VT_4 导通，VT_3、VT_5 截止，被放大的正半周信号电流经 C 送到负载 R_L 上，形成正半周输出电压，同时，C 上被充上 $V_{CC}/2$ 的电压。当 VT_1 集电极输出负半周信号电压时，VT_2、VT_4 截止，VT_3、VT_5 导通，此时，电源 V_{CC} 不供电，由 C 放电提供 VT_3、VT_5 工作所需直流功率，在负载上形成负半周输出电压。它与正半周输出电压合成一个完整的正弦波形。

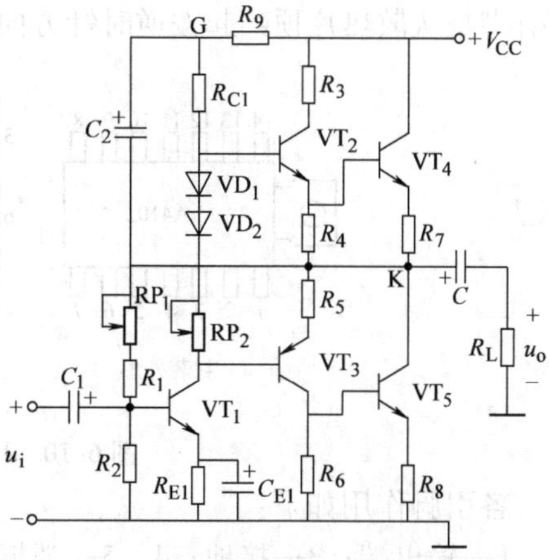

图 6-9　复合管组成的 OTL 电路

4. 自举电路

电路中的 C_2、R_9 组成具有升压功能的自举电路。不接 C_2 时，信号越强，VT_2、VT_4 导通越充分，K 点电位上升越多，将使 VT_2、VT_4 的正向偏压 U_{BE}减小，输出电流也减小，限制了输出功率的提高。在电路中加入 C_2 后，其两端被充上一定电压值。由于 C_2 容量大，充放电时间常数大，其两端电压可视为基本不变。当正半周信号通过 VT_2、VT_4 使 K 点电位上升时，G 点电位跟着升高，$U_G = U_K + U_{C2}$，U_G 可高于 V_{CC}，使 VT_2、VT_4 基极电位升高，保证了 VT_2、VT_4 的大电流输出，提高了输出功率。R_9 为隔离电阻，防止输出信号经电容 C_2 短路到地。这种因 C_2 的作用使 G 点电位随 K 点电位升高而上升的方式叫“自举”。具有自举功能的电路叫自举电路。

想一想

甲乙类互补对称功放电路是如何克服交越失真的？

6.5　集成功率放大器及其应用

集成功率放大器是在集成运算放大器基础上发展起来的，其内部电路与集成运算放大器相似。但是，由于其安全、高效、大功率和低失真的要求，使得它与集成运算放大器又有很大的不同。电路内部多施加深度负反馈。集成功率放大器广泛应用于收录机、电视机、开关功率电路和伺服放大电路中，输出功率由几百毫瓦到几十瓦。除单片集成功率放大电路外，还有集成功率驱动器，它与外配的大功率功放管及少量阻容元件可构成大功率放大电路，有的集成电路本身还包含两个功率放大器。

现以 LA4102 和 LM386 单片集成音频功率放大器为例，介绍其主要参数和典型应用电路。

6.5.1　LA4102 集成功率放大器及其应用

1. LA4102 的引脚排列、作用和内部框图

LA4102 是一种应用很广的集成功率放大器。它常被应用于收录机和对讲机等小功率电路中。国产同类产品很多，它们的内部电路、外形尺寸、引脚分布均是一致的，在使用中可以互换。LA4102 封装外形如图 6-10a 所示。它是带散热片的 14 引脚双列直插式塑料封装，其引脚是从散热片顶部起按逆时针方向依次编号的。

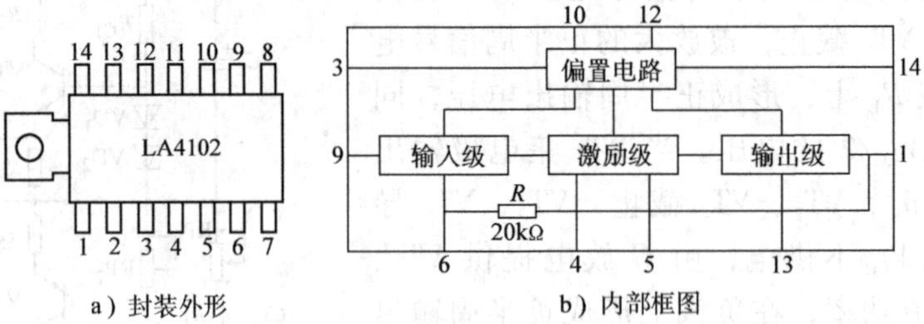

图 6-10　LA4102 封装外形与内部框图

各引脚作用如下：

1—输出端；3—接地；4、5—消振；6—反相输入端；9—同相输入端；10、12—退耦滤波；8—公共发射极电位；13—接自举电容；14—正电源；2、7、11—空脚。

LA4102 内部框图如图 6-10b 所示，主要包括：输入级，为一差动放大电路；激励级，为一高增益共发射极放大电路；输出级，为由复合管构成的准互补对称电路；偏置电路，给各级提供稳定的偏置电流。图中 $R=20\text{k}\Omega$ 电阻是集成电路内部设置的反馈电阻，在实际应用中，通过改变接在引脚 6 的外接电阻大小，就可改变放大器电压放大倍数。

2. LA4102 的主要技术指标

LA4102 的主要技术指标见表 6-1。

表 6-1　LA4102 的主要技术指标

参数名称	符号	单位	数值	测试条件
电源电压	V_{CC}	V	6 ~ 13	—
静态电流	I_{CQ}	mA	15	$V_{CC}=9\text{V}$
输出功率	P_o	W	2.1	$V_{CC}=9\text{V}$ $R_L=4\Omega$ $THD=10\%$ $f=1\text{kHz}$
输入阻抗	R_i	kΩ	20	$f=1\text{kHz}$

3. LA4102 应用电路

LA4102 组成的 OTL 功率放大器如图 6-11 所示。

外围元件的作用：C_1 为输入耦合电容；C_2、C_4 为滤波电容，用于消除偏置电压中的纹波电压；C_5 和 C_6 起相位补偿作用，以消除高频寄生振荡；C_3、R_f 与内部的 20kΩ 电阻 R 组成交流电压串联负反馈电路；C_7 用于防止高频自激振荡；C_8 为自举电容，以提高最大不失真输出功率；C_9 起电源退耦滤波作用；C_{10} 为OTL电路输出电容。

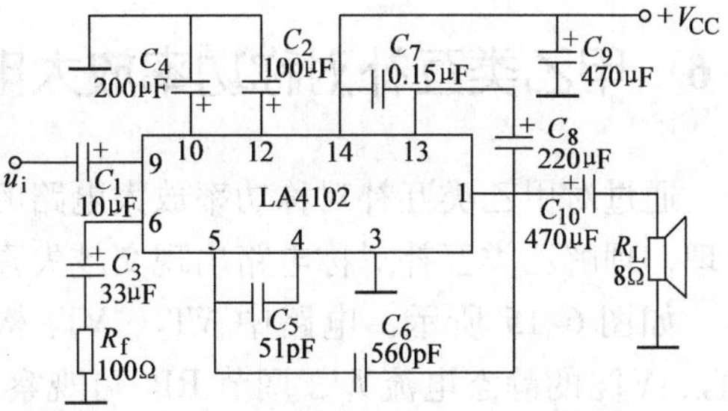

图6-11　LA4102典型应用电路

6.5.2　LM386集成功率放大器及其应用

1. LM386的外形、引脚排列及内电路

LM386是一种低电压通用型音频集成功率放大器，广泛应用于收音机、对讲机和信号发生器中。LM386的引脚排列如图6-12所示，它采用8引脚双列直插式塑料封装。

LM386有两个信号输入端，引脚2为反相输入端，引脚3为同相输入端；每个输入端的输入阻抗均为50kΩ，而且输入端对地的直流电位接近于零，即使输入端对地短路，输出端直流电位也不会产生大的偏离。

LM386的内部电路如图6-13所示。

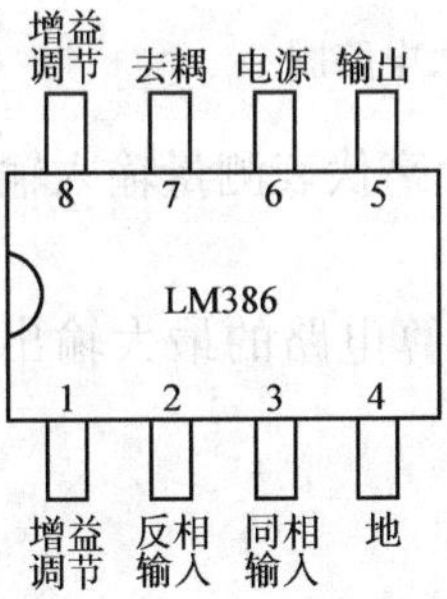

图6-12　LM386引脚排列

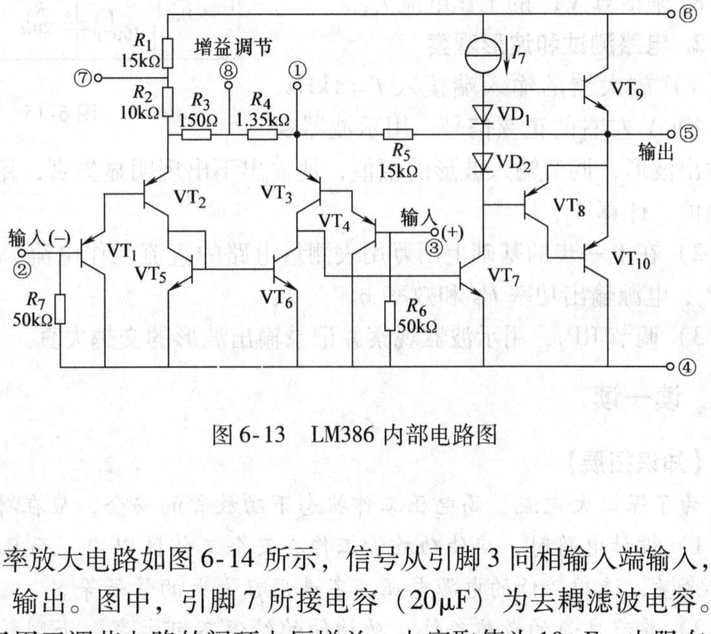

图6-13　LM386内部电路图

2. LM386应用电路

由LM386组成的OTL功率放大电路如图6-14所示，信号从引脚3同相输入端输入，从引脚5经耦合电容（220μF）输出。图中，引脚7所接电容（20μF）为去耦滤波电容。引脚1与引脚8所接电容、电阻用于调节电路的闭环电压增益，电容取值为10μF，电阻在0～20kΩ范围内取值；改变电阻值，可使集成功率放大电路的电压放大倍数在20～200之间变化；电阻值越小，电压增益越大。当需要高增益时，可取电阻值为零，即只将一只10μF电容接在引脚1与引脚8之间。输出端引脚5所接10Ω电阻和0.1μF电容组成阻抗校正网络，抵消负载中的感抗分量，防止电路产生自激振荡，有时也可省去不用。该电路如用作收音机的功率放大电路，输入端接收音机检波电路的输出端即可。

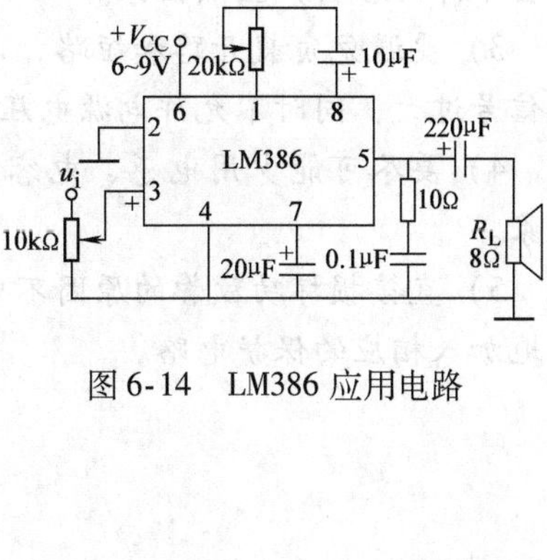

图6-14　LM386应用电路

6.6 甲乙类互补对称功率放大电路的测试

通过对甲乙类互补对称功率放大电路的测试，掌握甲乙类互补对称功率放大电路的工作原理，理解乙类互补对称电路出现交越失真的原因。

如图 6-15 所示，电路中 VT_2、VT_3 构成甲乙类互补对称放大器；RP_2 主要用于调节 VT_2、VT_3 的静态电流 I_C，调节 RP_2 可观察交越失真；VD_1、VD_2 起到保护 VT_2、VT_3 不被烧毁的作用；C_3 为自举电容；C_2 用于消除自激。

1. 电路静态工作点的调整

1）反复调整 RP_1、RP_2，使 $U_{CEQ2}=6V$。

2）测量 A、B、C、D 各点电压。

3）测量 VT_2、VT_3 两管的工作电流 I_{C2}、I_{C3} 和 R_5 上的压降，用 $I_{C1}\approx I_{E1}=U_{R5}/R_5$ 来估算 VT_1 的工作电流 I_{C1}。

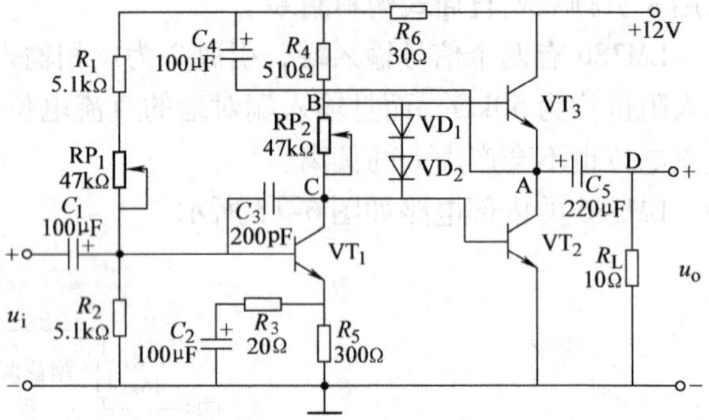

图 6-15　功率放大电路图

2. 电路测试和波形观察

1）放大器的输入端接入 $f=1kHz$、$U_i=40mV$ 左右的正弦信号，用示波器观察输出波形，调节输入波形的幅值，使输出不出现明显失真，用晶体管毫伏表测量输入输出的幅值，计算 A_u。

2）在上一步的基础上用万用表测量电路的直流工作电流，用于估算电路的最大输出功率 P_o、电源输出功率 P_E 和效率 η。

3）调节 RP_2，用示波器观察并记录输出波形的交越失真。

读一读

【知识拓展】

为了保证大电流、高电压工作状态下功放管的安全，应在功率放大器中采取下列措施。

1）设计电路时，应使功放管工作在安全工作区以内，而且还要留有余量。例如，增大功率余量，选用较低的电源电压，不选用 β 太大的管子等。

2）要有良好的散热条件，功放管的结温不可太高，否则最大允许功率 P_{CM} 和击穿电压都会下降，容易产生热击穿。

3）要避免负载开路和短路，以免产生瞬时高电压和瞬时大电流，不要突然加强信号或使信号过大，同时不允许电源电压有很大的波动。

4）要尽可能少用电感、电容、变压器等储能元件，防止开机时出现过电流和过电压现象。

5）直接损坏功放管的原因不外乎是管子过热、过电流和过电压等，针对这些原因可适当地加入相应的保护电路。

技能训练6　功率放大电路的调整与测试

1. 实训目的

1）进一步理解OTL功率放大器的工作原理。

2）学会OTL电路的调试及主要性能指标的测试方法。

2. 实训指导

图6-16所示为OTL低频功率放大器。其中由晶体管VT_1组成推动级，VT_2、VT_3是一对参数对称的NPN型和PNP型晶体管，它们组成互补对称OTL功放电路。由于每一个管子都接成射极输出器形式，因此具有输出电阻低、负载能力强等优点，适合于做功率输出级。VT_1工作于甲类状态，它的集电极电流I_{C1}的一部分流经电位器RP_2及二极管VD，给VT_2、VT_3提供偏压。调节RP_2，可以使VT_2、VT_3得到适合的静态电流而工作于甲乙类状态，以克服交越失真。静态时要求输出端中点A的电位$U_A=1/2V_{CC}$，可以通过调节RP_1来实现。由于RP_1的一端接在A点，因此在电路中引入直流电压并联负反馈，一方面能够稳定放大器的静态工作点，同时也改善了非线性失真。

当输入正弦交流信号u_i时，经VT_1放大倒相后同时作用于VT_2、VT_3的基极，在u_i的负半周，VT_2导通（VT_3截止），有电流通过负载R_L，同时向电容C_0充电；在u_i的正半周，VT_3导通（VT_2截止），则已充好的电容器C_0起着电源的作用，通过负载R_L放电，这样在R_L上就得到完整的正弦波。

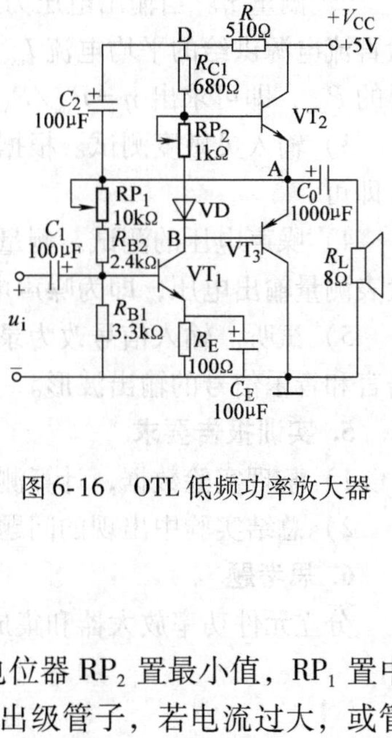

图6-16　OTL低频功率放大器

3. 实训仪器

1）信号发生器一台。

2）双踪示波器一台。

3）晶体管毫伏表一只。

4）数字式（或指针式）万用表一只。

5）直流毫安表一只。

4. 实训内容与步骤

在整个测试过程中，电路不应有自激现象。

1）按图6-16连接实验电路，电源中串接直流毫安表，电位器RP_2置最小值，RP_1置中间位置。接通+5V电源，观察毫安表指示，同时用手触摸输出级管子，若电流过大，或管子温度升高显著，应立即断开电源检查原因（如RP_2开路、电路自激或管子性能不好等）。如无异常现象，可开始调试。

① 调节输出端中点电位U_A。调节电位器RP_1，用直流电压表测量A点电位，使$U_A=1/2V_{CC}$。

② 调整输出极静态电流，测试各级静态工作点。调节RP_2，使VT_2、VT_3的$I_{C2}=I_{C3}=5\sim10mA$。从减小交越失真角度而言，应适当加大输出级静态电流，但该电流过大，会使效率降低，所以一般以5~10mA为宜。由于毫安表是串联在电源进线中，因此测得的是整个放大器的电流。但一般VT_1的集电极电流I_{C1}较小，从而可以将测得的总电流近似当作末级

的静态电流。如要准确得到末级静态电流，则可以从总量中减去 I_{C1} 之值。

调整输出级静态电流的另一方法是动态调试法。先使 RP_2 置于零，在输入端接入 $f=1kHz$ 的正弦信号 u_i。逐渐加大输入信号的幅值，此时，输出波形应出现较严重的交越失真（注意：没有饱和、截止失真），然后缓慢增大 RP_2，当交越失真刚好消失时，停止调节 RP_2，恢复 $u_i=0$，此时直流毫安表计数即为输出级静态电流。一般数值也应为 5～10mA，如过大，则要检查电路。

输出级电流调好以后，测量各级静态工作点。

注意：a. 在调整 RP_2 时，一是要注意旋转方向，不要调得过大，更不能开路，以免损坏输出管。

b. 输出管静态电流调好后，如无特殊情况，不得随意旋动 RP_2 的位置。

2）最大输出功率 P_{om} 和效率 η 的测试。

① 测量 P_{om}。输入端接 $f=1kHz$ 的正弦信号 u_i，输出端用示波器观察输出电压 u_o 的波形。逐渐增大 u_i，使输出电压达到最大不失真输出，用交流毫伏表测出负载 R_L 上的电压 U_{om}，则 $P_{om}=\frac{U_{om}^2}{R_L}$。

② 测量 η。当输出电压为最大不失真输出时，读出直流毫安表中的电流值，此电流即为直流电源供给的平均电流 I_{av}（有一定误差），据此可近似求得 $P_V=U_{CC}I_{av}$，再根据上面测得的 P_{om}，即可求出 $\eta=P_{om}/P_V$。

3）输入灵敏度测试。根据输入灵敏度的定义，只要测出功率 $P_o=P_{om}$ 时的输入电压值 u_i 即可。

4）噪声电压的测试。测量时将输入端短路（$u_i=0$），观察输出噪声波形，并用交流毫伏表测量输出电压，即为噪声电压 U_N，本电路中若 $U_N<15mV$，即满足要求。

5）试听。输入信号改为录音机输出，输出端接试听音箱及示波器。开机试听，并观察语言和音乐信号的输出波形。

5. 实训报告要求

1）整理实验数据，计算测量结果，分析误差产生原因。

2）总结实验中出现的问题。

6. 思考题

分立元件功率放大器和集成放大器相比较，它们各有何特点？分别适用于什么场合？

本 章 小 结

1）功率放大电路在电源电压确定的情况下，应在非线性失真允许的范围内高效率地获得尽可能大的输出功率。因而功放管常工作于极限运行状态，同时要考虑功放管工作的安全性。

2）功放电路的主要性能指标是最大不失真输出功率 P_{om}、效率 η 和非线性失真系数 *THD*。

3）功率放大电路根据功放管静态工作点的不同可分为甲类、乙类和甲乙类。为提高效率、避免产生交越失真，功率放大电路常采用甲乙类互补对称功率放大电路。

4）复合管必须符合电流一致性原则；复合管的导电类型取决于第一个管子；$\beta\approx$

$\beta_1\beta_2\cdots$。

5）OTL、OCL电路均有不同型号、性能指标的集成电路，只需外接少量元件，便可组成实用电路。它们具有体积小、重量轻、工作稳定可靠、性能指标高和调整方便等优点，因而获得广泛应用。

6）为保证功率放大电路安全工作，必须合理选择元器件，增强功放管的散热效果，防止二次击穿，并根据需要选择好保护电路。

思考与练习题

6-1　填空题

（1）功率放大电路中OCL表示________________，OTL表示________________。

（2）乙类推挽功率放大电路存在________失真，为了消除这种失真，应当使电路工作于________类状态。

（3）乙类推挽功率放大电路输出波形产生交越失真的主要原因是________________。

（4）理想情况下，OCL电路的 $V_{CC}=12V$，$R_L=8\Omega$，负载上得到的最大输出功率是________。

（5）功率放大电路如图6-17所示：该电路工作状态________________。

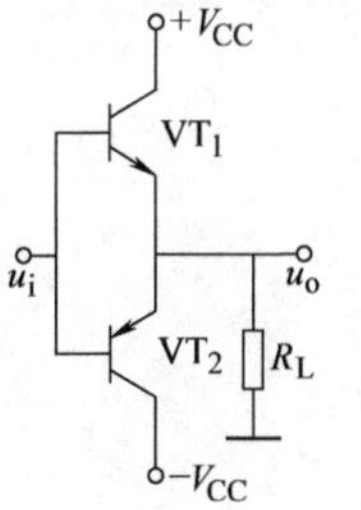

图6-17　题6-1（5）图

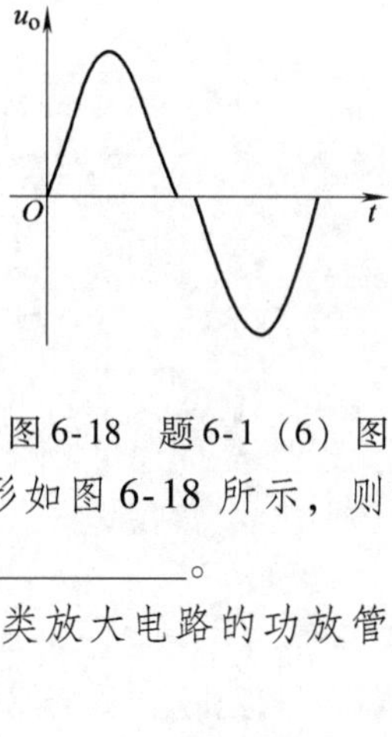

图6-18　题6-1（6）图

（6）在OCL功率放大电路中，输入正弦波，输出波形如图6-18所示，则该电路产生________________。为了改善输出波形，电路应该________________。

（7）甲类放大电路的功放管的导通角为________；乙类放大电路的功放管的导通角为________；甲乙类放大电路的功放管的导通角为________。

6-2　判断题

（1）互补对称功率放大器中采用甲类工作状态来降低管耗，提高输出功率和效率。（　）

（2）功率放大倍数 $A_P>1$，即 A_u 和 A_i 都大于1。（　）

（3）功率放大器输出最大功率时，功放管发热最严重。（　）

（4）功放电路与电压、电流放大电路都有功率放大作用。（　）

（5）输出功率越大，功放电路的效率就越高。（　）

（6）乙类功率放大器的效率比甲类的高。（　）

（7）功放电路负载上获得的输出功率包括直流功率和交流功率两部分。（　）

6-3　OCL电路的 $V_{CC}=|-V_{CC}|=20V$，负载 $R_L=8\Omega$，应如何选择功放管？

6-4　功放电路如图6-19所示，设 $V_{CC}=12V$，$R_L=8\Omega$，晶体管的极限参数为 $I_{CM}=2A$，

$U_{(BR)CEO}=30V$，$|U_{CES}|=2V$，$P_{CM}=5W$。试求：(1) 最大输出功率 P_{om} 值，并检验所给晶体管能否安全工作；(2) 放大电路在 $\eta=0.6$ 时的输出功率 P_o 的值。

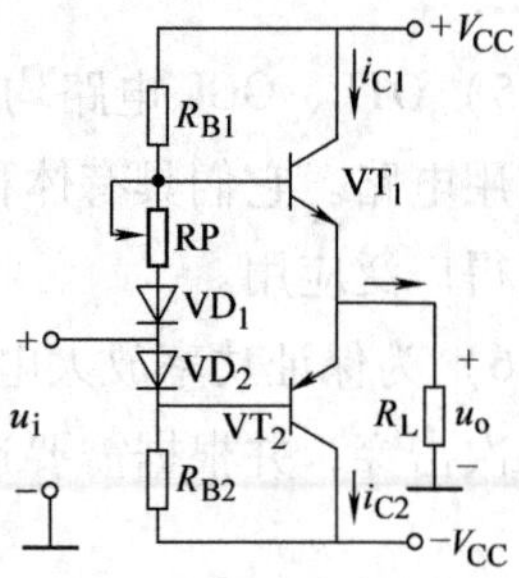

图 6-19 题 6-4 图

6-5 现有一台用 OTL 电路作功率输出级的录音机，最大输出功率为 20W。机内扬声器（阻抗 8Ω）已损坏，为了提高放音质量，拟改接音箱。现只有 10W、16Ω 和 20W、4Ω 两种规格的音箱出售，选用哪种好？

第 7 章　直流稳压电源

☞ 要求

熟悉直流稳压电源的基础知识，掌握各种集成稳压器的使用方法。

知识点

- 了解直流稳压电源的组成。
- 掌握整流电路、滤波电路的电路结构及工作原理。
- 掌握串联型集成稳压电路的工作原理。
- 理解各种集成稳压器的相关应用。

重点和难点

- 串联型集成稳压电路的结构及工作原理。
- 各种集成稳压器的相关应用。

7.1　直流稳压电源的组成及各部分的作用

直流稳压电源能够将频率为 50Hz、有效值为 220V 的交流电压转换成输出幅值稳定的直流电压。

1. 直流稳压电源的组成

直流稳压电源由变压器、整流电路、滤波电路和稳压电路四部分组成，如图 7-1 所示。

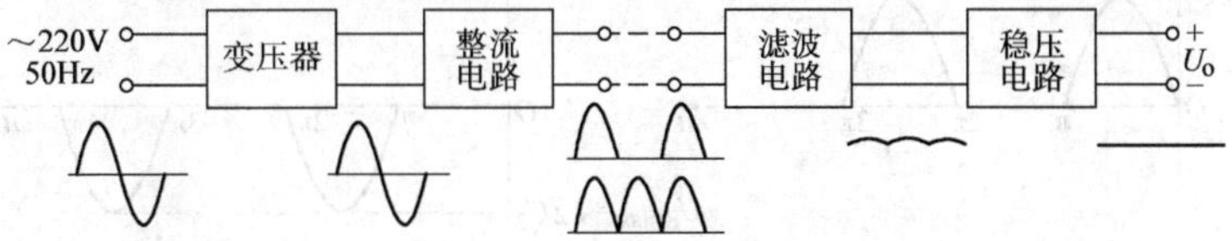

图 7-1　直流稳压电源组成框图

2. 各部分的作用

1）变压器的作用是将 220V 的交流电压变成所需幅值的交流电压。

2）整流电路的作用是将交流电压变成单向脉动的直流电压。

3）滤波电路的作用是滤去整流后所得到的单向脉动直流电压中的交流成分，使输出电压平滑。

4）稳压电路的作用是当交流电源电压波动或负载变化时，通过该电路的自动调节作用，使输出的直流电压稳定。

7.2　整流电路

能将大小和方向都随时间变化的工频交流电变换成单向脉动直流电的过程称为整流。利用二极管的单向导电性，就能组成整流电路。一般电子设备中，电子电路所需直流电源电压值不高，通常要经变压器降压后再进行整流。常用的整流器件是二极管；常用的整流电路有半波整流电路、全波整流电路和桥式整流电路三种。

7.2.1　半波整流电路

单相半波整流电路如图 7-2 所示。

1. 工作原理

u_2 的波形如图 7-3a 所示。设 u_2 的正半周期间，变压器二次电压瞬时极性上端 a 为正，下端 b 为负，二极管 VD 正偏导通，二极管和负载上有电流流过，方向如图 7-2 所示。若忽略二极管导通的正向压降 U_F，则 $u_o = u_2$。在 u_2 的负半周期间，二次电压的瞬时极性上端 a 为负，下端 b 为正，VD 反偏截止，R_L 上电压为零，二极管上反偏电压 $u_V = u_2$。

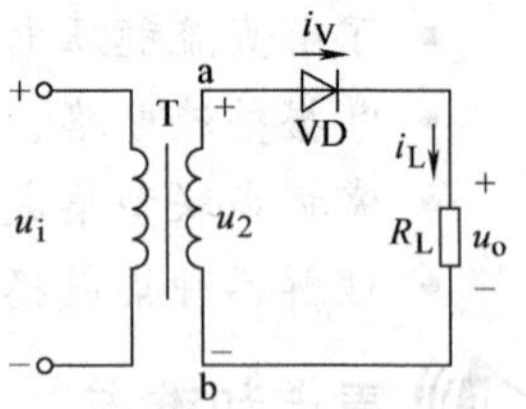

图 7-2　单相半波整流电路

负载 R_L 上电压和电流波形如图 7-3b、c 所示。该电路只利用了电源电压 u_2 的半个周期，故称半波整流电路。

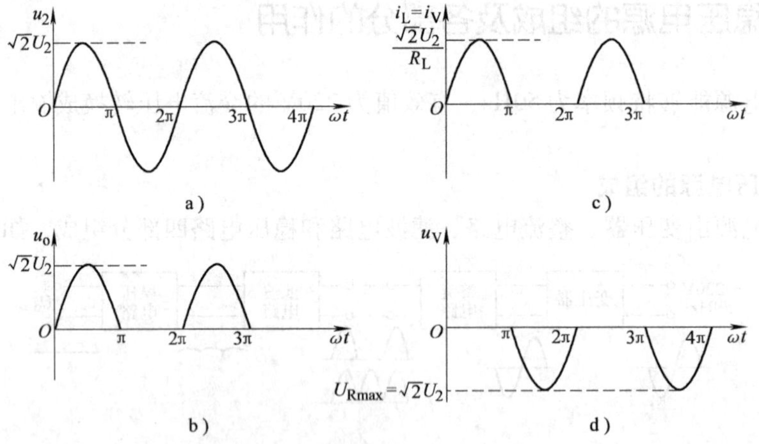

图 7-3　半波整流电路波形图

2. 主要参数

用于描述整流电路性能好坏的主要参数有：输出电压平均值、输出电流平均值、脉动系数和二极管承受的最大反向电压等。

（1）输出电压平均值　输出电压在一个周期内的平均值。

$$U_{o(AV)} = \frac{1}{2\pi}\int_0^{\pi}\sqrt{2}U_2\sin\omega t\,\mathrm{d}(\omega t) = \frac{\sqrt{2}U_2}{\pi} \approx 0.45U_2 \tag{7-1}$$

（2）输出电流平均值　输出电流在一个周期内的平均值。

$$I_{o(AV)}=\frac{U_{o(AV)}}{R_L}\approx\frac{0.45U_2}{R_L} \tag{7-2}$$

（3）脉动系数 脉动系数是用于衡量整流电路输出电压平滑程度的参数，其定义为整流输出电压的基波峰值与输出电压平均值之比。

$$S=\frac{U_{o1M}}{U_{o(AV)}}=\frac{\frac{\sqrt{2}U_2}{2}}{\frac{\sqrt{2}U_2}{\pi}}=\frac{\pi}{2}\approx1.57 \tag{7-3}$$

（4）二极管承受的最大反向电压

$$U_{Rmax}=\sqrt{2}U_2 \tag{7-4}$$

3. 整流二极管的选择

半波整流电路流经二极管的电流 i_V 与负载电流 i_L 相等，在选择二极管时，二极管的最大整流电流 $I_F\geqslant I_V$，即

$$I_F>I_{V(AV)}=I_{o(AV)}\approx\frac{0.45U_2}{R_L} \tag{7-5}$$

二极管所承受的最大反向电压 U_{Rmax} 等于二极管截止时两端电压的最大值，即交流电源 u_2 负半波的峰值。故要求二极管的最高反向工作电压为

$$U_{RM}>U_{Rmax}=\sqrt{2}U_2 \tag{7-6}$$

通常允许电网电压有变动，所以实际选择整流二极管时，为了保证电路能够安全工作，需满足

$$I_F>1.1I_{V(AV)}\approx1.1\times\frac{0.45U_2}{R_L} \tag{7-7}$$

$$U_{RM}>1.1U_{Rmax}=1.1\sqrt{2}U_2 \tag{7-8}$$

7.2.2 桥式整流电路

单相桥式整流电路如图7-4所示。

1. 工作原理

设电源变压器二次电压 u_2 正半周期间瞬时极性上端a为正，下端b为负。二极管 VD_1、VD_3 正偏导通，VD_2、VD_4 反偏截止。电流由a端流经二极管 VD_1、电阻 R_L、二极管 VD_3 返回b端，负载上电压极性为上正下负。负半周期间，u_2 瞬时极性a端为负，b端为正，二极管 VD_1、VD_3 反偏截止，VD_2、VD_4 正偏导通。电流由b端流经二极管 VD_2、电阻 R_L、二极管 VD_4 返回a端，负载上电压极性同样为上正下负。单相桥式整流电路 u_2、i_V、u_o 及 i_L 波形如图7-5所示。

2. 主要参数

（1）输出电压平均值 输出电压在一个周期内的平均值。

$$U_{o(AV)}=\frac{1}{\pi}\int_0^{\pi}\sqrt{2}U_2\sin\omega t\,\mathrm{d}(\omega t)=\frac{2\sqrt{2}U_2}{\pi}\approx0.9U_2 \tag{7-9}$$

（2）输出电流平均值 输出电流在一个周期内的平均值。

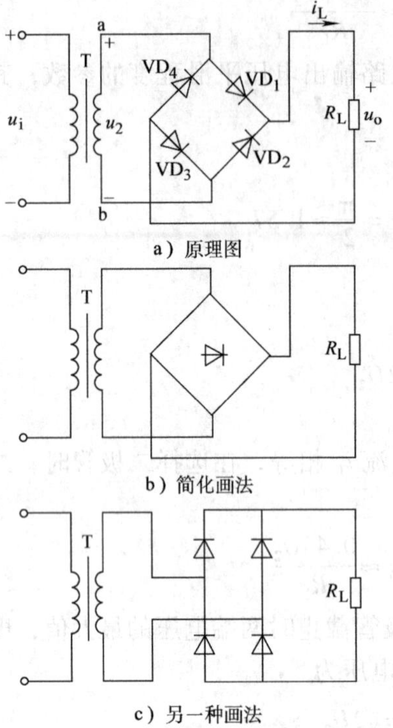

图 7-4 单相桥式整流电路

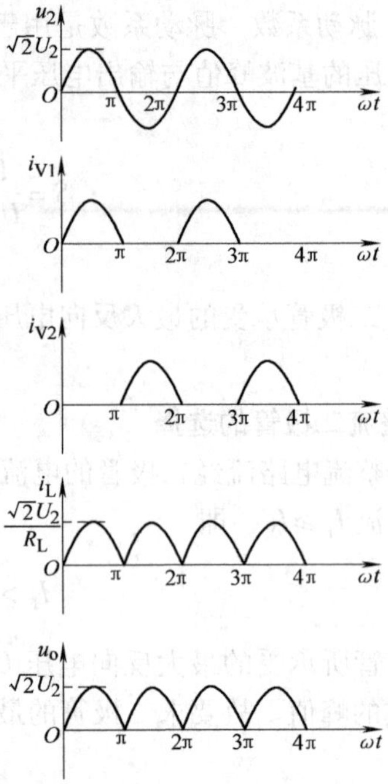

图 7-5 单相桥式整流电路波形图

$$I_{o(AV)}=2I_{V(AV)}\approx\frac{0.9U_2}{R_L} \tag{7-10}$$

（3）脉动系数 脉动系数是用于衡量整流电路输出电压平滑程度的参数，其定义为整流输出电压的基波峰值与输出电压平均值之比。

$$S=\frac{U_{o1M}}{U_{o(AV)}}=\frac{\frac{4\sqrt{2}U_2}{3\pi}}{\frac{2\sqrt{2}U_2}{\pi}}=\frac{2}{3}\approx 0.67 \tag{7-11}$$

（4）二极管承受的最大反向电压

$$U_{Rmax}=\sqrt{2}U_2 \tag{7-12}$$

3. 整流二极管的选择

在单相桥式整流电路中，四个二极管分两次轮流导通，流经每个二极管的电流，为负载电流的一半。选择二极管时 $I_F \geqslant I_V$，即

$$I_F > I_{V(AV)}=\frac{1}{2}I_{o(AV)}\approx\frac{0.45U_2}{R_L} \tag{7-13}$$

二极管截止时最大反向电压 U_{Rmax} 等于 U_2 的最大值，故要求二极管的最高反向工作电压为

$$U_{RM} > U_{Rmax}=\sqrt{2}U_2 \tag{7-14}$$

通常允许电网电压有变动，所以实际选择整流二极管时，为了保证电路能够安全工作，

需满足

$$U_{RM} > 1.1U_{Rmax} = 1.1\sqrt{2}U_2 \tag{7-15}$$

$$I_F > 1.1I_{V(AV)} \approx 1.1 \times \frac{0.45U_2}{R_L} \tag{7-16}$$

【例 7-1】 在单相桥式整流电路中，已知变压器二次电压有效值 $U_2 = 20V$，负载电阻 $R_L = 150\Omega$，试求

（1）输出电压平均值和输出电流平均值。

（2）流过二极管电流的平均值和二极管所承受的最大反向电压。

（3）当电网电压发生波动时，整流二极管的最大整流平均电流和最高反向工作电压至少为多少？

解：（1）输出电压平均值为

$$U_{o(AV)} \approx 0.9U_2 = 0.9 \times 20V = 18V$$

输出电流平均值为

$$I_{o(AV)} = \frac{U_{o(AV)}}{R_L} = \frac{18}{150}A = 120mA$$

（2）流过二极管电流的平均值为

$$I_{V(AV)} = \frac{1}{2}I_{o(AV)} = \frac{120}{2}mA = 60mA$$

二极管承受的最大反向电压为

$$U_{Rmax} = \sqrt{2}U_2 = \sqrt{2} \times 20V = 28.3V$$

（3）当电网电压发生波动时，所选择的整流二极管的参数应满足

$$I_F > 1.1I_{V(AV)} = 1.1 \times 60mA = 66mA$$

$$U_{RM} > 1.1U_{Rmax} = 1.1 \times 28.3V = 31.1V$$

想一想

单相桥式整流电路中的四个二极管中，如果有一个接反了，将会产生什么样的后果？

7.3 滤波电路

整流电路输出的电压是脉动的，含有较大的脉动成分。这种电压只能用于对输出电压平滑程度要求不高的电子设备中，当这种电路用作要求较高的电子设备的电源时，会引起严重的谐波干扰。为此，整流电路中一般都要连接滤波电路，以保留整流后输出电压的直流成分，滤掉脉动成分，使输出电压趋于平滑，接近于理想的直流电压。常用的滤波电路有电容滤波电路、电感滤波电路和 RC-π 形滤波电路等。

7.3.1 电容滤波电路

1. 半波整流电容滤波电路

半波整流电容滤波电路如图 7-6a 所示。

（1）工作原理　设滤波电容初始电压值为零。$0 \sim t_1$ 期间：u_2 由零逐渐上升，二极管

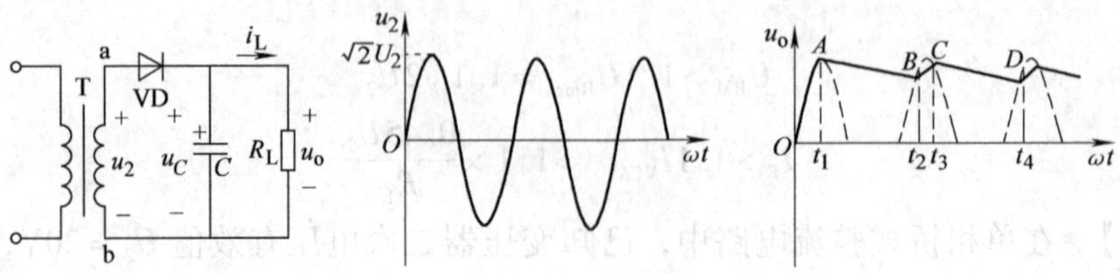

a）原理图　　b）变压器二次电压波形图　　c）负载电压波形

图 7-6　半波整流电容滤波电路

VD 正偏导通，电流分成两路，一路流经负载 R_L，另一路对电容进行充电。电容两端电压 u_C 快速上升。二极管的阳极电位是随 u_2 变化的，而阴极电位是随 u_C 变化的，在 t_1 时刻 u_C 达到 u_2 的峰值 $\sqrt{2}U_2$，二极管零偏而截止，此时 $u_2 = u_C = \sqrt{2}U_2$。

$t_1 \sim t_2$ 期间：二极管阳极电位随输入电压 u_2 迅速下降，导致二极管在一段时间内处于截止状态。电容 C 开始向负载 R_L 放电，放电过程缓慢，u_C 也缓慢下降，u_0 也缓慢下降。

$t_2 \sim t_3$ 期间：二极管阳极电位 u_2 大于阴极电位 u_C，VD 又导通，并向电容 C 迅速充电。u_o 波形按图 7-6c 中 BC 段变化，到 t_3 时刻时，$u_C = u_2$，二极管又截止，使得电容 C 又对负载 R_L 放电。

综上所述，输出电压 u_o 亦即电容 C 上电压 u_C 波形如图 7-6c 所示，在 $0 \sim t_1$ 期间，u_o 的波形为 OA 段，近似按输入电压上升；$t_1 \sim t_2$ 期间，u_o 波形自 A 向 B 缓慢下降；$t_2 \sim t_3$ 期间，u_o 波形又开始按输入电压迅速上升，……，如此不断重复，使 u_o 趋于平滑。

（2）主要参数　半波整流电容滤波电路输出直流电压平均值为

$$U_{o(AV)} = (1 \sim 1.1)\ U_2 \tag{7-17}$$

一般取 $U_{o(AV)} = U_2$。

流过二极管的平均电流为

$$I_{V(AV)} \approx \frac{U_2}{R_L} \tag{7-18}$$

（3）二极管的选择　在二极管截止时，变压器二次电压瞬时极性为上端 a 为负，下端 b 为正，此时电容器电压充至 $\sqrt{2}U_2$，极性为上正下负，因此二极管承受的最大反向电压为两电压之和，为此，选二极管时

$$U_{RM} \geqslant U_{R\max} = 2\sqrt{2}U_2 \tag{7-19}$$

电容滤波电路中，二极管的导通时间比不加滤波电容时短，导通角小于 π，流过二极管的瞬时电流很大，且滤波电容越大，导通角越小，冲击电流就越大。在选用二极管时，应考虑冲击电流对二极管的影响，一般选

$$I_F = (2 \sim 3)\ I_{V(AV)} \tag{7-20}$$

2. 单相桥式整流电容滤波电路

单相桥式整流电容滤波电路如图 7-7a 所示。

（1）工作原理　单相桥式整流滤波电路与单相半波整流滤波电路的工作原理基本相同，不同的是输出电压是全波脉动直流电，无论 u_2 是正半周还是负半周，电路中总有二极管导通，在一个周期内，u_2 对电容充电两次，电容对负载放电的时间大大缩短，输出电压波形

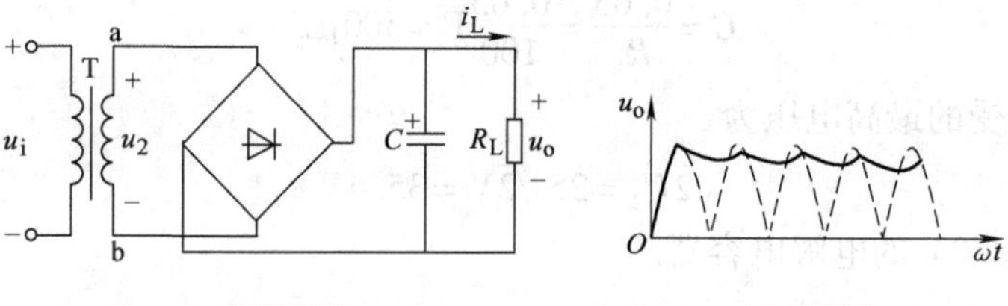

a）电路图　　b）波形图

图 7-7　单相桥式整流电容滤波电路

更加平滑，波形如图 7-7b 所示。图中虚线为不接滤波电容时的波形，实线为滤波后的波形。

（2）主要参数　单相桥式整流电容滤波电路输出直流电压平均值为

$$U_{o(AV)} \approx 1.2U_2 \tag{7-21}$$

若负载电阻开路，$U_o = \sqrt{2}U_2$。

（3）滤波电容选择　滤波电容按下式选取。

$$\tau = R_L C \geqslant \frac{(3 \sim 5)}{2}\frac{T}{} \tag{7-22}$$

式中，T 是交流电的周期。

滤波电容数值一般在几十微法到几千微法，这要视负载电流大小而定，其耐压值应大于输出电压值，一般取 1.5 倍左右，且通常采用有极性的电解电容。在滤波电容装接过程中，切不可将电解电容极性接反，以免损坏电解电容或使电容发生爆炸。

电容滤波电路简单，输出电压 U_o 较高，脉动较小，但外特性差，适用于负载电压较高、负载变动不大的场合。

【例 7-2】　在单相桥式整流电容滤波电路中，已知交流电源的频率 $f = 50\text{Hz}$，要求输出直流电压为 30V，输出电流为 0.3A。试求：（1）变压器二次电压有效值；（2）选择整流二极管；（3）选择滤波电容。

解：（1）变压器二次电压有效值为

$$U_2 = \frac{U_o}{1.2} = \frac{30}{1.2}\text{V} = 25\text{V}$$

（2）流过二极管电流的平均值为

$$I_{V(AV)} = \frac{I_{o(AV)}}{2} = \frac{0.3}{2}\text{A} = 0.15\text{A}$$

二极管承受的最大反向电压为

$$U_{R\max} = \sqrt{2}U_2 = 25\sqrt{2}\text{V} = 35.4\text{V}$$

可以选择四只 2CP21 二极管，其最大整流平均电流为 0.3A，最高反向工作电压为 100V。

（3）选择滤波电容

$$R_L = \frac{U_o}{I_o} = \frac{30}{0.3}\Omega = 100\Omega$$

$$T = \frac{1}{f} = \frac{1}{50}\text{s} = 0.02\text{s}$$

取

$$R_L C = 5 \times \frac{T}{2} = 5 \times \frac{0.02}{2}\text{s} = 0.05\text{s}$$

$$C=\frac{0.05}{R_L}=\frac{0.05}{100}\text{F}=500\mu\text{F}$$

滤波电容所承受的最高电压为

$$\sqrt{2}U_2=25\sqrt{2}\text{V}=35.4\text{V}$$

可选择500μF/50V 的电解电容器。

7.3.2　电感滤波电路

电感滤波电路是利用电感的隔交通直作用来实现滤波作用的。由于电感对交流呈现一定的阻抗，整流后所得到的单向脉动直流电中的交流成分将降落在电感上。感抗越大，降落在电感上的交流成分越多；又由于可忽略电感的电阻，电感对于直流没有压降，所以整流后所得到的单向脉动直流电中的直流成分经过电感，全部落在负载电阻上，从而使得负载电阻上所得到的输出电压的脉动减小，达到滤波的目的。电感滤波器的工作频率越高、电感量越大，滤波效果越好。

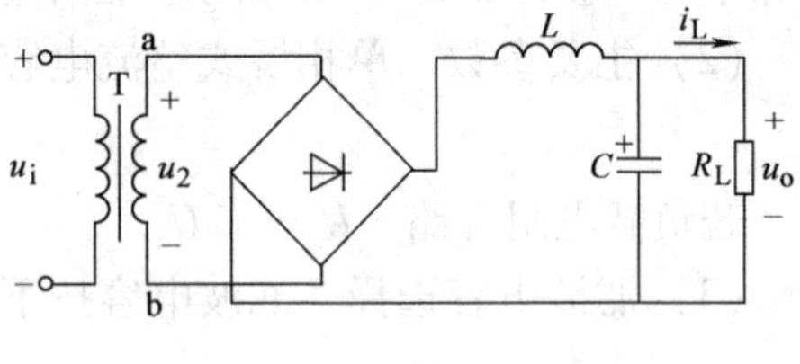

图 7-8　电感电容滤波电路

7.3.3　电感电容滤波电路

电感电容滤波电路（*LC* 滤波电路）如图 7-8 所示。*LC* 滤波电路适用于电流较大、要求输出电压脉动很小的场合，尤其适用于高频整流，如开关电源电路。对于电流较大、负载变化较大，且对输出电压的脉动程度要求不太高的场合，也可将电容除去，如晶闸管电路电源。

7.3.4　*RC*-π 形滤波电路

RC-π 形滤波电路如图 7-9 所示。它是利用 R 和 C 对输入回路整流后的电压的交直流分量的不同分压作用来实现滤波作用的。电阻 R 对交直流分量均有同样的降压作用，但是因为电容 C_2 的交流阻抗很小，这样电阻 R 与电容 C_2 及 R_L 配合以后，使交流分量较多地降在电阻 R 两端，而较少地降在负载 R_L 上，从而起到滤波作用。R 越大，C_2 越大，滤波效果越好。但 R 不能太大，R 太大将使直流压降增大，能量无谓地消耗在 R 上。

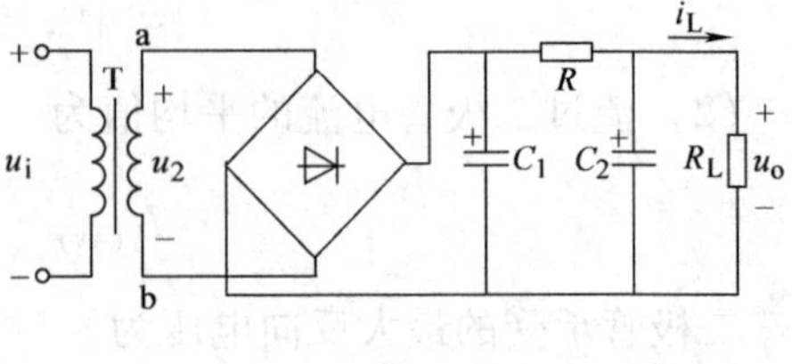

图 7-9　*RC*-π 形滤波电路

桥式整流 *RC*-π 形滤波电路的输出电压可用下式估算：

$$U_{o(AV)}=\frac{R_L}{R+R_L}\times 1.2U_2 \tag{7-23}$$

这种滤波电路适用于负载电流较小而又要求输出电压脉动小的场合。

7.4 线性集成稳压器

目前，集成稳压器已达百余种，并且成为模拟集成电路的一个重要分支。它具有输出电流大、输出电压高、体积小、重量轻、可靠性高和安装调试方便等一系列优点，在电子电路中应用十分广泛，已逐渐取代由分立元件组成的稳压电路。

集成稳压器是稳压电源的核心，可按如下方式分类：

1）根据对输入电压变换过程的不同，可划分为线性集成稳压器和开关式集成稳压器。

2）根据输出电压是否可调可分为：①固定式稳压器，它的输出电压是固定的；②可调式稳压器，这类器件外接元件可使输出电压能在较大范围内调节。

3）根据引脚数量划分，可分为三端式和多端式。

7.4.1 串联型稳压电路的工作原理

1. 电路组成

串联型稳压电路原理图和框图如图7-10所示。

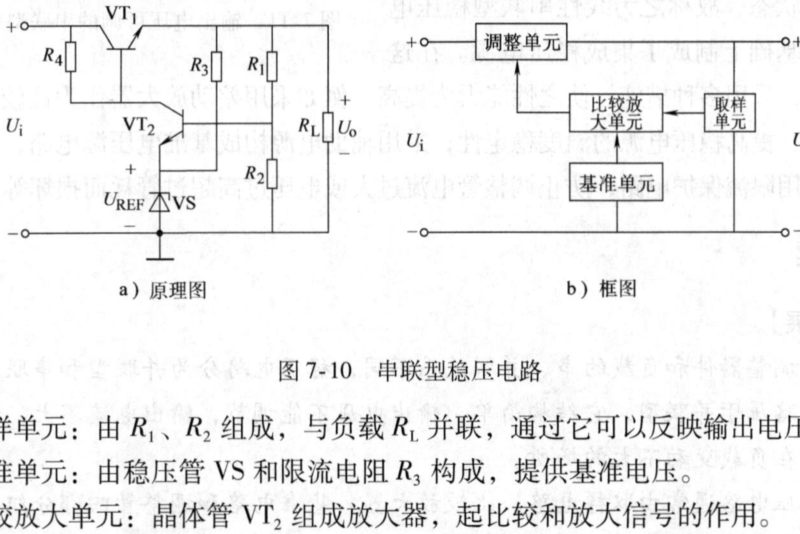

图7-10　串联型稳压电路

1）取样单元：由 R_1、R_2 组成，与负载 R_L 并联，通过它可以反映输出电压 U_o 的变化。

2）基准单元：由稳压管VS和限流电阻 R_3 构成，提供基准电压。

3）比较放大单元：晶体管 VT_2 组成放大器，起比较和放大信号的作用。

4）调整单元：由晶体管 VT_1、R_4 组成。VT_1 是串联型稳压电路的核心器件，必须选择大功率晶体管。VT_1 为调整管，R_4 既是 VT_2 的集电极负载电阻，又是 VT_1 的基极偏流电阻，使 VT_1 处于放大状态。

2. 工作原理

当电网电压波动或者负载电阻变化时，都会引起输出电压变化。

假设电网电压波动，输入电压增加，使得输出电压增大，则该稳压电路的稳压原理为：

输出电压 U_o 增加时，经 R_1、R_2 的取样电压 $U_{R2}=\dfrac{U_oR_2}{R_1+R_2}$ 相应增加，于是 VT_2 的基极电压 $U_{B2}=U_{R2}>U_{REF}$，$U_{BE2}=U_{R2}-U_{REF}$，式中 U_{REF} 是稳压管提供的基准电压，其值基本不变，

致使 U_{BE2} 增大，I_{C2} 随之增大，VT_2 的集电极电压 U_{C2} 下降，由于 VT_1 的基极电压 $U_{B1}=U_{C2}$，因而 I_{C1} 减小，VT_1 管压降 U_{CE1} 增大，使输出电压 $U_o=U_i-U_{CE1}$ 下降，结果使 U_o 基本保持恒定。上述电压调节过程为负反馈过程。过程如下：

$$U_i\uparrow \longrightarrow U_o\uparrow \longrightarrow U_{R2}\uparrow \longrightarrow U_{BE2}\uparrow \longrightarrow I_{B2}\uparrow \longrightarrow I_{C2}\uparrow$$
$$U_o\downarrow \longleftarrow U_{CE1}\uparrow \longleftarrow I_{C1}\downarrow \longleftarrow I_{B1}\downarrow \longleftarrow U_{BE1}\downarrow \longleftarrow U_{CE2}\downarrow$$

假设负载电阻变化，电阻减小，则该稳压电路的稳压过程为：

$$R_L\downarrow \longrightarrow U_o\downarrow \longrightarrow U_{R2}\downarrow \longrightarrow U_{BE2}\downarrow \longrightarrow I_{B2}\downarrow \longrightarrow I_{C2}\downarrow$$
$$U_o\uparrow \longleftarrow U_{CE1}\downarrow \longleftarrow I_{C1}\uparrow \longleftarrow I_{B1}\uparrow \longleftarrow U_{BE1}\uparrow \longleftarrow U_{CE2}\uparrow$$

改变 R_2 的阻值就可改变输出电压，若在图 7-10 的 R_1、R_2 串联电路中串接电位器 RP，组成输出电压可调的串联型稳压电路如图 7-11 所示。图中用集成运算放大器构成比较放大器，调节 RP 可以改变输出电压 U_o 的大小。

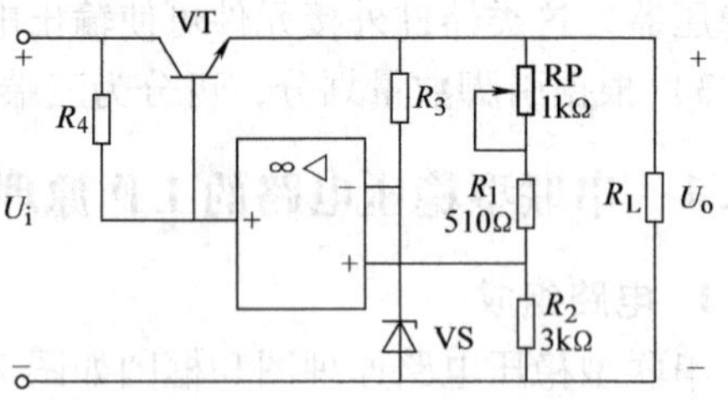

图 7-11　输出电压可调的串联型稳压电路

在这种电源中，起调节作用的晶体管必须工作于线性放大状态，故称之为线性串联型稳压电源。人们在此基础上制成了集成稳压电源。在这种稳压电源中，采用多种措施，使之性能大为提高。例如采用差动放大器作为比较放大器，以抑制零点漂移，提高稳压电源的温度稳定性；采用辅助电源构成基准电压源电路，提高电源的稳压系数；采用限流保护电路，防止调整管电流过大或电压过高超过管耗而损坏等。

读一读

【知识拓展】

根据电压调整器件和负载的串、并联关系不同，稳压电路分为并联型和串联型两类，硅稳压管稳压电路属于并联型，它结构简单，输出电压不能调节，输出电流不大，稳压性能较差，因此多用在负载变动不大的场所。

串联型稳压电路通常由取样电路、比较放大器、基准电路和调整管四部分组成，整个稳压电路是一个负反馈闭环系统，系统中各个环节的性能优劣，都直接影响稳压性能。取样电路通常由温度系数较小的电阻构成。基准电路可采用合适的稳压管或具有温度补偿的稳压管所组成的稳压管稳压电路。比较放大器一般要求它具有较高的电压增益和较小的温度漂移，可用差动放大器或集成运算放大器作为比较放大器。调整管的电压调节作用，是根据比较放大器输出的误差电压实现的，一般要求调整管的 β 大一些，故常用复合调整管。

7.4.2　三端固定输出集成稳压器

1. 三端固定输出集成稳压器的分类及外形图

三端固定输出集成稳压器的三端指输入端、输出端及公共端三个引出端。

（1）分类　三端固定输出集成稳压器有输出正电压的 7800 系列和输出负电压的 7900 系

列。

三端固定输出集成稳压器命名方法如下：

前缀	系列	电流	电压
W	78 或 79	×	××
厂标	固定输出正电压或负电压	最大输出电流	输出电压

国产三端固定输出集成稳压器的输出电压有 5V、6V、9V、12V、15V、18V 和 24V，共 7 种。其最大输出电流大小用字母表示，字母与最大输出电流对应表见表 7-1。

表 7-1　集成稳压器字母与最大输出电流对应表

字　母	L	N	M	无字母	T	H	P
最大输出电流/A	0.1	0.3	0.5	1.5	3	5	10

例如，CW7805 为国产三端固定输出集成稳压器，输出电压为 +5V，最大输出电流为 1.5A；LM79M9 为美国国家半导体公司生产的 −9V 稳压器，最大输出电流为 0.5A。CW7800 系列、CW7900 系列三端固定输出集成稳压器装上足够大的散热器后，耗散功率可达 15W。

（2）引脚排列　三端固定输出集成稳压器的封装及引脚排列如图 7-12 所示。

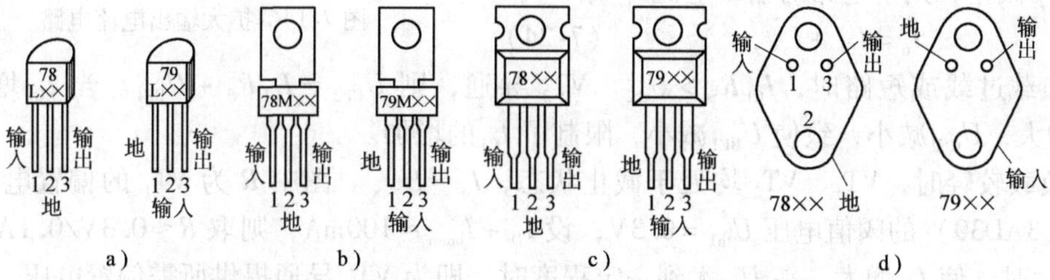

图 7-12　三端固定输出集成稳压器的封装及引脚排列

2. 三端固定输出集成稳压器应用电路

（1）固定电压输出电路　用三端固定输出集成稳压器组成的固定电压输出电路如图 7-13 所示。

图 7-13a 为输出正电压电路。图中 C_1 为抗干扰电容，用以旁路在输入导线过长时串入的高频干扰脉冲；C_2 具有改善输出瞬态特性和防止电路产生自激振荡的作用；虚线所接二极管对稳压器起保护作用。如不接二极管，当输入端短路且 C_2 容量较大时，C_2 上的电荷通过稳压器内电路放电，可能使集成块击穿而损坏。接上二极管后，C_2 上电压使二极管正偏导通，电容通过二极管放电从而保护了稳压器。C_1、C_2 一般选涤纶电容，容量为 0.1μF 至几个 μF。安装时，两电容应直接与三端固定输出集成稳压器的引脚根部相连。

图 7-13b 为输出正、负电压电路。图中 VD_5、VD_6 起保护集成稳压器的作用。在

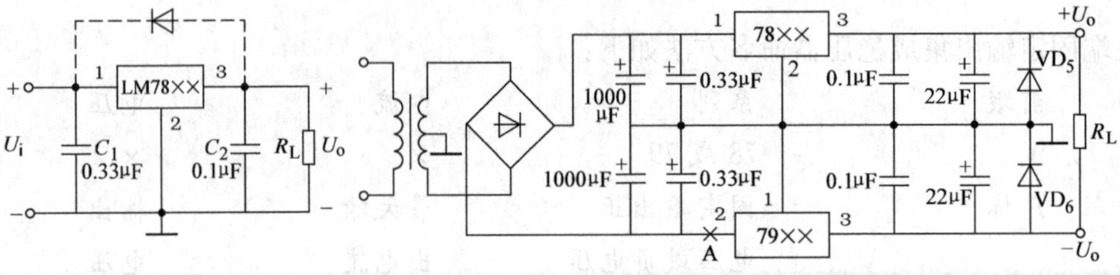

a）输出正电压电路　　b）输出正、负电压电路

图 7-13　固定电压输出电路

输出端接负载的情况下，如果其中一路稳压器输入 U_i 断开，如图中 79××的输入端 A 点断开，则 $+U_o$ 通过 R_L 作用于 79××的输出端，使它的输出端对地承受反向电压而损坏。有了 VD_6，在上述情况发生时，VD_6 正偏导通，使反向电压钳制在 0.7V，从而保护了集成稳压器。

（2）扩大输出电流电路　扩大输出电流电路如图 7-14 所示。图中 VT_1 为外接功率管，起扩大输出电流的作用。VT_2 与 R_S 组成功率管短路保护电路。

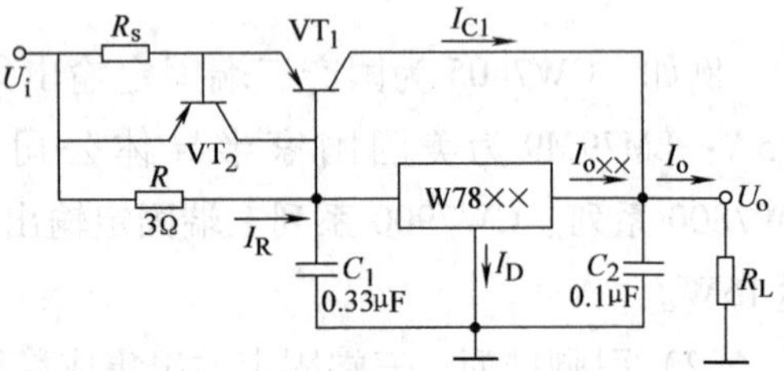

图 7-14　扩大输出电流电路

若集成稳压器的输出电流为 $I_{o××}$，在负载正常情况下，$I_{C1}R_S-U_{BE2}$ 小于 VT_2 的阈值电压 U_{th2}，VT_2 截止，则本电路的输出电流 I_o 为

$$I_o=I_{C1}+I_{o××} \tag{7-24}$$

当负载过载或短路时，$I_{C1}R_S>U_{th2}$，VT_2 导通，则 $U_{CE2}\approx I_{C1}R_S+U_{BE1}$。当 I_{C1} 增大时，U_{BE2} 也增大，U_{CE2} 减小，致使 U_{BE1} 减小，限制了 I_{C1} 的增加。

当负载较轻时，VT_1、VT_2 均处于截止状态，$I_o\approx I_{o××}$。图中 R 为 VT_1 的偏置电阻，选取 VT_1（3AD30）的阈值电压 $U_{th1}=0.3V$，设 $I_D+I_{omin}\approx 100mA$，则取 $R\approx 0.3V/0.1A=3\Omega$。当 I_o 增大时，使 I_R 增大，在 U_R 大到一定程度时，即为 VT_1 导通提供所需偏置电压。

（3）扩大输出电压电路　W7800 和 W7900 系列三端固定输出集成稳压器的输出电压绝对值最大为 24V，若要高于此值，可采用图 7-15 所示电路。图 7-15a 为电阻分压电路，从中可得

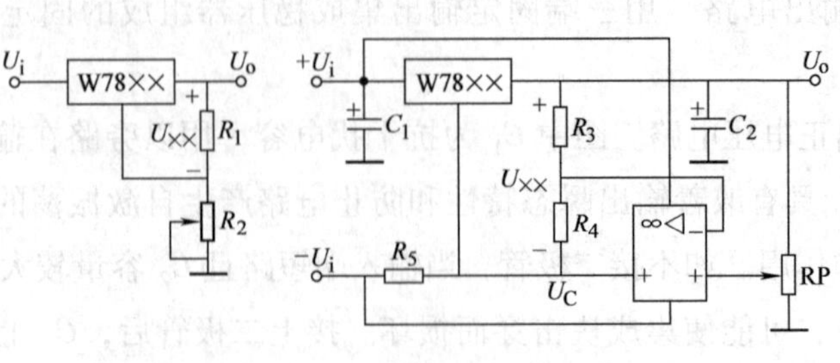

a）　　b）

图 7-15　扩大输出电压电路

$$U_o = \left(1+\frac{R_2}{R_1}\right) U_{\times\times} \tag{7-25}$$

图7-15b中的集成运算放大器组成差动输入组态，R_4 为负反馈电阻。该电路既提高了输出电压，又达到了输出电压可调的目的。

注意：三端固定输出集成稳压器使用时对输入电压有一定要求。过低会使稳压器在电网电压下降时不能正常稳压，过高会使稳压器内部输入级击穿，因此使用时应查阅手册中输入电压范围。一般输入电压应大于输出电压2～3V以上。

7.4.3　三端可调输出集成稳压器

三端可调输出集成稳压器输出电压可调，且稳压精度高，输出纹波小，只需外接两只不同的电阻即可获得各种输出电压。

1. 三端可调输出集成稳压器的分类及外形图

（1）分类　可分为三端可调正电压输出集成稳压器和三端可调负电压输出集成稳压器。常用的三端可调正电压输出集成稳压器有CW117、CW217和CW317三种系列，这三种系列具有相同的引出端、相同的基准电压和相似的内部电路，所不同的是它们的工作温度范围，分别是-55～150℃、-25～150℃和0～125℃。三端可调负电压输出集成稳压器有CW137、CW237和CW337三种系列。

三端可调输出集成稳压器产品分类见表7-2。

表7-2　三端可调输出集成稳压器产品分类

类　　型	产品系列或型号	最大输出电流 I_{om}/A	输出电压 U_o/V
正电压输出	CW117L/217L/317L	0.1	1.2～37
	CW117M/217M/317M	0.5	1.2～37
	CW117/217/317	1.5	1.2～37
	CW150/250/350	3	1.2～33
	CW138/238/338	5	1.2～32
	CW196/396	10	1.25～15
负电压输出	CW137L/237L/337L	0.1	-1.2～-37
	CW137M/237M/337M	0.5	-1.2～-37
	CW137/237/337	1.5	-1.2～-37

（2）引脚排列　三端可调输出集成稳压器引脚排列如图7-16所示。除输入端、输出端外，另一端称为调整端。

2. 三端可调输出集成稳压器应用电路

三端可调输出集成稳压器应用电路如图7-17所示。

该电路的输出电压为1.2～37V连续可调，最大输出电流为1.5A。它的最小输出电流，由于集成块电路参数限制，不得小于5mA。CW317的输出端与调整端（ADJ）之间电压 U_{REF} 固定在1.2V，调整端的电流很小且十分稳定（50μA），因此输出电压为

$$U_o = 1.2\left(1+\frac{R_2}{R_1}\right)\text{ V} \tag{7-26}$$

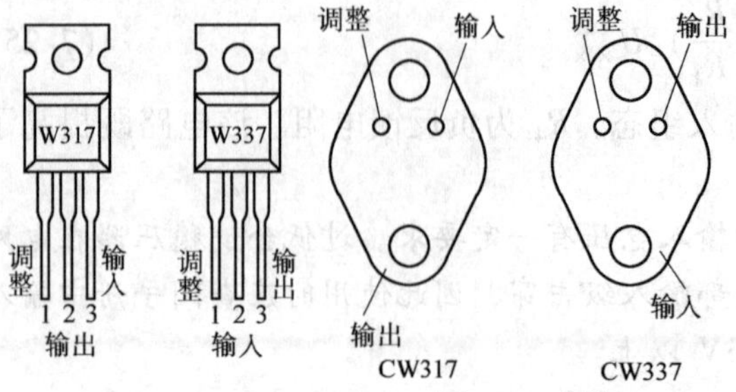

a）TO—220 封装　　b）TO—3 封装

图 7-16　三端可调输出集成稳压器引脚排列图

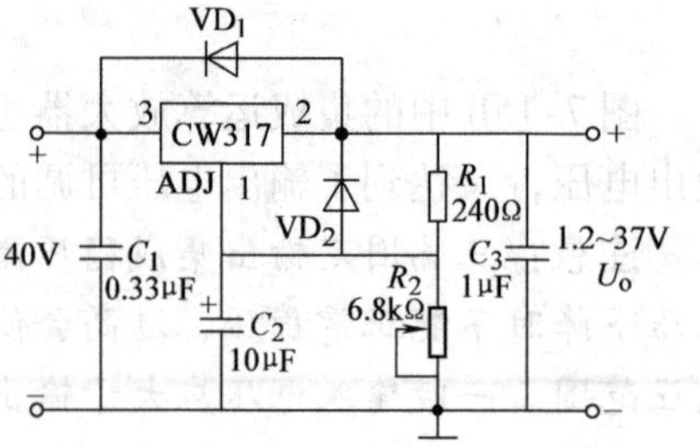

图 7-17　三端可调输出集成稳压器应用电路

在图 7-17 中，R_1 跨接在输出端与调整端之间，为保证负载开路时输出电流不小于 5mA，R_1 的最大值为 $R_{1max} = U_{REF}/5mA = 240\Omega$。本电路要求最大输出电压为 37V。$R_2$ 为输出电压调节电阻；C_1 为输入端滤波电容，可抵消电路的电感效应和滤除输入端窜入的干扰脉冲；C_2 是为了减小 R_2 两端纹波电压而设置的；C_3 是为了防止输出端负载呈容性时可能出现的阻尼振荡；VD_1、VD_2 是保护二极管。

技能训练 7　集成直流稳压电源的调整与测试

1. 实训目的

1）加深对直流稳压电源工作原理的理解，掌握电路元器件的选择方法。

2）熟悉三端固定输出集成稳压器的型号、参数及其应用。

3）掌握直流稳压电源的调整与测试方法。

2. 实训指导

稳压电源的技术指标分为两类：一类是特性指标，包括允许的输入电压、输出电压、输出电流及输出电压调节范围等；另一类是质量指标，用来衡量输出直流电压的稳定程度，包括稳压系数、输出电阻、温度系数及纹波电压等。

（1）特性指标

1）输出电压范围。符合稳压电源工作条件情况下，稳压电源能够正常工作的输出电压范围，该指标的上限是由最大输入电压和最小输入-输出电压差所决定，其下限由稳压电源内部的基准电压值决定。

2）最大输入-输出电压差。该指标表征在保证稳压电源正常工作条件下稳压电源所允许的最大的输入与输出之间的电压差值，其值主要取决于稳压电源内部调整晶体管的耐压指标。

3）最小输入-输出电压差。该指标表征在保证稳压电源正常工作条件下，稳压电源所需的最小的输入与输出之间的电压差值。

4）输出电流范围。输出电流范围又称为输出负载电流范围，在这一电流范围内，稳压电源应能保证符合指标规范所给出的指标。

（2）质量指标

1）电压调整率 S_V。电压调整率是表征稳压电源稳压性能优劣的重要指标，又称为稳压系数或稳定系数，它表征当输入电压 U_i 变化时稳压电源输出电压 U_o 稳定的程度，通常以单位输出电压下的输入和输出电压的相对变化的百分比表示。

$$S_V = \left.\frac{\dfrac{\Delta U_o}{U_o}}{\Delta U_i} \times 100\% \right|_{\substack{\Delta I_o = 0 \\ \Delta T = 0}}$$

电压调整率也可定义为：在温度和负载恒定条件下，输入电压变化10%时，输出电压的变化量 ΔU_o，单位为mV。

2）电流调整率 S_i。电流调整率是反映稳压电源负载能力的一项主要指标，又称为电流稳定系数。它表征当输入电压不变时，稳压器对由于负载电流（输出电流）变化而引起的输出电压的波动的抑制能力，在规定的负载电流变化的条件下，通常以单位输出电压下的输出电压变化值的百分比来表示稳压电源的电流调整率$\left(\dfrac{\Delta U_o}{U_o} \times 100\%\right)$。

3）纹波抑制比 S_R。纹波抑制比反映了稳压电源对输入端引入的市电电压的抑制能力，当稳压电源输入和输出条件保持不变时，稳压电源的纹波抑制比常以输入纹波电压峰峰值与输出纹波电压峰峰值之比表示，一般用分贝数表示，但是有时也可以用百分数表示，或直接用两者的比值表示。

4）温度系数 S_T。集成稳压电源的温度系数是在所规定的稳压电源工作温度最大变化范围内，稳压电源输出电压的相对变化的百分比值$\left(\dfrac{\Delta U_o}{U_o} \times 100\%\right)/\Delta T$。

5）输出电阻 R_o。当输入电压和温度不变时，因 R_L 变化，导致负载电流变化了 ΔI_o，相应的输出电压变化了 ΔU_o，两者比值的绝对值称为输出电阻 R_o。R_o 的大小反映了直流电源带负载能力的大小，其值越小，带负载能力越强。

$$R_o = \left.\frac{\Delta U_o}{\Delta I_o}\right|_{\substack{\Delta U_i = 0 \\ \Delta T = 0}}$$

3. 实训仪器

1）双踪示波器一台。

2）交流毫伏表一块。

3）直流电压表一块。

4）直流毫安表一块。

5）滑线变阻器一只。

4. 实训内容与步骤

（1）直流稳压电源的调整测试方法　在直流稳压电源通电测试之前，必须认真对安装电路进行下列检查。

1）对电源变压器的绝缘电阻进行检测，以防止因变压器漏电危及人身和设备的安全。一般采用绝缘电阻表测量一二次绕组之间、各绕组与接地屏蔽层之间以及绕组与铁心之间的绝缘电阻，其值不应小于1000MΩ，如果用万用表高电阻档检测，则其指示电阻均应为无穷大。

2）电源变压器的一次绕组与二次绕组不能接错，否则将会造成变压器损坏或电源故障。

3）二极管的管脚（或整流桥的引脚）和滤波电容的极性不能接反，否则将会损坏元器件。

4）三端稳压器的输入端、输出端和公共端要识别清楚，不能接错。特别是公共端不能开路，一旦开路，输出电压 U_o 很可能接近输入电压 U_i，导致负载损坏。

5）输出负载端不应有短路现象。

（2）直流稳压电源的调整测试步骤

1）空载检查测试。

① 将图 7-18 中的 A 点断开，接入 220V 交流电压，用万用表交流电压档测量变压器二次电压值，其值应符合设计值。若偏高或偏低，则可通过改变电源变压器的二次绕组的抽头进行调整。然后检查变压器的温升，若变压器短期通电后温度明显升高，甚至发烫，则说明变压器质量比较差，不能使用。这是由于一次绕组匝数过少（或铁心叠厚不够）致使变压器一次侧空载电流过大引起的。若变压器性能正常，则可进行下一步测试。

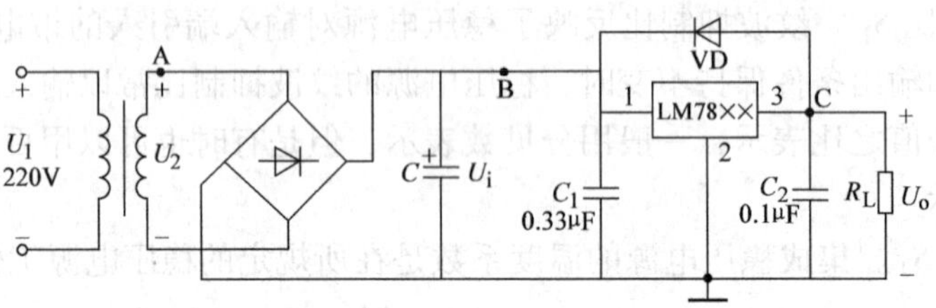

图 7-18　集成直流稳压电源

② 将图 7-18 中 A 点接通，B 点断开，并接通 220V 交流电压，观察电路有无异常现象（如整流二极管是否发烫等），然后用万用表直流电压档测量整流滤波电路输出的直流电压 U_i，其值应接近于 $1.4U_2$（U_2 为电源变压器二次电压的有效值）。否则应断开 220V 交流电压，检查电路，消除故障后再进行通电测试。

③ B 点电压测量正常后，应断开负载 R_L，接通 B 点后再接通 220V 交流电压，测量集成稳压器的输出电压 U_o，其值应为设计值。若集成稳压器采用三端固定输出集成稳压器，则 U_o 应为集成稳压器的额定输出电压；若采用三端可调输出集成稳压器，则调节取样电路可变电阻时，U_o 应跟随变化，且其变化范围应符合设计值。否则应切断电源进行检查，消除故障后再进行测试。最后检查稳压器输入端、输出端之间的电压值，其值应大于最小电压差。

2）加负载检查测试。上述检查符合要求后，则稳压电路工作基本正常，此时可接上额定负载 R_L 并调节输出电压，使其为额定值（固定输出稳压器不需调节），测量 U_2、U_i、U_o 的大小，观察其是否符合设计值（此时 U_2、U_i 的测量值要比空载测量值略小，且 $U_i \approx 1.2U_2$，而 U_o 基本不变），并根据 U_i、U_o 及负载电流 I_o 核算集成稳压电路的功耗是否小于规定值。然后用示波器观察 B 点和 C 点的纹波电压，若纹波电压过大，则应检查滤波电容是否接好，容量是否偏小或电解电容是否已失效。此外，还可检查桥式整流电路四个二极管特性是否一致等。如有干扰或自激振荡（其频率与 50Hz、100Hz 不同），则应设法消除。

3）质量指标测量。

① 电压调整率 S_V 测量　由于集成直流稳压电源的电压调整率比较小，若要准确测量输出电压的变化量，则需采用多位数字式电压表。若采用普通万用表直流电压档测量，则只能

利用小量程电压档进行差值测量，其方法如图7-19所示。图中，U_Q为基准电压，可由稳定度比较高的直流电源供给，调节U_Q使之与集成直流稳压电源的输出电压U_o近似相等，然后用万用表直流电压小量程档（例如1V档）即可测出U_o的变化量。

为了调节交流输入电压，集成直流稳压电源输入端可接入自耦变压器，如图7-20所示。调节自耦变压器使U_i等于220V，并调节集成直流稳压电源及负载R_L使I_o、U_o为额定值，然后调节自耦变压器，分别使U_i为242V（增加10%）、198V（减小10%），并测出两者对应的输出电压U_o，即可求得变化量ΔU_o。将其中较大者代入电压调整率公式，可得到该电路的电压调整率。

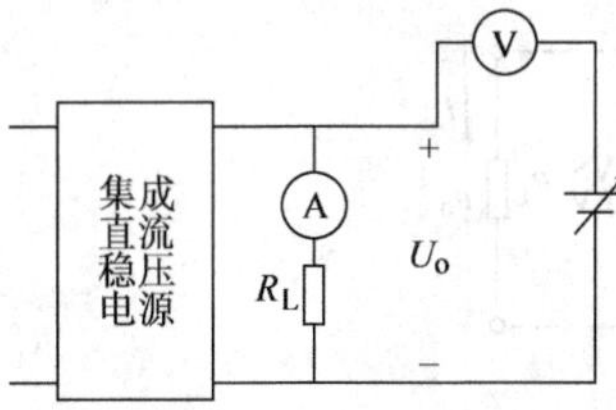

图7-19　用差值法测量ΔU_o

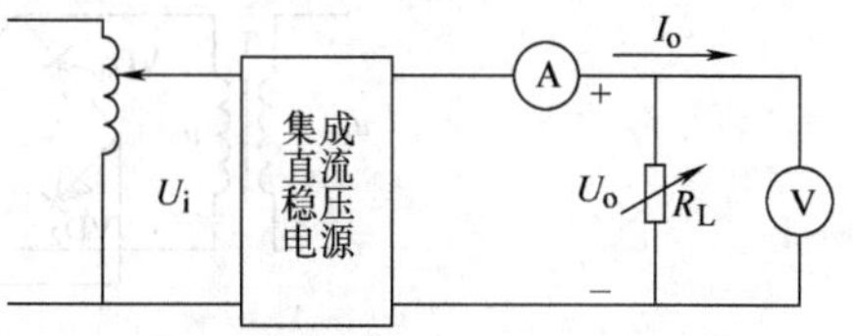

图7-20　S_V的测量电路

② 电流调整率S_i及输出电阻R_o的测量。使U_i为220V并保持不变，分别测量负载电流为零和额定值时的输出电压，将对应的输出电压变化量ΔU_o和负载电流变化量ΔI_o代入电流调整率S_i及输出电阻R_o的公式，即可求得S_i、R_o。

③ 纹波电压的测量。使U_i为200V并保持不变，在额定输出电压、额定输出电流的情况下，用示波器测出输出电压中纹波电压的峰值。

5. 实训报告要求

实训报告的主要内容有：实训目的，电路元器件的选择及参数估算，原理图及材料清单，调试内容及步骤，数据记录，调试结果整理分析等。

6. 思考题

在测量电压调整率S_V和内阻R_o时，应怎样选择测试仪表？

本 章 小 结

1）整流是利用二极管的单向导电性将交流电变成单向脉动电流，常见整流电路有单相半波、全波和桥式整流电路。在全波和桥式整流电路中，二极管要装接正确，否则二极管会因短路而过电流烧毁。

2）整流输出电压含有交流谐波成分，用电容、电感和电阻等元件组成滤波电路，接在整流电路与负载之间，起平滑输出电压的作用。

3）串联型稳压电路主要由取样电路、基准源、比较放大器和调整管组成。

4）三端线性集成稳压器具有稳压性能好、品种多、体积小、重量轻、使用方便和安全可靠等优点，但效率不高。利用三端固定输出集成稳压器和三端可调输出集成稳压器可组成不同的实用电路。本章介绍了三端线性集成稳压器的使用常识及其常见实用电路。

思考与练习题

7-1　填空题

(1) 直流稳压电源由________、________、________和________四部分组成。

(2) 如图7-21所示，设 $U_2=10\text{V}$，则 U_i 为________；若电容虚焊，则 U_i 为________；若电阻 R 短路，会出现________；设电路工作正常，当电网电压波动使 U_2 增大时（负载不变），则 I_R 将________；若二极管 VD_2 接反，则________；设电路正常工作，当负载电流 I_L 增大时（电网电压不变），则 I_R 将________。

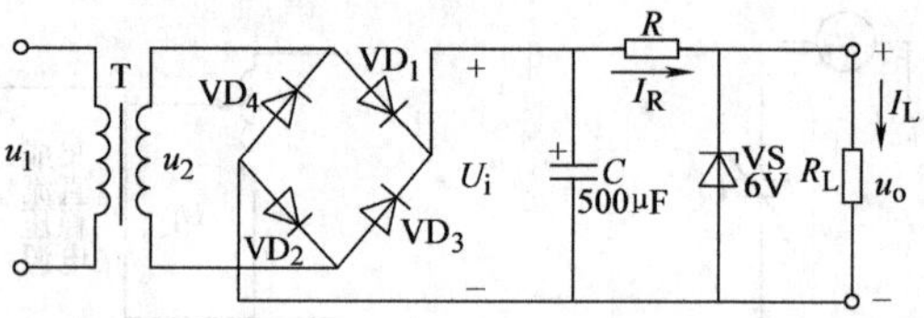

图7-21　题7-1（2）图

(3) 在单相二极管整流电路中，设各种电路的变压器二次电压 U_2 均相同，则二极管承受反向电压最高的是________，输出电压最低的是________。

(4) 在桥式整流电容滤波电路、半波整流电容滤波电路、全波整流电容滤波电路三种电路形式中，变压器二次电压 U_2 均相同，负载电阻及滤波电容均相等，二极管承受反向电压最低的是________，负载电流最小的是________。

(5) 某直流负载电阻为20Ω，在直流电源中变压器二次电压相同的条件下，若希望二极管承受的反向电压较小，而输出直流电压较高，则应采用________整流电路；若负载电流为200mA，则宜采用________滤波电路；在负载电流较小的电子设备中，为了得到稳定的但不需要调节的直流输出电压，则可采用________稳压电路或集成稳压器电路；为了适应电网电压和负载电流变化较大的情况，且要求输出电压可调，则可采用________晶体管稳压电路或可调的集成稳压器电路。

(6) 具有放大环节的串联型稳压电路在正常工作时，调整管处于________工作状态。若要求输出电压为18V，调整管压降为6V，整流电路采用电容滤波，则电源变压器二次电压有效值应选________V。

7-2　判断题

(1) 直流电源是一种将正弦信号转换为直流信号的波形变化电路。　(　)

(2) 直流电源是一种能量转换电路，它将交流能量转换成直流能量。　(　)

(3) 在变压器二次电压和负载电阻相同的情况下，桥式整流电路的输出电流是半波整流电路输出电流的2倍。　(　)

(4) 若 U_2 为变压器二次电压的有效值，则半波整流电容滤波电路和全波整流电容滤波电路在空载时的输出电压均为 $\sqrt{2}U_2$。　(　)

(5) 一般情况下，开关型稳压电路比线性稳压电路的效率高。　(　)

(6) 整流电路可将正弦电压变为脉动的直流电压。　(　)

(7) 整流的目的是将高频电流变为低频电流。　(　)

(8) 在单相桥式整流电容滤波电路中，若有一只整流管断开，输出电压平均值变为原

来的一半。（ ）

（9）直流稳压电源中滤波电路的目的是将交流变为直流。（ ）

（10）开关型稳压电源比线性稳压电源效率高的原因是调整管工作在开关状态。（ ）

7-3 某直流负载电阻为20Ω，要求输出电压 $U_o=12V$，采用单相桥式整流电路供电，试选择二极管。

7-4 某直流负载电阻为10Ω，要求输出电压 $U_o=24V$，采用单相桥式整流电路供电。试求：

（1）选择二极管；

（2）电源变压器的电压比与容量。

7-5 有一单相桥式整流电容滤波电路如图7-22所示，交流电频率 $f=50Hz$，负载电阻400Ω，要求直流输出电压 $U_o=24V$，试选择整流二极管及滤波电容。

7-6 由三端固定输出集成稳压器W7815组成的稳压电路如图7-23所示。其中 $R_1=1k\Omega$，$R_2=1.5k\Omega$，三端固定输出集成稳压器本身的工作电流 $I_Q=2mA$，U_i 值足够大。试求输出电压 U_o。

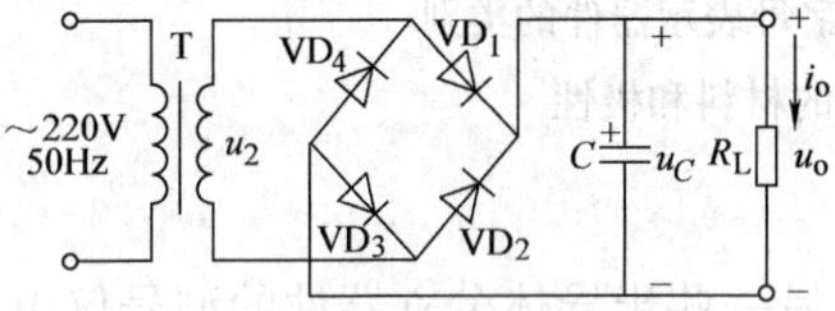

图7-22 题7-5图

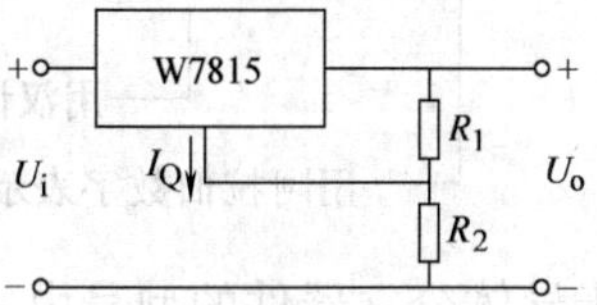

图7-23 题7-6图

7-7 串联型稳压电路如图7-24所示，稳压管VS的稳定电压为5.3V，电阻 $R_1=R_2=200\Omega$，晶体管 $U_{BE}=0.7V$。

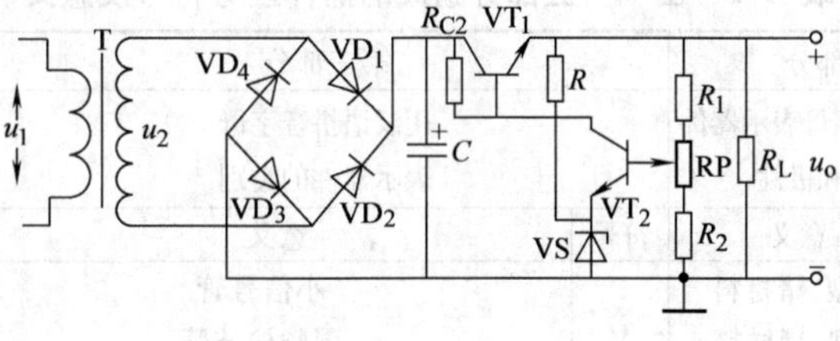

图7-24 题7-7图

（1）试说明电路如下四个部分分别由哪些元器件构成（填空）：①调整管________；②放大环节________，________；③基准环节________，________；④取样环节________，________。

（2）当RP的滑动端在最下端时 $U_o=15V$，求RP的总的电阻值。

（3）当RP的滑动端移至最上端时，$U_o=?$

附　录

附录 A　半导体器件型号命名方法

1. 国产半导体器件型号命名法（摘自国家标准 GB/T 249—1989）

（1）型号组成原则　半导体分立器件的型号五个组成部分的基本意义如下：

第一部分　第二部分　第三部分　第四部分　第五部分

- 第一部分：用阿拉伯数字表示器件的电极数目
- 第二部分：用汉语拼音字母表示器件的材料和极性
- 第三部分：用汉语拼音字母表示器件的类别
- 第四部分：用阿拉伯数字表示序号
- 第五部分：用汉语拼音字母表示规格号

一些半导体分立器件的型号由一～五部分组成，另一些半导体分立器件的型号仅由三～五部分组成。

（2）型号组成部分的符号及其意义

1）由一～五部分组成的器件型号符号及其意义见表 A-1。

表 A-1　由一～五部分组成的器件型号符号及意义

第一部分		第二部分		第三部分		第四部分	第五部分
用阿拉伯数字表示器件的电极数目		用汉语拼音字母表示器件的材料和极性		用汉语拼音字母表示器件的类别		用阿拉伯数字表示序号	用汉语拼音字母表示规格号
符号	意义	符号	意义	符号	意义		
2	二极管	A	N 型,锗材料	P	小信号管		
		B	P 型,锗材料	V	混频检波管		
		C	N 型,硅材料	W	电压调整管和电压基准管		
		D	P 型,硅材料	C	变容管		
3	三极管	A	PNP 型,锗材料	Z	整流管		
		B	NPN 型,锗材料	L	整流堆		
		C	PNP 型,硅材料	S	隧道管		
		D	NPN 型,硅材料	K	开关管		
		E	化合物材料	X	低频小功率晶体管($f_a<3MHz, P_c<1W$)		
				G	高频小功率晶体管($f_a\geqslant3MHz, P_c<1W$)		
				D	低频大功率晶体管($f_a\geqslant3MHz, P_c\geqslant1W$)		
				A	高频大功率晶体管($f_a\geqslant3MHz, P_c\geqslant1W$)		
				T	闸流管		
				Y	体效应管		
				B	雪崩管		
				J	阶跃恢复管		

示例：锗 PNP 型高频小功率晶体管

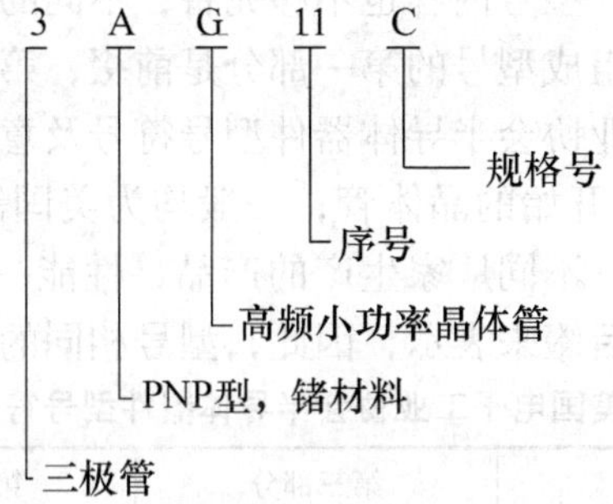

2）由三～五部分组成的器件型号的符号及其意见见表 A-2。

表 A-2　由三～五部分组成的器件型号的符号及其意义

第三部分		第四部分	第五部分
用汉语拼音字母表示器件的类别		用阿拉伯数字表示序号	用汉语拼音字母表示规格号
符号	意义		
CS①	场效应晶体管		
BT	特殊晶体管		
FH	复合管		
PIN	PIN 管		
ZL	整流管阵列		
QL	硅桥式整流器		
SX	双向三极管		
DH	电流调整管		
SY	瞬态抑制二极管		
GS	光电子显示器		
GF	发光二极管		
GR	红外发射二极管		
GJ	激光二极管		
GD	光敏二极管		
GT	光敏晶体管		
GH	光耦合器		
GK	光开关管		
GL	摄象线阵器件		
GM	摄象面阵器件		

① 4CS 表示双绝缘栅场效应晶体管。

示例：场效应晶体管

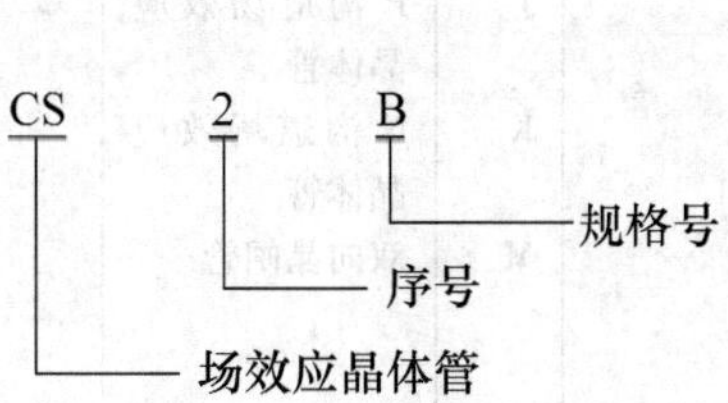

2. 美国电子工业协会半导体器件型号命名法

美国晶体管命名比较散乱，型号内容也不够完备，不同的公司有不同的命名方法，其主要特性和类型未能反映出来。组成型号的第一部分是前缀，第五部分是后缀，中间三部分为型号的基本部分。美国电子工业协会半导体器件型号符号及意义见表 A-3。

凡型号中以 1N、2N 或 3N 开始的晶体管，一般均为美国制造的产品，或按美国某一厂家专利在其他国家生产的产品。不同厂家生产的产品，性能一致的器件都使用同一登记号，某些参数差异通常用第五部分后缀来表示，因此，型号相同的器件可以通用。

表 A-3　美国电子工业协会半导体器件型号符号及意义

第一部分		第二部分		第三部分		第四部分		第五部分	
用符号表示用途的类别		用数字表示PN 结的数目		美国电子工业协会（EIA）注册标志		美国电子工业协会（EIA）登记顺序号		用字母表示器件分档	
符号	意义	符号	意义	符号	意义	符号	意义	符号	意义
JAN 或 J	军用品	1	二极管	N	该器件已在美国电子工业协会注册登记	多位数字	该器件在美国电子工业协会登记的顺序号	A B C D …	同一型号的不同档别
		2	三极管						
无	非军用品	3	三个 PN 结器件						
		n	n 个 PN 结器件						

3. 日本半导体器件型号命名法

日本半导体分立器件的型号一般由五部分组成，各生产厂家还常在其后自行增加一个或两个文字符号，其意义也不相同。日本半导体器件型号符号及意义见表 A-4。

表 A-4　日本半导体器件型号符号及意义

第一部分		第二部分		第三部分		第四部分		第五部分	
用数字表示类型或有效电极数		S 表示日本电子工业协会（EIAJ）注册产品		用字母表示器件的极性及类型		用数字表示在日本电子工业协会登记的顺序号		用字母表示对原来型号的改进产品	
符号	意义	符号	意义	符号	意义	符号	意义	符号	意义
0	光敏（即光电）二极管、晶体管及其组合管	S	表示该器件已在日本电子工业协会（EIAJ）注册登记	A	PNP 型高频管	两位以上的整数	从 11 开始表示在日本电子工业协会注册登记的顺序号，不同公司性能相同器件可以使用同一顺序号，其数字越大越是近期产品	A	用字母表示对原来型号的改进产品
				B	PNP 型低频管			B	
				C	NPN 型高频管			C	
				D	NPN 型低频管			D	
1	二极管			F	P 控制极晶闸管			E	
2	晶体管、具有两个 PN 结的其他晶体管			G	控制极晶闸管			F	
				H	N 基极单结晶体管			…	
3	具有四个有效电极或具有三个 PN 结的晶体管			J	P 沟道场效应晶体管				
				K	N 沟道场效应晶体管				
n－1	具有 n 个有效电极或具有 $n-1$个 PN 结的晶体管			M	双向晶闸管				

附录 B　常用电子元器件的使用知识

电子元器件种类很多，其中最常用的有电阻器和电容器，下面就介绍一下这两个元件。

1. 电阻器

电阻器是电子电路中应用最广泛的电子元件之一，在电路中起限流、分流、降压、分压、负载和匹配等作用。

电阻器的种类繁多，根据电阻器的工作特性及其在电路中的作用来分，可分为固定电阻器、可变电阻器（电位器）和敏感电阻器三大类，它们的符号如图 B-1 所示。其中图 B-1a 是固定电阻器的符号，图 B-1b 是可变电阻器的符号，图 B-1c 是热敏电阻器的符号，图 B-1d是压敏电阻器的符号。

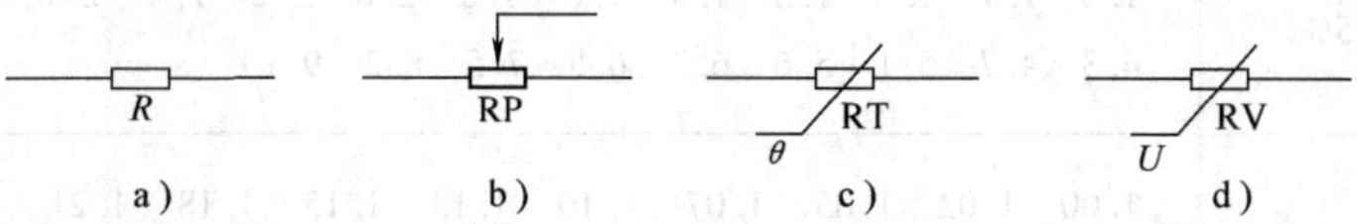

图 B-1　电阻器的图形符号

固定电阻器按其材料的不同，可分为碳膜电阻器、金属膜电阻器、线绕电阻器等。

（1）电阻器的型号及命名方法　根据国家标准 GB/T 2470—1995《电子设备用固定电阻器、固定电容器型号命名方法》的规定，电阻器的型号由以下四个部分组成。

第一部分：主称，用一个字母表示。R 表示电阻器，W 表示电位器。

第二部分：材料，一般用一个字母表示。

第三部分：特征，一般用一个数字或一个字母表示。

第四部分：序号，一般用数字表示。包括：额定功率、阻值、允许误差和精度等级等。

第二、第三部分的符号及含义见表 B-1。

表 B-1　电阻器型号中第二、三部分符号及含义

材料（第二部分）		分类（第三部分）			
符号	含义	符号	含义 电阻器	符号	含义 电阻器
T	碳膜	1	普通	G	功率型
J	金属膜（箔）	2	普通		
Y	氧化膜	3	超高频		
X	线绕	4	高阻		
I	玻璃釉膜	5	高温		
H	合成膜	7	精密		
S	有机实芯	8	高压		
N	无机实芯	9	特殊		

（2）电阻器的主要性能参数

1）标称阻值与允许误差。标注在电阻器上的电阻值称为标称值。电阻值的单位是欧姆，简称欧（Ω）。另外，电阻值还有一些较大的单位，如千欧（kΩ）、兆欧（MΩ），它们之间的关系是：$1M\Omega = 10^3 k\Omega = 10^6 \Omega$。电阻器的实际阻值和标称值之差除以标称值所得到的百分数，为电阻器的允许误差。允许误差越小的电阻器，其标称值规格越多。电阻器的标称值系列见表 B-2。电阻器的标称值是按国家规定的阻值系列标注的，因此选用时必须按此阻值系列选用，使用时将表中的数值乘以 $10^n\Omega$（n 为整数），就成为这一阻值系列。如 E24 系列中的 1.8 就代表 1.8Ω、18Ω、180Ω、1.8kΩ 和 180kΩ 等标称电阻。

表 B-2　电阻器标称值系列

系　列	允许误差	电阻标称值系列
E6	±20%	1.0　1.5　2.2　3.3　4.7　6.8
E12	±10%	1.0　1.2　1.5　1.8　2.2　2.7　3.3　3.9　4.7　5.6　6.8　8.2
E24	±5%	1.0　1.1　1.2　1.3　1.5　1.6　1.8　2.0　2.2　2.4　2.7　3.0　3.3　3.6　3.9 4.3　4.7　5.1　5.6　6.2　6.8　7.5　8.2　9.1
E96	±1%	1.00　1.02　1.05　1.07　1.10　1.13　1.15　1.18　1.21　1.24　1.27　1.30 1.33　1.37　1.40　1.43　1.47　1.50　1.54　1.58　1.62　1.65　1.69　1.74　1.78 1.82　1.87　1.91　1.96　2.00　2.05　2.10　2.15　2.21　2.26　2.32　2.37 2.43　2.49　2.55　2.61　2.67　2.74　2.80　2.87　2.94　3.01　3.09　3.16　3.24 3.32　3.40　3.48　3.57　3.65　3.74　3.83　3.92　4.02　4.12　4.22　4.32 4.42　4.53　4.64　4.75　4.87　4.99　5.11　5.23　5.36　5.49　5.62　5.76　5.90 6.04　6.19　6.34　6.49　6.65　6.81　6.98　7.15　7.32　7.50　7.68　7.87 8.06　8.25　8.45　8.66　8.87　9.09　9.31　9.53　9.76

普通电阻按允许误差大小分三个等级：允许误差为 ±5% 的称为Ⅰ级，允许误差为 ±10% 的称为Ⅱ级，允许误差为 ±20% 的称为Ⅲ级。精密电阻器的误差等级有 ±0.05%、±0.2%、±0.5%、±1% 和 ±2% 等。

标志电阻器的阻值和允许误差的方法有两种：其一是直标法，其二是色标法。直标法是将阻值和允许误差用数字或字母代号直接标在电阻体上，如在电阻体上标阻值 5k1（即 5.1kΩ）、5Ω1（即 5.1Ω）等（这种阻值标法规定，阻值的整数部分标在阻值单位符号的前面，阻值的小数部分标在阻值单位符号的后面）。允许误差用罗马数字表示时，“Ⅰ”表示允许误差为 ±5% 范围内，“Ⅱ”表示允许误差为 ±10%，“Ⅲ”表示允许误差为 ±20%。允许误差用英文字母表示时，“J”表示 ±5%，“K”表示 ±10%，“M”表示 ±20%。若电阻体上没有印允许误差等级，则表示允许误差为 ±20%。

色标法又称色环表示法，即用不同颜色的色环来表示电阻器的阻值及允许误差等级。色环注法有四环法和五环法两种。

四环电阻上有四道色环，第 1 道环和第 2 道环分别表示电阻的第一位和第二位有效数字，第 3 道环表示 10 的乘方数（10^n，n 为颜色所表示的数字），第 4 道环表示允许误差（若无第四道色环，则误差为 ±20%）。各色环颜色所表示的含义见表 B-3。色环法表示的电阻值单位一律是欧。

表 B-3　色环颜色所表示的含义

色别	有效数字	乘方数	允许误差	误差代码	色别	有效数字	乘方数	允许误差	误差代码
银	—	10^{-2}	±10%	K	绿	5	10^5	±0.5%	D
金	—	10^{-1}	±5%	J	蓝	6	10^6	±0.2%	C
黑	0	10^0			紫	7	10^7	±0.1%	B
棕	1	10^1	±1%	F	灰	8	10^8		
红	2	10^2	±2%	G	白	9	10^9		
橙	3	10^3			无色	—	—	±20%	M
黄	4	10^4							

例如，某电阻有四道色环，分别为黄、紫、红、金，则其色环的意义为：①环黄色表示4，②环紫色表示7，③环红色表示10^2，④环金色表示允许误差为±5%。该电阻的阻值为4700Ω（1±5%）。

精密电阻器一般用五道色环标注，前三道色环表示三位有效数字，第四道色环表示10^n（n为颜色所代表的数字），第五道色环表示允许误差。

如某电阻的五道色环分别为橙、橙、红、红、棕，则其阻值为：$332\times10^2\Omega$（1±1%）。

在色环电阻器的识别中，找出第一道色环是很重要的，可用下法识别：

在四环标注中，第四道色环一般是金色或银色，由此可识别出第一道色环。

在五环标注中，第一道色环与电阻的引脚距离最短，由此可识别出第一道色环。

采用色环标注的电阻器，颜色醒目，标注清晰，不易褪色，从不同的角度都能看清阻值和允许误差。目前国际上广泛采用色标法。

2）额定功率。在产品规定的温度和湿度范围内，并假定周围空气不流通、长时间连续工作时，电阻器所允许消耗的最大功率称为电阻器的额定功率。电路中电阻器消耗的实际功率必须小于其额定功率，否则电阻器的阻值及其他性能将会发生改变，甚至会发热烧毁。常用的有1/20W，1/8W，1/4W，1/2W，1W，2W，5W，10W，20W等。

3）极限工作电压。实际电阻器所能承受电压的能力是有限的，特别是阻值较大的电阻器。当电压过高时，虽然实际消耗的功率未超过其额定值，但电阻器内会产生电弧火花，使电阻器损坏或变质。一般来说，额定功率越大的电阻，它的耐压越高。

（3）常用电阻器的结构与特点

1）碳膜电阻器（RT型）。碳膜电阻器是以小瓷棒或瓷管作为骨架，在真空和高温下，沉积一层碳膜作为导电膜，瓷管两端装上金属帽盖和引线，并外涂保护漆而制成。碳膜电阻器的特点是：稳定性好、噪声低、阻值范围大（1Ω~10MΩ）、温度系数不大且价格便宜，它已成为电子电路中应用最广泛的电阻元件。

2）金属膜电阻器（RJ型）。金属膜电阻器的结构与碳膜电阻器差不多，只是导电膜是由合金粉蒸发而成的金属膜。它广泛应用在稳定性及可靠性要求较高的电路中。金属膜电阻器的各项电气性能指标均优于碳膜电阻器，而且体积远小于同功率的碳膜电阻器。

3）金属氧化膜电阻器（RY型）。金属氧化膜电阻器的结构与金属膜电阻器相似，不同的是导电膜为一层氧化锡薄膜。金属氧化膜电阻器的特点是：性能可靠、过载能力强、额定功率大（最大可达15kW），但其阻值范围较小（1Ω~200kΩ）。

4）实心碳质电阻器（RS型）。实心碳质电阻器是用石墨粉作为导电材料，粘土、石棉作为填充剂，另加有机粘合剂，经加热压制而成。由于实心碳质电阻器的制造工艺非常简单，所以价格非常便宜。又因为该电阻器的导电体为实心结构，故其机械强度很高，过负荷能力也很强，可靠性较高。但这种电阻器的缺点较多，如噪声大、精度差、分布电容和分布电感大等，因而逐渐被碳膜电阻器所代替。

5）线绕电阻器（RX型）。线绕电阻器是将金属电阻丝绕在陶瓷或其他绝缘材料的骨架上，表面涂以保护漆或玻璃釉而制成。线绕电阻器的优点为：阻值精度高、噪声小、稳定性高且耐热性能好。线绕电阻器的缺点是：阻值范围小（0.1Ω~5MΩ）、体积较大、固有电感及电容较大，一般不能用于高频电子电路中。

（4）电位器（可变电阻器）的结构与特点　电位器是一种阻值连续可调的电阻器，它靠电阻器内一个活动触点（电刷）在电阻体上滑动，可以获得与转角（旋转式电位器）或位移（直滑式电位器）成一定关系的电阻值。

电位器有立式和卧式之分，分别用于不同的电路安装，它的标称值是最大值，其滑动端到任意一个固定端的阻值在零和最大值之间连续可调。电位器就是可调电阻器加上一个开关，常做成同轴联动形式，如收音机中的音量旋钮和电源开关就是电位器。

按电阻体所用材料的不同，可将电位器分为碳膜电位器（WT）、金属膜电位器（WJ）、有机实芯电位器（WS）、玻璃釉电位器（WL）和线绕电位器（WX）等。一般线绕电位器的允许误差不大于±10%，非线绕电位器的允许误差不大于±2%，其阻值、允许误差和型号均标在电位器的表面。按电位器结构的不同，可将电位器分成单圈电位器、多圈电位器、单联电位器、双联电位器和多联电位器；按开关形式的不同，有旋转式、推拉式和按键式等。按阻值调节的方式不同，又可分为旋转式和直滑式两种。

1）碳膜电位器。碳膜电位器主要由马蹄形电阻片和滑动臂构成，其结构简单，电阻值随滑动触点位置的改变而改变。碳膜电位器的阻值变化范围较宽（100Ω~4.7MΩ）、工作噪声小、稳定性好、品种多，因此广泛应用于电子设备和家用电器中。

2）线绕电位器。线绕电位器由合金电阻丝绕在环状骨架上制成。其优点是能承受大功率且精度高，电阻的耐热性和耐磨性较好。其缺点是分布电容和分布电感较大，会影响高频电路的稳定性，故在高频电路中不宜使用。

3）直滑式电位器。其外形为长方体，电阻体为板条形，通过滑动触点改变阻值。直滑式电位器多用于收录机和电视机中，其功率较小，阻值范围为470Ω~2.2MΩ。

4）方形电位器。这是一种新型电位器，采用碳精接点，耐磨性好，装有插入式焊片和插入式支架，能直接插入印制电路板，不用另设支架。常用于电视机的亮度、对比度和色饱和度的调节，阻值范围在470Ω~2.2MΩ之间，这种电位器属旋转式电位器。

2. 电容器

电容器（简称电容）是一种能存储电能的元件，其特点是：通交流、隔直流、通高频、阻低频。在电路中常用做耦合、旁路、滤波和谐振等用途。电容器按结构不同，可分为固定电容和可变电容。可变电容中又有半可变（微调）电容和全可变电容之分。电容器按材料介质不同，可分为气体介质电容、纸介质电容、有机薄膜电容、瓷介质电容、云母电容、玻璃釉电容、电解电容以及钽电容等。电容器还可分为有极性和无极性电容器。常用的电容器的图形符号如图 B-2 所示。其中图 B-2a 是一般电容器的符号，图 B-2b 是电解电容器的符号，图 B-2c 是可变电容器的符号，图 B-2d 是预调电容器的符号，图 B-2e 是双联同轴可变电容器的符号。

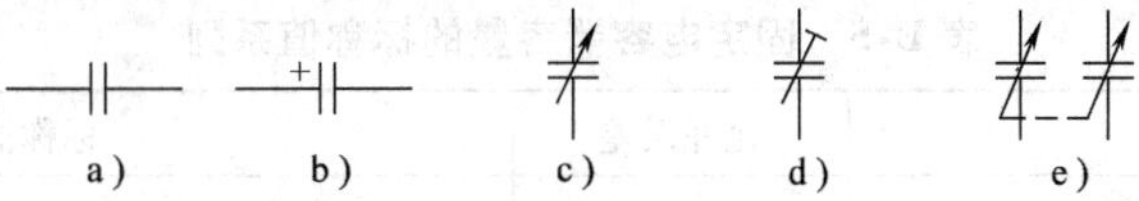

图 B-2　常用电容器的图形符号

（1）电容器的型号及命名方法　根据国家标准 GB/T 2470—1995《电子设备用固定电阻器、固定电容器型号命名方法》的规定，电容器的型号由以下四个部分组成。

第一部分：主称，用一个字母表示。C 表示电容器。

第二部分：材料，一般用一个字母表示。

第三部分：特征，一般用一个数字或一个字母表示。

第四部分：序号，一般用数字表示。包括：品种、尺寸代号、温度特性、直流工作电压、标称值、允许误差、标准代号等。

第二、第三部分的符号及含义如表 B-4 所示。

表 B-4　电容器型号中第二、三部分符号及含义

材料（第二部分）				分类（第三部分）					
符号	含义	符号	含义	数字代号	含义				
					瓷介	云母	玻璃	电解	有机介质
C	1 类陶瓷介质	S	3 类陶瓷介质	1	圆片	非密封		箔式	非密封
Y	云母	H	复合介质	2	管形	非密封		箔式	非密封
I	玻璃釉	D	铝电解	3	叠片	密封		烧结粉　非固体	密封
O	玻璃膜	A	钽电解	4	独石	独石		烧结粉　固体	密封
Z	纸介质	N	铌电解	5	穿心				穿心
J	金属化纸	G	合金电解	6	支柱			交流	交流
B	非极性有机薄膜	T	2 类陶瓷介质	7	交流	标准		无极性	片式
L	极性有机薄膜	E	其他材料电解	8	高压	高压			高压
Q	漆膜			9				特殊	特殊

（2）电容器的主要性能参数

1）标称容量与允许误差。电容器上标注的电容量值称为标称容量。标准单位是法（F），另外还有微法（μF）、纳法（nF）、皮法（pF），它们之间的换算关系为：$1F = 10^6 \mu F = 10^9 nF = 10^{12} pF$。电容器的标称容量与其实际容量之差，再除以标称容量所得的百分比，就是允许误差。

允许误差的标注方法一般有三种：

① 将电容量的允许误差直接标注在电容器上。

② 用罗马数字Ⅰ、Ⅱ、Ⅲ分别表示 ±5%、±10%、±20%。

③ 用英文字母表示误差等级。用 J、K、M、N 分别表示 ±5%、±10%、±20%、±30%；用 D、F、G 分别表示 ±0.5%、±1%、±2%；用 P、S、Z 分别表示 +100% ~

0%、+50% ~ −20%、+80% ~ −20%。

固定电容器容量的标称值系列见表 B-5，任何电容器的标称容量都满足表中标称值系列再乘以 10^n（n 为正或负整数）。

表 B-5 固定电容器容量的标称值系列

电容器类别	允许误差	标称值系列
高频纸介质、云母介质 玻璃釉介质 高频（无极性）有机薄膜介质	±5%	1.0 1.1 1.2 1.3 1.5 1.6 1.8 2.0 2.2 2.4 2.7 3.0 3.3 3.6 3.9 4.3 4.7 5.1 5.6 6.2 6.8 7.5 8.2 9.1
纸介质、金属化纸介质 复合介质 低频（有极性）有机薄膜介质	±10%	1.0 1.5 2.0 2.2 3.3 4.0 4.7 5.0 6.0 6.8 8.2
电解电容器	±20%	1.0 1.5 2.2 3.3 4.7 6.8

电容器的标称值、允许误差标注方法如下：

① 直标法。直标法是指在产品的表面上直接标注出产品的主要参数和技术指标的方法。例如在电容器上标注：33μF（1±5%）、32V。

② 文字符号法。将需要标注的主要参数与技术性能用文字、数字符号有规律地组合标注在产品的表面上。采用文字符号法时，将容量的整数部分写在电容单位符号前面，小数部分放在单位符号后面。

如：3.3pF 标注为 3p3，1000pF 标注为 1n，6800pF 标注为 6n8，2.2μF 标注为 2μ2。

③ 数字表示法。体积较小的电容器常用数字标注法。一般用三位整数，第一位、第二位为有效数字，第三位表示有效数字后面零的个数，单位为皮法（pF），但是当第三位数是 9 时表示 10^{-1}。

如："243" 表示电容为 24000pF，而 "339" 表示电容为 33×10^{-1}pF（3.3pF）。

④ 色标法。电容器的色标法原则上与电阻器类似，其单位为皮法（pF）。

2）额定耐压。额定耐压是指在规定温度范围下，电容器正常工作时能承受的最大直流电压。固定式电容器的耐压系列值有：1.6V、4V、6.3V、10V、16V、25V、32V*、40V、50V、63V、100V、125V*、160V、250V、300V*、400V、450V*、500V、630V、1000V 等（带 * 号者只限于电解电容使用）。耐压值一般直接标在电容器上，但有些电解电容器在正极根部用色点来表示耐压等级，如 6.3V 用棕色、10V 用红色、16V 用灰色。电容器在使用时不允许超过这个耐压值，若超过此值，电容器就可能损坏或被击穿，甚至爆裂。

3）绝缘电阻。绝缘电阻是指加到电容器上的直流电压和漏电流的比值，又称漏电阻。漏电阻越低，漏电流越大，介质耗能越大，电容器的性能就越差，寿命也越短。

（3）常见电容器介绍

1）固定电容器有下列几种类型：

① 纸介质电容器（CZ 型）。纸介质电容器的电极用铝箔或锡箔做成，绝缘介质用浸过蜡的纸相叠后卷成圆柱体密封而成。其特点是容量大、构造简单、成本低，但热稳定性差、损耗大、易吸湿，适用于在低频电路中用作旁路电容和隔直电容。金属化纸介质电容器（CJ 型）的两层电极是将金属蒸发后沉积在纸上形成的金属薄膜，其体积小。特点是：被高

压击穿后有自愈作用。

② 有机薄膜电容器（CB 或 CL 型）。有机薄膜电容器是用聚苯乙烯、聚四氟乙烯、聚碳酸酯或涤纶等有机薄膜代替纸介质，以铝箔或在薄膜上蒸发的金属薄膜作为电极卷绕封装而成。其特点是体积小、耐压高、损耗小、绝缘电阻大、稳定性好，但是温度系数较大。它适于用在高压电路、谐振电路和滤波电路中。

③ 瓷介质电容器（CC 型）。瓷介质电容器是以陶瓷材料作为介质。其特点是结构简单、绝缘性能好、稳定性较高、介质损耗小、固有电感小、耐热性好，但其机械强度低、容量不大。它适于用在高频高压电路中和温度补偿电路中。

④ 云母电容器（CY 型）。云母电容器是以云母为介质，上面喷覆银层或用金属箔作为电极封装而成。其特点是绝缘性好、耐高温、介质损耗极小、固有电感小、工作频率高、稳定性好、工作耐压高。它适于用在高频电路中和高压设备中。

⑤ 玻璃釉电容器（CI 型）。玻璃釉电容器是用玻璃釉粉加工成的薄片作为介质，其特点是介电常数大、体积比同容量的瓷介质电容器小、损耗更小。与云母电容器和瓷介质电容器相比，它更适于在高温下工作，广泛用于小型电子仪器中的交直流电路、高频电路和脉冲电路中。

⑥ 电解电容器。电解电容器是以附着在金属极板上的氧化膜层作为介质，阳极金属极片一般为铝、钽、铌、钛等，阴极是填充的电解液（液体、半液体、胶状），有修补氧化膜的作用。氧化膜具有单向导电性和较高的介质强度，所以电解电容为有极性电容。新出厂的电解电容的长脚为正极，短脚为负极，在电容器的表面上还印有负极标注。电解电容在使用中一旦极性接反，则通过其内部的电流会很大，导致其过热击穿，温度升高产生的气体会引起电容器外壳爆裂。电解电容器的优点是容量大、在短时间过电压击穿后能自动修补氧化膜并恢复绝缘。其缺点是误差大、体积大、有极性要求、其容量随信号频率的变化而变化、稳定性差、绝缘性不好、工作电压不高、寿命较短且长期不用时易变质。电解电容器适用于在整流电路中进行滤波、电源去耦、放大器中的耦合和旁路等。

2）可变电容器有下列几种类型：

① 空气可变电容器。这种电容器以空气为介质，用一组固定的定片和一组可旋转的动片（两组金属片）为电极，两组金属片互相绝缘。动片和定片的组数分为单联、双联、多联等。其特点是稳定性高、损耗小、精确度高，但体积大。它常用于收音机的调谐电路中。

② 薄膜介质可变电容器。这种电容器的动片和定片之间用云母或塑料薄膜作为介质，外面加以封装。由于动片和定片之间距离极近，因此在相同的容量下，薄膜介质可变电容器比空气可变电容器的体积小，重量也轻。常用的薄膜介质密封单联和双联电容器在便携式收音机中广泛使用。

③ 微调电容器。微调电容器有云母、瓷介质和瓷介拉线等几种类型，其容量的调节范围极小，一般仅为几皮法至几十皮法，电路中常用作补偿和校正等。

为防止转动电容器转轴时产生的干扰，可变电容器在安装时一般应将动片接地。

附录 C　模拟电子技术 EWB 仿真实验

Electronics Workbench（虚拟电子工作台）软件是加拿大 Interactive Image Technologies 公

司20世纪80年代末90年代初推出的，它具有界面直观、操作方便的优点，使得它在电子工程设计和电子类课程仿真教学领域得到了广泛的应用。本附录将利用Electronics Workbench5.12（简称EWB）对各章节有关电路进行仿真实验。在EWB环境中，某些元器件符号或参数符号可能与前文中所述不一致，请读者注意。

C.1　EWB软件基本操作方法简介

1. EWB软件操作界面

启动软件后，首先进入主界面，如图C-1所示，它实际上就相当于一个电子实验平台。主界面中有菜单栏、工具栏、元器件库、电路工作区、电路描述区和状态栏等。对于各菜单及工具栏的具体使用方法，请参考相关资料，这里不再详述。

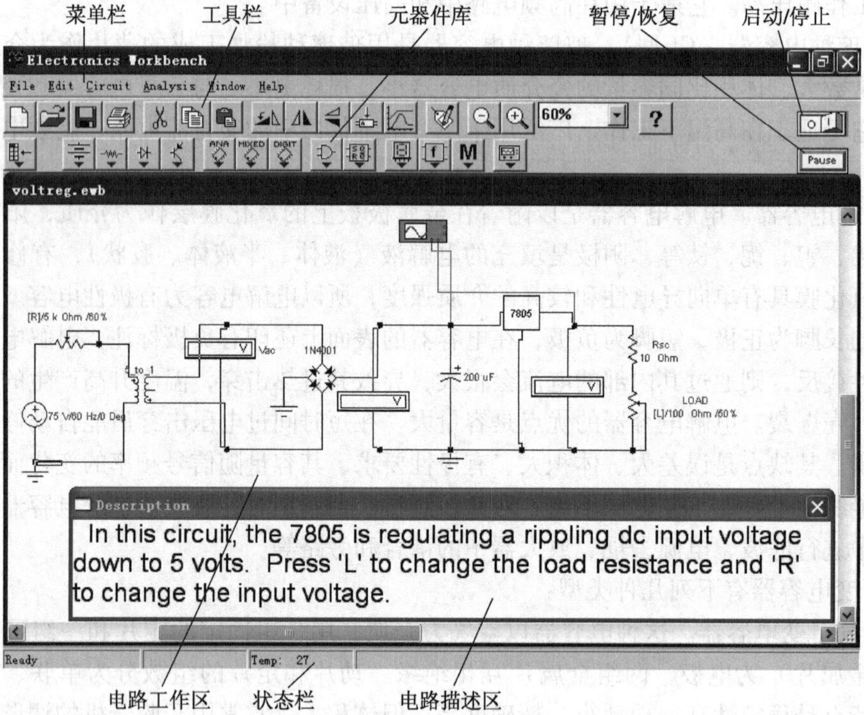

图C-1　EWB5.12主界面

2. EWB基本操作方法

打开EWB主程序时，EWB会默认打开一个无标题（Untitled）的空白EWB文档，也可以通过新建打开一个空白EWB文档，或者通过“File/Open”（文件/打开）操作，打开一个已有的EWB文档。打开一个EWB文档后，便可对其进行操作，操作完成后可将其“Save”（保存）或“Save As…”（另存为…）另一个名称。

（1）元器件的操作　元器件的操作首先是元器件的选用，打开元器件库，用鼠标拖动需要的元器件，将元器件拖到电路工作区。在工作区中可以用鼠标随意移动元器件，可以对元器件进行旋转、反转、复制和删除等操作。操作时，先用鼠标单击元器件符号，选定后的元器件呈红色，然后点击相应的工具栏对其进行相应的操作。对元器件参数可进行设置和修改，用鼠标右键单击相应元器件，在弹出菜单中选“Component Properties”（元器件属性）

或用鼠标直接双击元器件均可打开元器件特性对话框，根据需要设定元器件的标签、编号、数值和模型参数。如需选择相邻的一组元器件，可按住鼠标左键拖拽选择出一个矩形区域，在此区域内的元器件均被选中。

（2）导线的操作　导线的操作主要有连接、删除和改动。

连接：用鼠标指向元器件的端点，出现小圆点后，按下鼠标左键并拖动至另一元器件的端点，出现一小圆点后松开，系统将自动连接。

删除：选定需要删除的导线，单击鼠标右键，在弹出菜单中选择“Delete”，或在选中导线后，直接按下键盘的“Delete”键实现删除。

改动：需要改动连线的位置时，直接用鼠标左键选中导线拖动即可。另外，双击所选导线，弹出“Wire Property”对话框，在“Schematic Option”选项中可对导线的颜色（Color）进行设置。对于一般的元器件，直接拖动至导线上，释放后可将该元器件直接插入到导线中去。

（3）仪器仪表的操作　打开 EWB 的仪器库，选定所需的仪器，用鼠标拖至工作区即可完成仪器的选取。其删除操作类似于元器件，但不可复制、不可旋转、不可反转。双击仪器可打开放大的仪器功能面板，可根据实验需要对其进行相应的设置。

C.2　模拟电路仿真实验

实验 1　单管共发射极放大电路

1. 实验目的

1）熟悉虚拟示波器及波特图仪的功能，掌握其使用方法。

2）熟悉单管共发射极放大电路的静态分析与动态分析。

3）观察静态工作点对放大电路的影响，了解放大电路产生失真的原因。

2. 仿真实验电路

典型单管共发射极放大电路的仿真实验电路如图 C-2 所示。其中，输入信号是频率为 1kHz、幅值为 20mV 的正弦信号。各电压表和电流表用于测量相关的静态工作点值，示波器用于观察输入信号与输出信号的波形，波特图仪用于观察放大电路的频率特性。

双击相关器件进行必要的参数设置。其中输入端与输出端的两个开关分别设置成用“A”键控制和用“B”键控制，标号为“uo”的电压表的“mode”值设置成“AC”，其他电压表或电流表均设置成“DC”，电位器 RP 设置成“R”键控制，其调节量可设置成“5%”，晶体管选用型号为 2N2222A 型，其他电阻、电容的参数设置如图 C-2 所示。

3. 实验内容及步骤

1）打开 EWB 主界面，在电路工作区按图 C-2 连接好实验电路，并进行适当的元器件参数设置。

2）静态工作点测试。按“A”键使输入端接地，按“B”键使输出负载断开（置于悬空端），点击主界面右上侧的“启动/停止”按钮使电路开始工作，在各电压表和电流表中读取静态工作点的值。

调节 RP 为 15% 时，读数 $U_B = 3.583V$、$U_E = 2.924V$、$U_{CE} = 2.331V$，在晶体管基极串联的电流表 IB 中读取 $I_B = 6.583\mu A$，在晶体管集电极串联的电流表 IC 中读取 $I_C =$

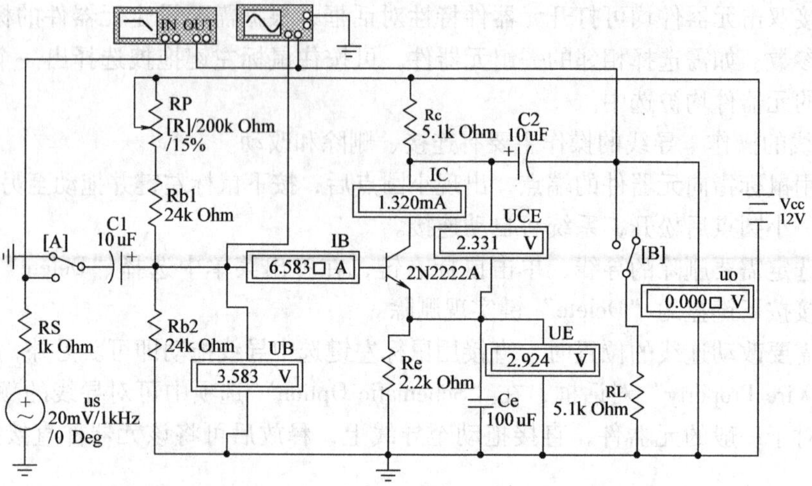

图 C-2　单管共发射极放大电路的仿真实验电路

1.320mA，根据$\beta = I_C / I_B$ 可以估算出晶体管的β值约为 201。将以上仿真实验的结果与理论计算的结果比较。

调节 RP 为 0%、100%，按照以上方法，记录下电路的静态工作点，分析 RP 大小对电路静态工作点的影响。其中，只按“R”键使 RP 减小，按“Shift + R”组合键使 RP 增大。

测试结束时点击“启动/停止”按钮使电路停止工作，以进行下一步测试。

3）动态参数测试。按“A”键使电路接通输入信号，按“B”键使输出接通负载，将输入端标号为“UB”的电压表的“mode”值修改设置为“AC”，“Label”值修改设置为“ui”。调节 RP 为 15%，点击“启动/停止”按钮使电路开始工作。

① 电压放大倍数测试。在电路输出端的电压表 uo 中读取输出电压值为 1.677V，而输入端的电压表 ui 读数为 15.22mV，根据 $A_u = u_o / u_i$ 可计算出电路的电压放大倍数约为 110。

② 输入电阻测试。根据公式 $R_i = \dfrac{u_i}{u_S - u_i} R_S$（其中 $R_S = 1\text{k}\Omega$）可以计算出输入电阻值。其中 $u_i = 15.22\text{mV}$，$u_S = 20\text{mV}$，计算结果 R_i 约为 3.18kΩ。

③ 输出电阻测试。按“B”键使负载断开读取输出电压值为 $u_o' = 2.475\text{V}$，根据公式 $R_o = [(u_o'/u_o) - 1] R_L$，可计算输出电阻 R_o 约为 2.43kΩ。改变 RP 值大小，观察静态工作点变化对动态参数的影响。

④ 波形观测。双击示波器图标，打开示波器功能面板，进行适当的参数设置，可观测到输入及输出信号的正弦波形，如图 C-3 所示，根据波形及参数设置也可估算出电压放大倍数。改变 RP 值大小，观察波形失真情况。点击功能面板上的“Expand”按钮可打开放大的面板，以便于观测，再次点击“Reduce”可将示波器面板恢复至原来大小。

双击波特图仪图标，打开波特图仪的功能面板，可观测到放大电路的频率特性如图 C-4 所示。移动上面的读数指针，可以估算出放大电路的上、下限频率及通频带。

4. 实验报告

1）分别调节 RP 大小为 0%、15%、100%，记录三种情况下的静态工作点，并分析 RP 改变对静态工作点的影响。

2）调节 RP，观察示波器输出波形，测量当输出最大不失真时的电压放大倍数、输入电

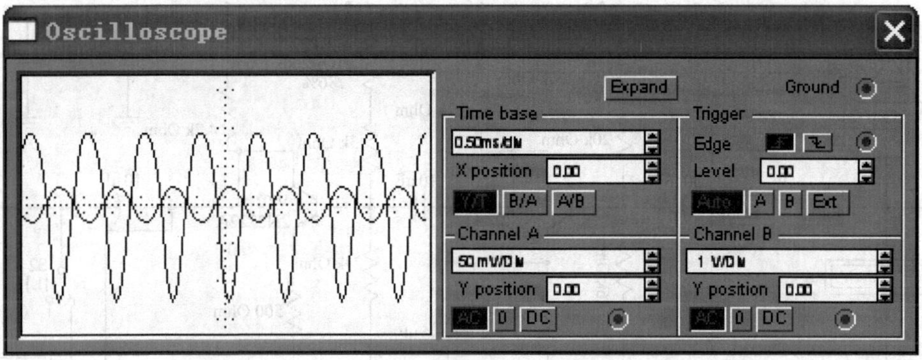

图 C-3　示波器显示的输入、输出波形

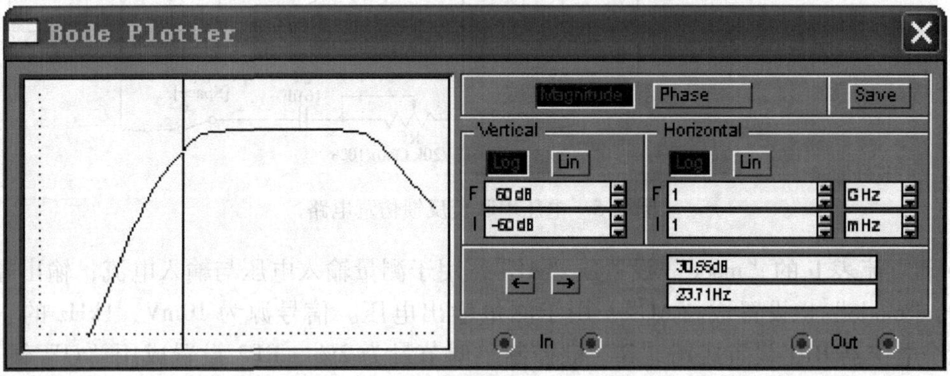

图 C-4　波特图仪显示的频率特性

阻及输出电阻。

3）调节 RP 为 0% 和 100% 时，观察输出波形的失真情况，画出输出的失真波形，分析产生失真的原因和克服的方法。

4）调节 RP 使输出波形最大不失真，观测放大电路的频率特性曲线，并根据曲线估算出放大电路的上、下限频率和通频带。

实验 2　负反馈放大电路

1. 实验目的

1）进一步熟悉 EWB 环境下仿真实验的方法。

2）掌握负反馈放大电路的静态与动态参数测试方法。

3）通过仿真实验，了解负反馈对放大电路性能的影响。

2. 仿真实验电路

负反馈对放大电路的影响主要有：提高放大倍数的稳定性、改变输入电阻和输出电阻、展宽通频带和减小非线性失真。负反馈放大电路主要有四种组态，图 C-5 是一个典型的电压串联负反馈，它是一个级间的交流反馈。

在图 C-5 中，VT1 和 VT2 组成两级共发射极放大电路，Rf、Cf 引入级间的电压串联负反馈，通过控制开关 S1 的掷向，可以控制电路是否引入负反馈，即开环与闭环。输入端电

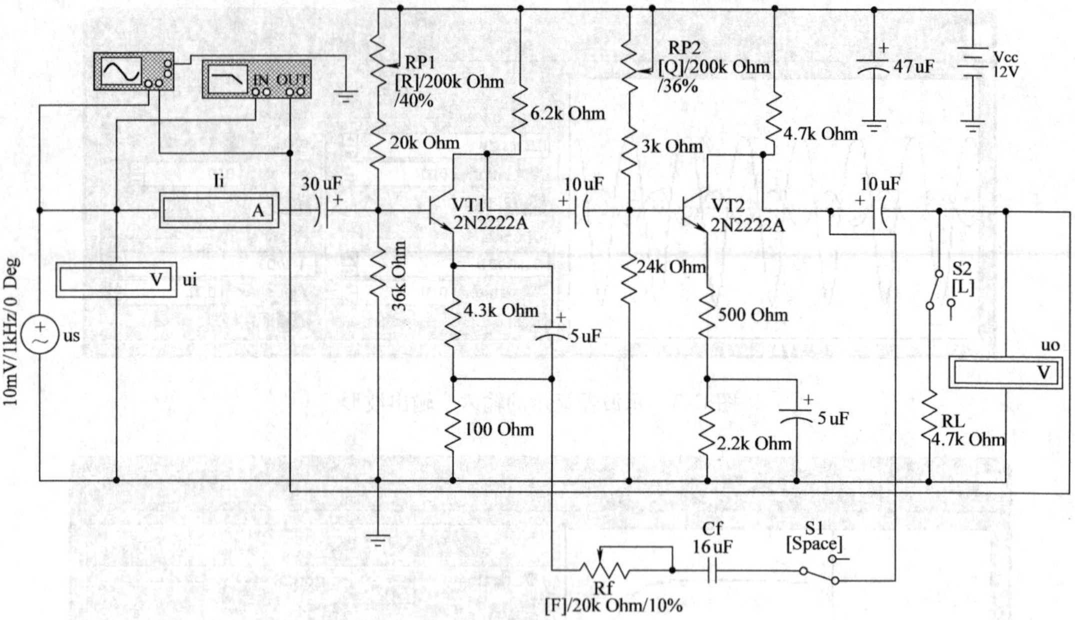

图 C-5　电压串联负反馈仿真电路

压表 ui 和电流表 Ii 的“mode”设置成“AC”，用于测量输入电压与输入电流；输出端电压表 uo 的“mode”也设置成“AC”，用于测量输出电压。信号源为 10mV、1kHz 的正弦信号。三个电位器 RP1 设置成用“R”键控制，调节量为 2%，RP2 设置成用“Q”键控制，调节量为 2%，Rf 设置成用“F”键控制，调节量为 5%。两个开关 S1 设置成用空格键控制，S2 设置成用“L”键控制。其他电阻、电容等元件的参数设置如图 C-5 所示。

3. 实验内容及步骤

1）打开 EWB 主界面，在电路工作区按图 C-5 连接好实验电路，并进行适当的器件参数设置。

2）静态工作点调整。在仪器库中拖出数字多用表，接在 VT1 的 C、E 极间，按“R”键调整 RP1，使直流电压显示为 6V 左右，再将数字多用表接在 VT2 的 C、E 极间，按“Q”键调整 RP2，使直流电压也显示为 6V 左右，打开示波器功能面板，适当调整参数，观察输出波形，反复微调 RP2 和 RP1 使输出波形最大不失真。

3）开环状态下的电路性能测试。在保证输出波形不失真的情况下，按“Space”键，使电路处于开环工作状态（以下测试结果均按图 C-5 中 RP1 设置成 40%、RP2 设置成 36% 时测得）。

① 开环电压增益测试。观察输出及输入电压表的读数分别为 $u_i = 10\text{mV}$、$u_o = 1.245\text{V}$，则 $A_u \approx 125$。

② 开环输入电阻测试。观察输入端电压表与电流表读数分别为 $u_i = 10\text{mV}$、$i_i = 0.697\mu\text{A}$，则 $R_i \approx 14.35\text{k}\Omega$。

③ 开环输出电阻测试。按“L”控制 S2 开关，使输出分别接通负载和断开负载，两种情况下输出电压表的读数分别为 $u_o = 1.245\text{V}$、$u_o' = 2.481\text{V}$，则 $R_o = [(u_o'/u_o) - 1] R_L = 4.67\text{k}\Omega$。

④ 频带宽度测试。双击波特图仪图标，打开波特图仪面板如图 C-6 所示，上面显示的是开环状态下电路的频率特性曲线，移动读数指针可估算出下限频率 $f_L = 85\text{Hz}$、上限频率 $f_H = 3.667\text{MHz}$，所以通频带约为 3.667MHz。

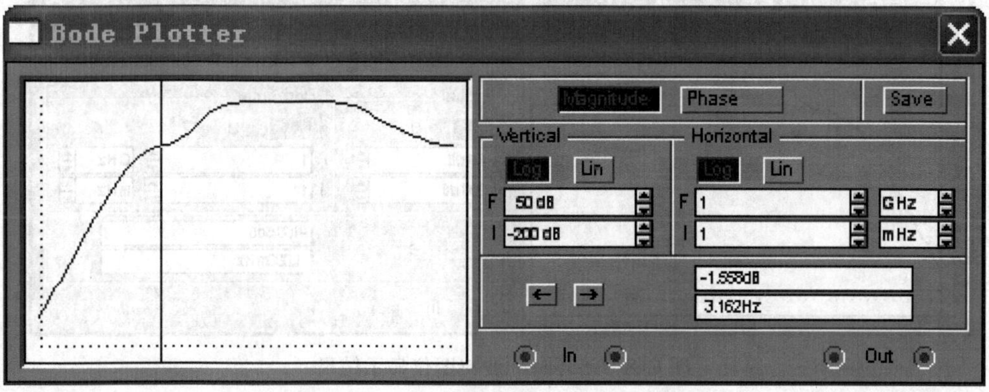

图 C-6　开环时的波特图仪显示结果

⑤ 输出波形测试。为了观测到失真波形，首先将输入信号设置为20mV，然后双击示波器图标，打开示波器功能面板，进行适当的参数设置可以得到如图 C-7 所示的开环输出信号波形。由图 C-7 可知，输出波形是失真的，在下面的实验中，将验证引入负反馈后，其失真被克服或减小。

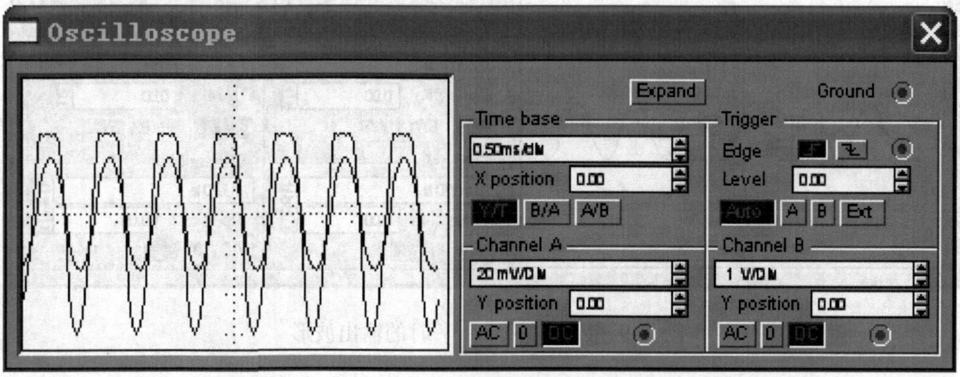

图 C-7　开环输入 20mV 时的输出波形

4）闭环状态下的电路性能测试。在保证输出波形不失真的情况下，按“Space”（空格）键使电路处于闭环工作状态，按“F”键调节 Rf 至 10% 处，同时将输入信号重新调整为 10mV。

① 闭环电压增益测试。观察输出及输入电压表的读数分别为 $u_i = 10\text{mV}$、$u_o = 158.3\text{mV}$，则 $A_u \approx 16$。

② 闭环输入电阻测试。观察输入端电压表与电流表读数分别为 $u_i = 10\text{mV}$、$i_i = 0.463\mu\text{A}$，则 $R_i \approx 21.60\text{k}\Omega$。

③ 闭环输出电阻测试。按“L”控制 S2 开关，使输出分别接通负载和断开负载，两种情况下输出电压表的读数分别为 $u_o = 158.3\text{mV}$、$u_o' = 168.1\text{mV}$，则 $R_o = \left(\frac{u_o'}{u_o} - 1\right)R_L = 0.29\text{k}\Omega$。

④ 频带宽度测试。双击波特图仪图标打开波特图仪面板，如图 C-8 所示，移动读数指针可估算出闭环时下限频率$f_{Lf}=42Hz$、上限频率$f_{Hf}=16.5MHz$，所以通频带约为 16.5MHz。

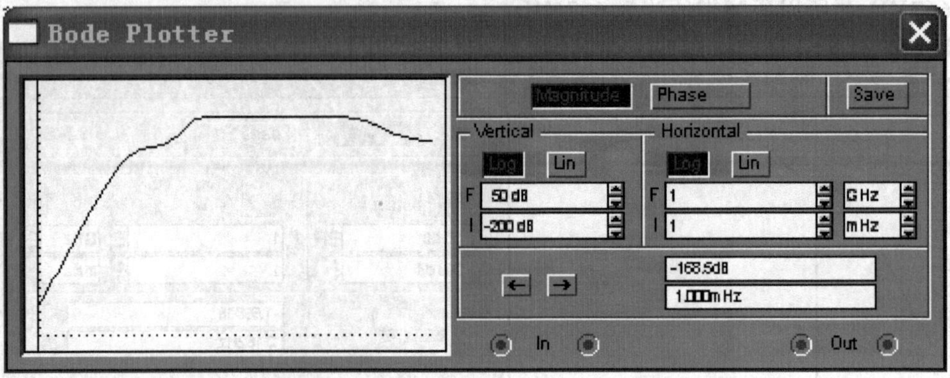

图 C-8　闭环时的波特图仪显示结果

⑤ 输出波形测试。为了进行比较，重新将输入信号调至 20mV，双击示波器图标，打开示波器功能面板，进行适当的参数设置可以得到如图 C-9 所示的闭环输出信号波形。由图 C-9 可知，输出波形没有失真。

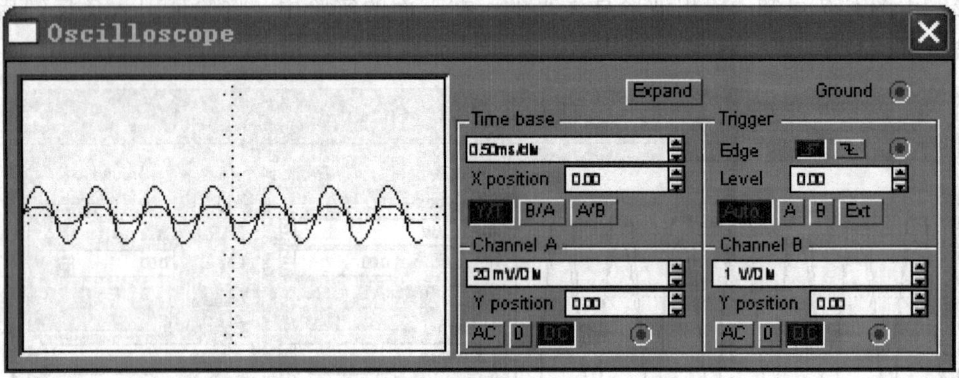

图 C-9　闭环输入 20mV 时的输出波形

4. 实验报告

1）根据仿真实验，记录下开环与闭环两种工作状态下的实验结果，并将两种结果进行比较，总结引入电压串联负反馈后，负反馈对放大电路性能的影响。

2）调节 Rf 改变反馈量，记录 Rf 分别为 0%、50%、100% 时的仿真实验结果，比较分析各种反馈量下的结果，总结反馈量对放大电路的影响。

3）将闭环实验结果与开环实验结果进行比较，分析理论情况下反馈深度（$1+AF$）的关系是否满足。

实验 3　差动放大电路

1. 实验目的

1）通过仿真实验熟悉差动放大电路的工作原理。

2）掌握差动放大电路静态工作点的测量方法与特点。

3）通过实验分析基本差动放大电路与带恒流源差动放大电路的动态参数的区别。

2. 仿真实验电路

差动放大电路是模拟集成电路中非常重要的单元电路，它具有放大差模信号，抑制共模信号的特性，因而对抑制噪声和温漂都十分有效。图 C-10 是差动放大电路的仿真实验电路，它由开关切换可分别实现基本的差动放大电路和带恒流源的差动放大电路两种形式。本实验将通过仿真实验，分别测试这两种差动放大电路的性能，下面对该实验电路做一说明。

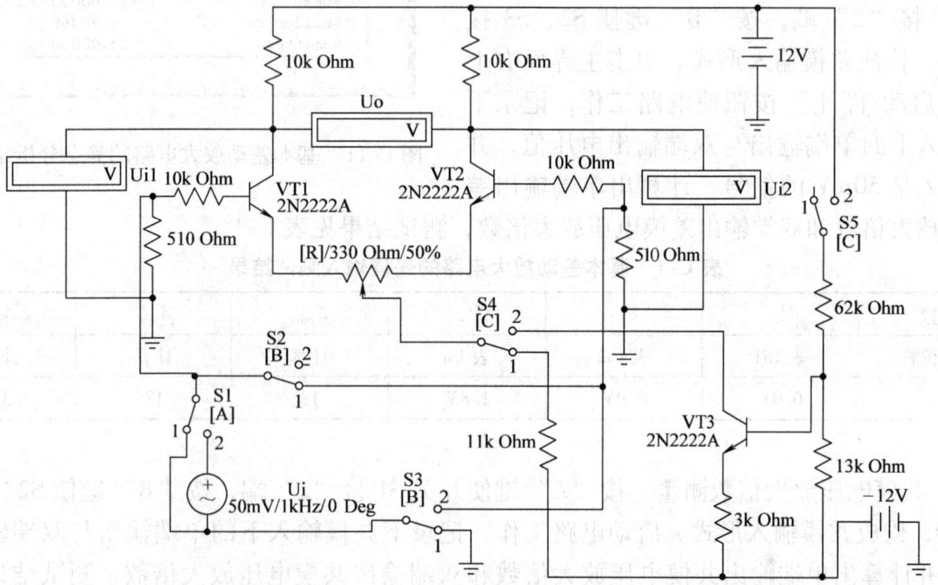

图 C-10 差动放大仿真实验电路

VT1、VT2 是两个差分对管，VT3 为射极恒流源。电压表 Ui1 和 Ui2 用来测量两晶体管集电极单端输出，电压表 Uo 用来测量双端输出，三个电压表的“mode”均设置成“AC”模式。信号源为 50mV、1kHz 的正弦信号，电源为 ±12V 供电。RP 为发射极 330Ω 可调电阻，设置成用“R”键控制。电路中共有 S1 ~ S5 五个控制开关，其中 S1 用“A”键控制，S2 和 S3 用“B”键联动控制，S4 和 S5 用“C”键联动控制，由这五个开关来改变差动放大电路的连接形式。

3. 实验内容及步骤

1）打开 EWB 主界面，在电路工作区按图 C-10 连接好实验电路，并进行适当的器件参数设置。

2）差动放大电路调零。为了实现“零输入、零输出”的要求，在实验前要进行调零。参考图 C-10，按“A”键和“B”键将开关 S1、S2 和 S3 均接入“1”端，即使差动放大电路的两输入端均接地。然后按“R”或“Shift + R”键调节 RP 使双端输出电压表 Uo 显示为零，图中只要将 RP 调至 50% 即可。

3）基本差动放大电路的测试。按“A”键将开关 S1 接“1”端地，按“C”键将开关 S4 和 S5 接“1”端，构成基本的差动放大电路形式。

① 静态工作点分析。选择菜单“Analysis”下的“DC Operating Point”选项，弹出静态分析结果如图C-11所示，图中有三个晶体管各极的电压值分析。其中，“Q1#base”表示VT1基极，“Q1#collector”表示VT1集电极，“Q1#emitter”表示VT1发射极，依次类推。

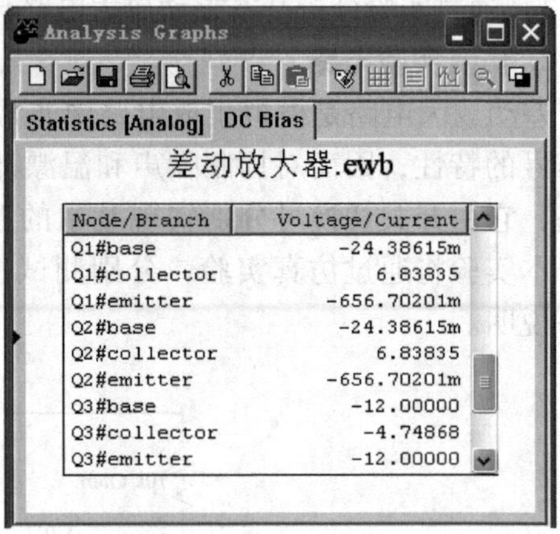

图 C-11　基本差动放大电路的静态分析结果

② 差模电压放大倍数测量。按“A”键使开关S1接“2”端，按“B”键使S2、S3接“2”端，构成差模输入形式。单击主界面右上侧的“启动/停止”按钮使电路工作，记录下差模输入下的单端输出与双端输出电压值，并根据输入是50mV的信号，计算出单端输出差模电压放大倍数和双端输出差模电压放大倍数，测试结果见表C-1。

表 C-1　基本差动放大电路的差模输入测试结果

参数	U_{C1}	U_{C2}	U_{od}	A_{ud1}	A_{ud2}	A_{ud}
读取位置	表 Ui1	表 Ui2	表 Uo	计算	计算	计算
大小	0.9V	0.9V	1.8V	18	18	36

③ 共模电压放大倍数测量。按“A”键使开关S1接“2”端，按“B”键使S2、S3接“1”端，构成共模输入形式。启动电路工作，记录下共模输入下的单端输出与双端输出电压值，并计算出单端输出共模电压放大倍数和双端输出共模电压放大倍数，测试结果见表C-2。

表 C-2　基本差动放大电路的共模输入测试结果

参数	U_{C1}	U_{C2}	U_{oc}	A_{uc1}	A_{uc2}	A_{uc}	K_{CMR}
读取位置	表 Ui1	表 Ui2	表 Uo	计算	计算	计算	计算
大小	22.1mV	22.1mV	0	0.442	0.442	0	∞

4）发射极带恒流源的差动放大电路测试。按“A”键将开关S1接“1”端地，按“C”键将开关S4和S5接“2”端，使电路构成带恒流源的差动放大电路。

① 静态工作点。选择菜单“Analysis/DC Operating Point”选项，弹出静态分析结果如图C-12所示。

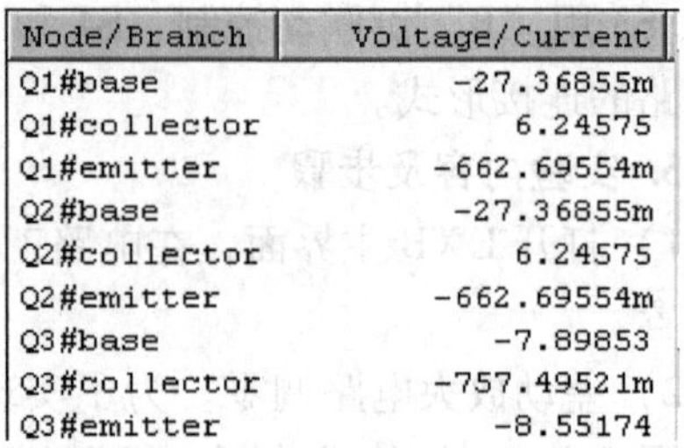

图 C-12　带恒流源的差动放大电路的静态分析结果

② 差模电压放大倍数测量。按“A”键使开关S1接“2”端，按“B”键使S2、S3接“2”端，构成差模输入形式。其测量与分析方法同上，测试结果见表C-3。

表 C-3　带恒流源的差动放大电路的差模输入测试结果

参数	U_{C1}	U_{C2}	U_{od}	A_{ud1}	A_{ud2}	A_{ud}
读取位置	表 Ui1	表 Ui2	表 Uo	计算	计算	计算
大小	0.917V	0.917V	1.834V	18.34	18.34	36.68

③ 共模电压放大倍数测量。按“A”键使开关 S1 接“2”端，按“B”键使 S2、S3 接“1”端，构成共模输入形式。其测量与分析方法同上，测试结果见表 C-4。

表 C-4　带恒流源的差动放大电路的共模输入测试结果

参数	U_{C1}	U_{C2}	U_{oc}	A_{uc1}	A_{uc2}	A_{uc}	K_{CMR}
读取位置	表 Ui1	表 Ui2	表 Uo	计算	计算	计算	计算
大小	57.9μV	57.9μV	0	0.001	0.001	0	∞

4. 实验报告

1）画出差动放大电路的仿真实验电路，列出几组开关控制状态与电路工作形式之间的对应关系。

2）列出仿真实验过程中对两种形式差动放大电路的测试与分析结果。

3）根据仿真实验结果，比较基本差动放大电路与带恒流源的差动放大电路的性能区别。

实验 4　集成运算放大器应用

1. 实验目的

1）通过仿真实验熟悉集成运算放大器的几种典型应用电路。

2）掌握集成运算放大器几种典型应用电路的输出与输入关系。

3）通过仿真实验理解理想集成运算放大器的特点。

2. 仿真实验电路

集成运算放大器是一种高增益的放大器，其应用广泛。本实验仅仿真其中的反相比例运算电路、同相比例运算电路、积分运算电路和微分运算电路，其他请读者自己仿照完成。仿真实验电路如图 C-13 所示。

3. 实验内容及步骤

（1）反相比例运算电路　打开 EWB 主界面，在电路工作区按图 C-13a 连接好实验电路，并进行适当的器件参数设置。根据理论分析知：$u_o = -\frac{R_f}{R_1}u_i$。双击函数信号发生器图标，打开其功能面板如图 C-14 所示，进行如图的参数设置（以下实验参数设置相同）。

单击主界面右上侧“启动/停止”按钮使电路工作，双击示波器图标，打开示波器功能面板，适当调整参数，显示输入与输出波形如图 C-15 所示。

（2）同相比例运算电路　按图 C 13b 连接好实验电路，并进行适当的器件参数设置。根据理论分析知：$u_o = \left(1 + \frac{R_f}{R_1}\right)u_i$。单击主界面右上侧“启动/停止”按钮使电路工作，双击示波器图标，打开示波器功能面板，适当调整参数，显示输入与输出波形如图 C-16 所示。

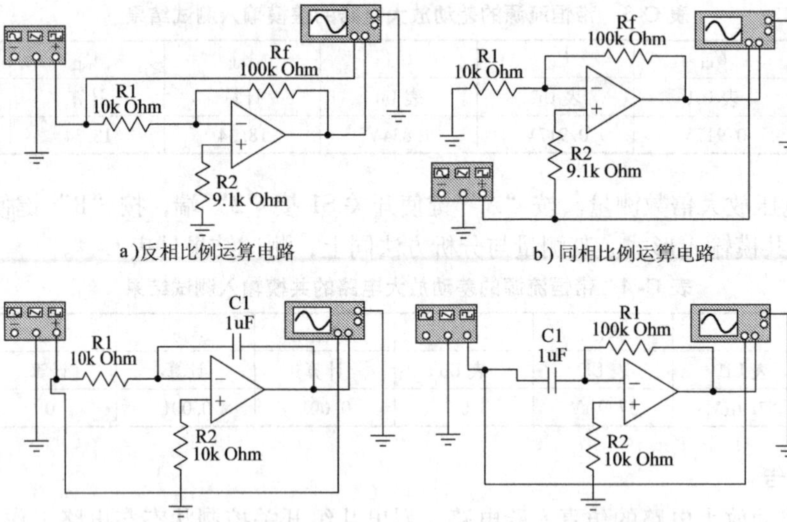

c）积分运算电路　　d）微分运算电路

图 C-13　集成运算放大器应用仿真实验电路

（3）积分运算电路　按图 C-13c 连接好实验电路，并进行适当的器件参数设置。根据理论分析知：$u_o=-\dfrac{1}{R_1C_1}\int u_i\mathrm{d}t$。单击主界面右上侧“启动/停止”按钮使电路工作，双击示波器图标，打开示波器功能面板，适当调整参数，显示输入与输出波形如图 C-17 所示。

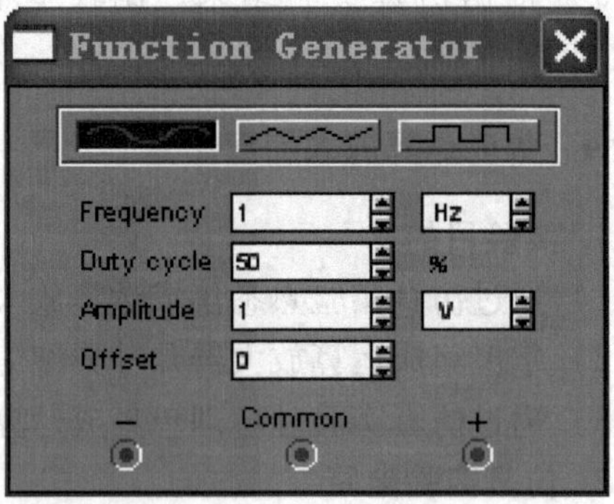

图 C-14　函数信号发生器参数设置

（4）微分运算电路　按图 C-13d 连接好实验电路，并进行适当的器件参数设置。根据理论分析知：$u_o=-R_1C_1\dfrac{\mathrm{d}u_i}{\mathrm{d}t}$。单击主界面右上侧“启动/停止”按钮使电路工作，双击示波器图标，打开示波器功能面板，适当调整参数，显示输入与输出波形如图 C-18 所示。

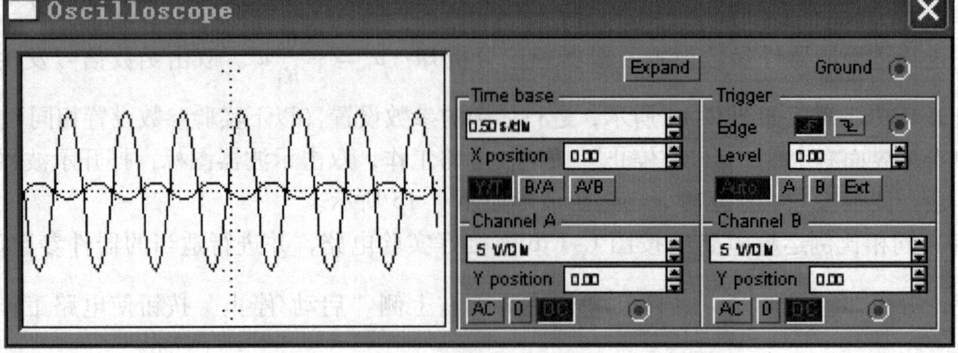

图 C-15　反相比例运算电路输入与输出波形

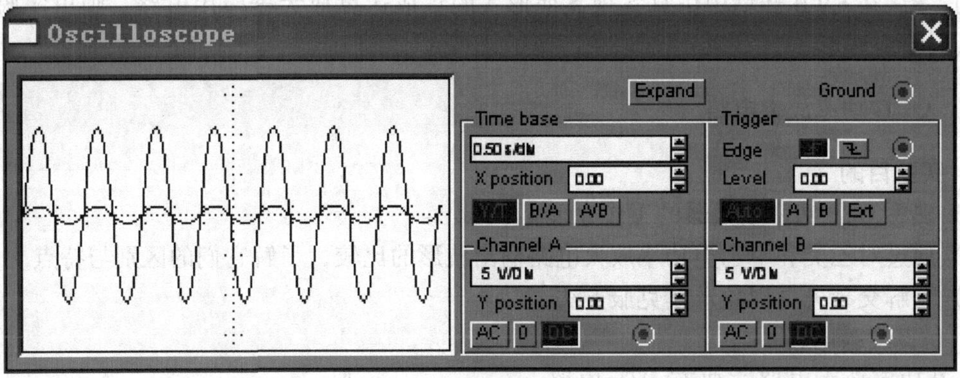

图 C-16　同相比例运算电路输入与输出波形

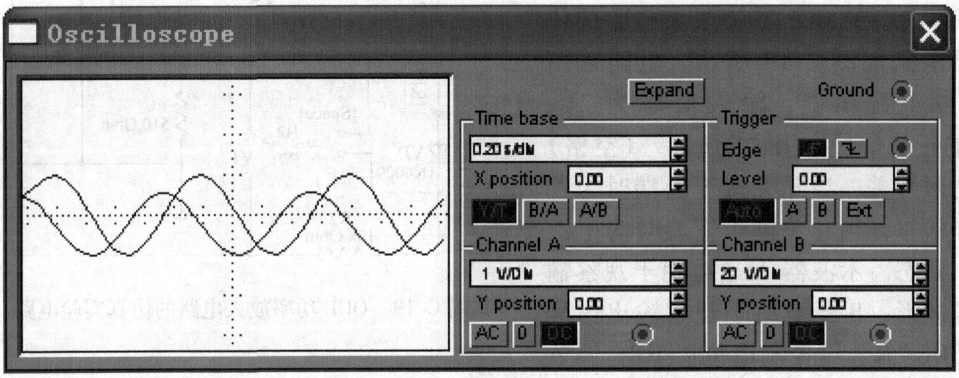

图 C-17　积分运算电路输入与输出波形

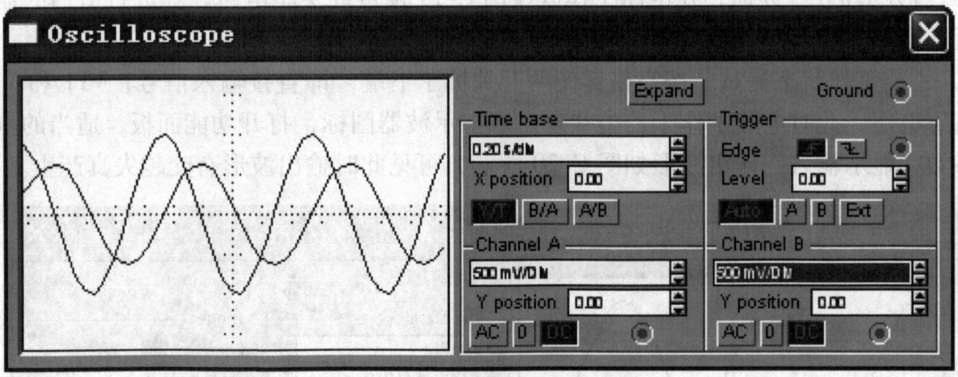

图 C-18　微分运算电路输入与输出波形

4. 实验报告

1）根据仿真实验，画出四种形式的应用电路及相应的输入与输出波形，分析各电路输出与输入的对应关系。

2）在函数信号发生器中改变输入信号分别为三角波和矩形波，观察输出波形变化。

3）尝试在 EWB 环境中仿真实现其他形式的集成运算放大器应用电路，画出实验电路与输入、输出波形。

实验 5　OCL 功率放大电路

1. 实验目的

1）熟悉 OCL 功率放大器的工作原理。

2）通过对乙类和甲乙类功率放大电路输出波形的比较，了解它们的区别与特点。

3）了解交越失真现象及其克服方法。

2. 仿真实验电路

互补功率放大电路主要有 OTL 电路和 OCL 电路，本次实验主要仿真实现 OCL 功率放大电路，OTL 电路请读者自己完成。典型的 OCL 功率放大电路的仿真实验电路如图 C-19 所示。电路采用 ±10V 双电源供电，输入信号为 2V、1kHz 的正弦信号。用“Space”（空格）键控制两开关，当开关掷于上端时为乙类工作状态，当开关掷于下端时为甲乙类工作状态。示波器 A 通道用于观察输入信号波形，B 通道用于观察输出信号波形。用“R”键控制电位器 RP，调节电位器可以调节交越失真的大小。

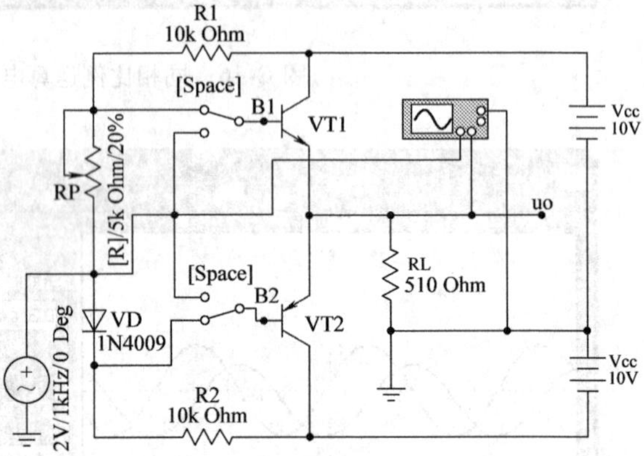

图 C-19　OCL 功率放大电路的仿真实验电路

3. 实验内容及步骤

1）打开 EWB 主界面，在电路工作区按图 C-19 连接好实验电路，并进行适当的器件参数设置。

2）乙类工作状态测试。按空格键使两开关掷于下端，即直接输入信号，VT1 和 VT2 基极无偏置电压，此时电路工作于乙类状态。双击示波器图标，打开功能面板，适当的调整示波器参数，显示输入、输出波形如图 C-20 所示，可见此时输出波形有交越失真产生。

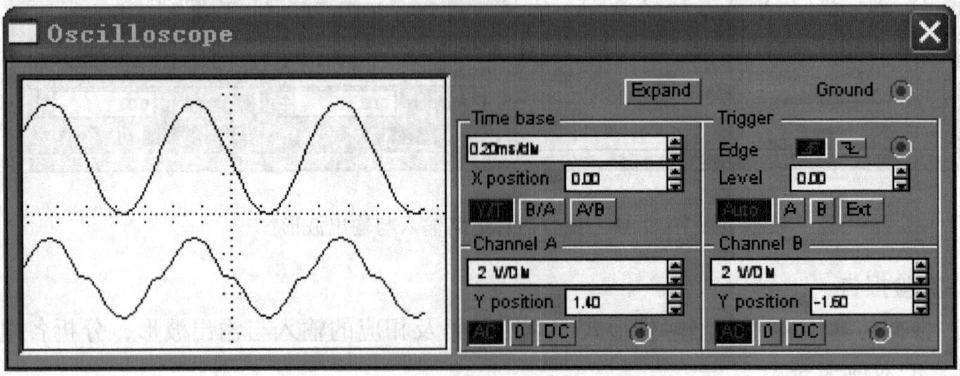

图 C-20　乙类工作状态时的输入、输出波形

3）甲乙类工作状态测试。按空格键使两开关掷于上端，即接入偏置电路，VT1 和 VT2 基极得到偏置电压，此时电路工作于甲乙类状态。其偏置电压由电位器 RP 和二极管 VD 提供，在正常工作情况下，提供的偏置电压应使两晶体管工作在临界导通状态，所以 RP 设置的大小不同将会影响克服交越失真的效果。

首先在 EWB 环境中按“R”键调节电位器 RP 为 0%，此时双击示波器观察到如图 C-21 显示的波形，可见此时虽然交越失真有所减小，但交越失真仍然存在。

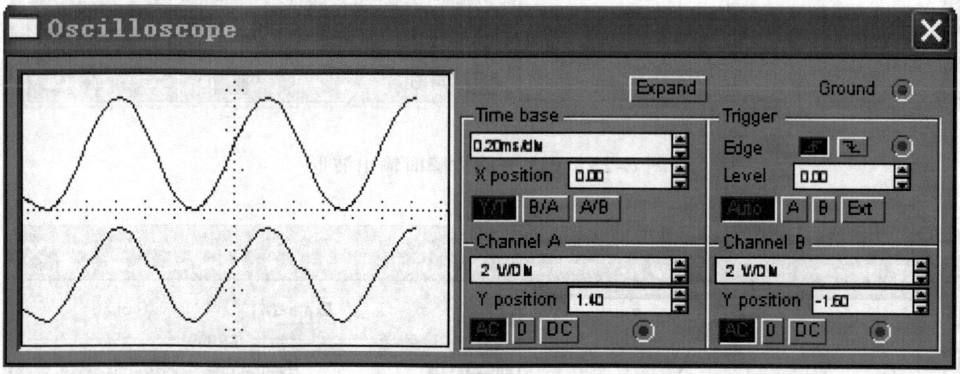

图 C-21　RP 为 0% 时的甲乙类工作状态输出波形

为了克服交越失真，只有提供合适的偏置电压。按“Shift + R”键调整 RP 至 50% 处，再次观察输出波形如图 C-22 所示，可见此时交越失真已不存在。试着将 RP 由 0% 逐渐增大，观察输出波形的变化情况，分析并总结 RP 与交越失真的关系。

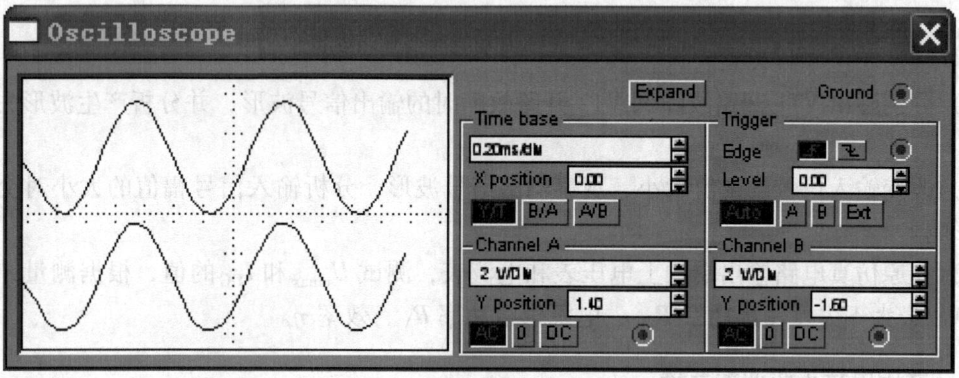

图 C-22　RP 为 50% 时的甲乙类工作状态输出波形

4）故障演示。在输出波形没有失真的情况下，双击 VT1，在“Fault”选项中设置第“1”脚开路故障（Open），然后打开示波器观察输出波形，如图 C-23 所示。

恢复正常工作状态，然后同样设置 VT2 为第“1”脚开路故障，输出波形如图 C-24 所示。

4. 实验报告

1）根据仿真实验结果，分别画出 OCL 电路在乙类和甲乙类工作状态下的输出信号波形，分析输出波形不同的原因。

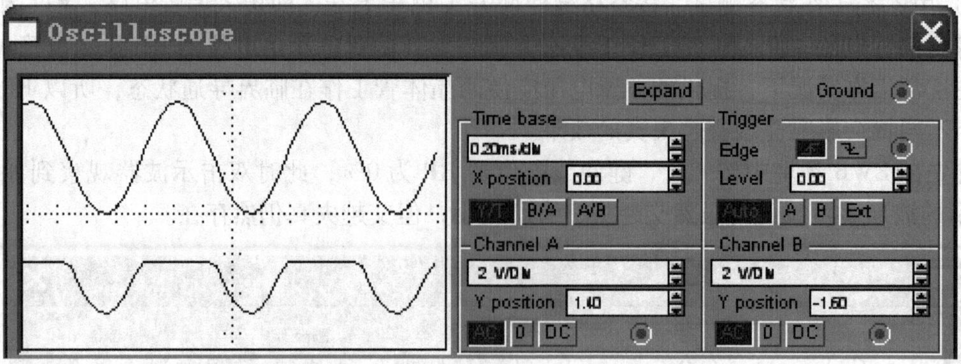

图 C-23　VT1 开路故障时输出波形

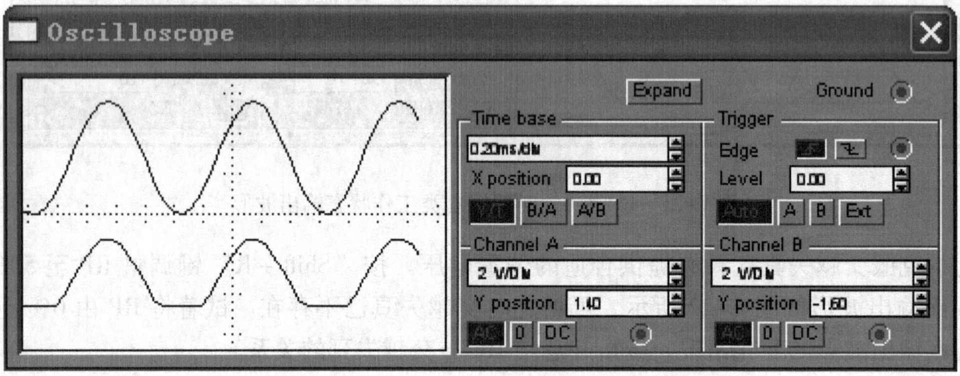

图 C-24　VT2 开路故障时输出波形

2）分别画出 VT1 开路故障和 VT2 开路故障时的输出信号波形，并分析产生波形失真的原因。

3）改变输入信号的幅值大小，观察输出信号波形，分析输入信号幅值的大小对交越失真的影响。

4）在原仿真电路输出端加上电压表和电流表，测试 U_{omax} 和 I_{DC} 的值，根据测量结果分别计算出最大不失真输出功率 P_{om}、电源供给功率 P_V、效率 η。

实验 6　文氏电桥正弦波振荡器

1. 实验目的

1）熟悉用示波器观察波形与读取信号周期或频率的方法。

2）观察输出波形，分析有关元器件参数的变化对振荡电路性能的影响。

3）掌握文氏电桥振荡器的电路组成。

2. 仿真实验电路

正弦波振荡器是用来产生正弦信号的电路，文氏电桥振荡器是其中的一种。仿真实验电路如图 C-25 所示。其中，C1 和 C2 是两个可变电容，均设置成用“C”键控制，以实现联动调节。两组开关 S1 和 S2 均设置成用空格键控制，按下空格键两开关同时接入 R1 和 R3，或者同时接入 R2 和 R4，从而实现两挡切换。二极管 VD1、VD2 与电位器 RP 组成自动稳幅电路，电位器 RP 设置成用“R”键控制，调节 RP 可以改变放大器的闭环增益，从而调节振荡信号输出幅值。其他元器件的参数设置如图 C-25 所示。

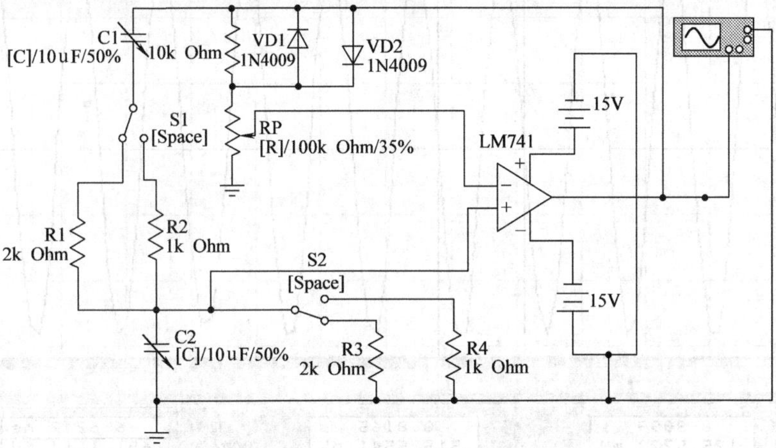

图 C-25　文氏电桥振荡器仿真实验电路

3. 实验内容及步骤

1）打开 EWB 主界面，在电路工作区按图 C-25 连接好实验电路，并进行适当的器件参数设置。

2）观察振荡器振现象。按空格键使开关 S1、S2 接入 R1 和 R3，按“C”键或“Shift + C”键调节 C1 和 C2 至 50% 处，按“R”键调节 RP 至 35% 处。双击打开示波器功能面板，调节好相关参数如图 C-26 所示，然后单击“启动/停止”按钮使电路工作。此时，在示波器上可瞬间观看到起振的过程如图 C-26 所示，输出波形幅值在起振时逐渐增大，稳定振荡后是等幅信号。

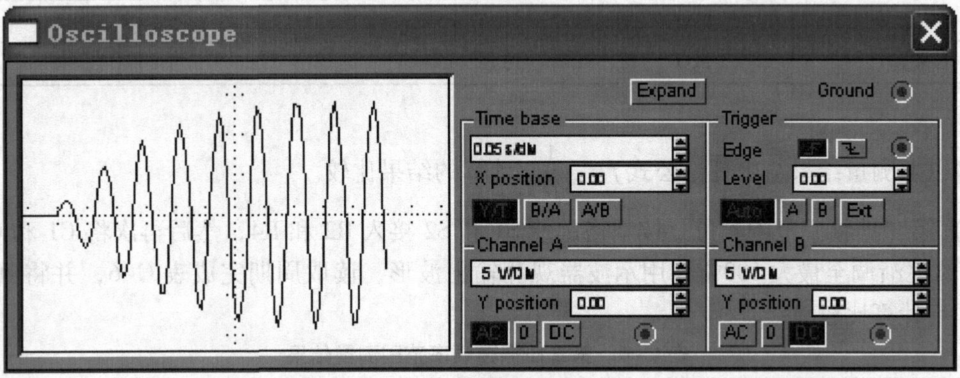

图 C-26　示波器显示的振荡器起振过程

3）第一挡频率范围测量。在以上实验的基础上，按“C”键使 C1 和 C2 逐渐减小，直至停振为止，观测到示波器显示的波形为周期较小的波形，单击“Expand”按钮，显示放大的示波器功能面板，适当的调节显示参数，以便于读取周期数。移动面板上的两个读数指针的间距为一个周期，可以读取信号的周期大小，如图 C-27 所示。

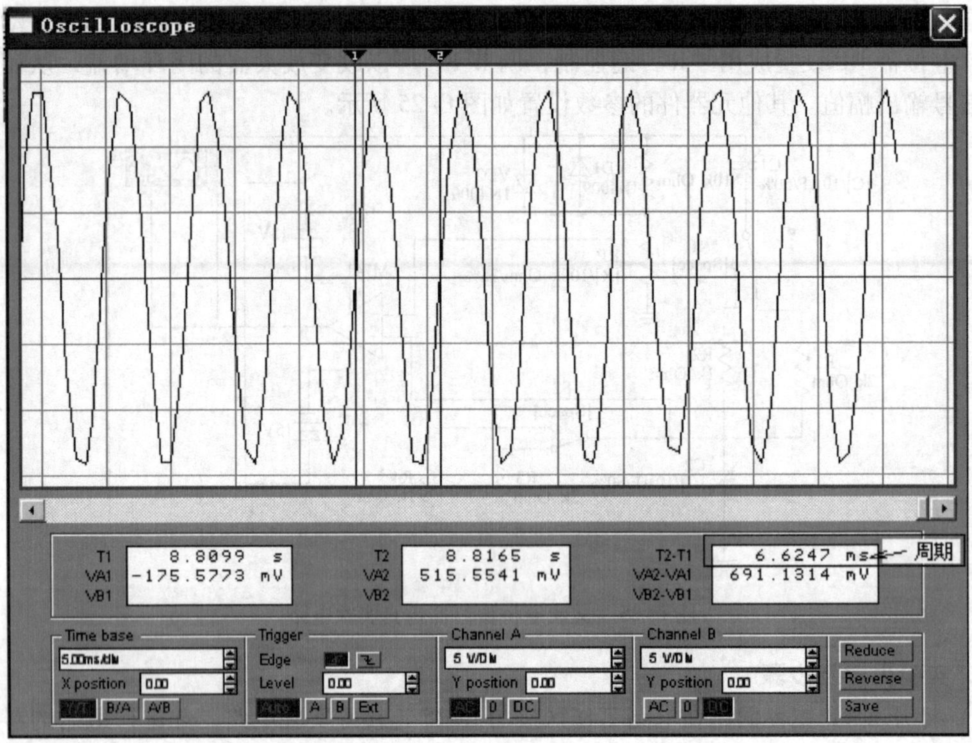

图 C-27　信号最小周期的读取

按照同样的方法，将 C1 和 C2 调至最大 100%，再次读取其输出信号的周期。然后完成表 C-5。

表 C-5　第一挡振荡频率范围测量结果

参数	R	C	T（周期）	f（频率）
C 最小	2kΩ	10μF × 5%		
C 最大	2kΩ	10μF × 100%		

将以上测量结果与由理论公式 $f=\dfrac{1}{2\pi RC}$ 计算的结果比较。

4）第二挡频率范围测量。按空格键使 S1 和 S2 接入 R2 和 R4，然后再次将 C1 和 C2 由最小 5% 逐渐调至最大 100%，用示波器观测输出波形，读取周期完成表 C-6，并将测量结果与理论计算比较。

表 C-6　第二挡振荡频率范围测量结果

参数	R	C	T（周期）	f（频率）
C 最小	1kΩ	10μF × 5%		
C 最大	1kΩ	10μF × 100%		

5）振荡输出幅值的调整。按“C”键或“Shift + C”键调节 C1 和 C2 至 50% 处，按“Shift + R”键调节 RP 由小到大，用示波器观测输出波形的变化，分析 RP 大小与输出波形

幅值及失真度之间的关系。

4. 实验报告

1）画出文氏电桥振荡器的仿真实验电路，计算两挡振荡频率的调节范围。

2）根据仿真实验结果，完成表 C-5 和表 C-6，其中频率 f 可由 T 计算得到。

3）改变 R1、R3 或 R2、R4 的电阻值大小，重新完成以上实验，记录下实验结果。

4）尝试在 EWB 环境中仿真实现电容三点式正弦波振荡器。

实验 7 非正弦信号振荡器

1. 实验目的

1）熟悉用集成运算放大器构成矩形波和锯齿波发生器的方法。

2）通过仿真实验掌握矩形波和锯齿波占空比的调节方法。

3）通过仿真实验掌握改变矩形波和锯齿波频率的方法。

2. 仿真实验电路

用于产生方波、三角波、锯齿波等信号的电路称为非正弦信号振荡器（又称非正弦信号发生器）。图 C-28 是可以产生矩形波和锯齿波的仿真实验电路。

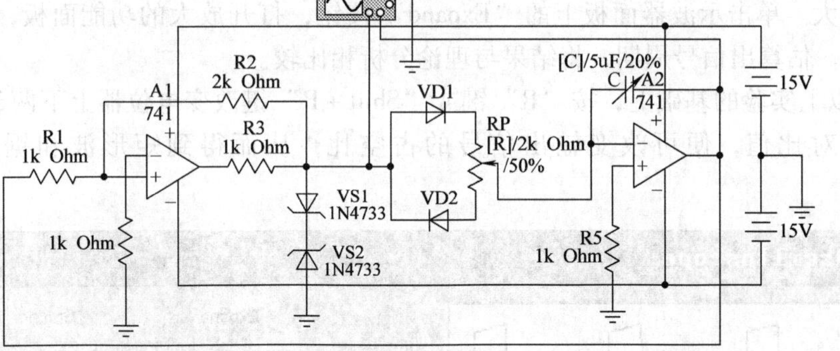

图 C-28 非正弦信号振荡器仿真实验电路

图 C-28 中，将电位器 RP 设置成用“R”键控制，用于调节正、反向积分时间常数。如果正、反向积分时间常数相等，则是三角波；如果正、反向积分时间常数不等，则产生锯齿波。将可变电容 C 设置成用“C”键控制，用于调整输出信号的频率或周期。稳压管 VS1 与 VS2 选用 1N4733，其稳压值为 5.1V，用于双向限幅。其他元器件的参数设置如图 C-28 所示。电路工作后，在集成运算放大器 A1 的输出端产生方波或矩形波，输入示波器的 A 通道；在集成运算放大器 A2 的输出端产生三角波或锯齿波，输入示波器的 B 通道。

3. 实验内容及步骤

1）打开 EWB 主界面，在电路工作区按图 C-28 连接好实验电路，并进行适当的器件参数设置。

2）首先将 RP 调至 50%，将电容 C 调至 20%，单击“启动/停止”按钮，使电路工作。双击打开示波器功能面板，此时示波器显示的是方波和三角波的波形，如图 C-29 所示。

根据理论分析，如果用 U_Z 表示两稳压管的稳压值，则方波的幅值为 $\pm U_Z$，三角波的幅值为 $\pm\frac{R_1}{R_2}U_Z$，图中 $R_1=1\text{k}\Omega$、$R_2=2\text{k}\Omega$，所以三角波的幅值应为方波的一半。将示波器显

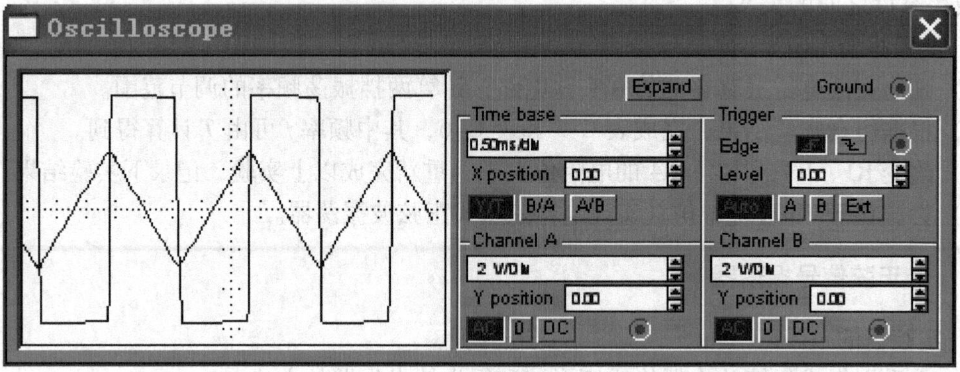

图 C-29　示波器输出方波和三角波

示的波形与理论分析比较。另外，根据理论分析，三角波或方波的周期 $T=2\frac{R_1}{R_2}(R_{P1}+R_{P2})C$，其中 R_{P1}表示电位器 RP 的上半部电阻值，R_{P2}表示电位器 RP 的下半部电阻值。所以，可理论计算出理想情况下周期 $T=2$ms，实际情况下考虑 VD1 和 VD2 的导通电阻，周期应比 2ms 稍大。单击示波器面板上的“Expand”按钮，打开放大的功能面板，然后移动两个读数指针，估算出信号周期，将结果与理论分析相比较。

3）在以上实验的基础上，按“R”键或“Shift + R”键改变电位器上下两部分电阻 R_{P1}和 R_{P2}的相对比值，便可改变输出信号的占空比，从而得到矩形波和锯齿波，如图 C-30所示。

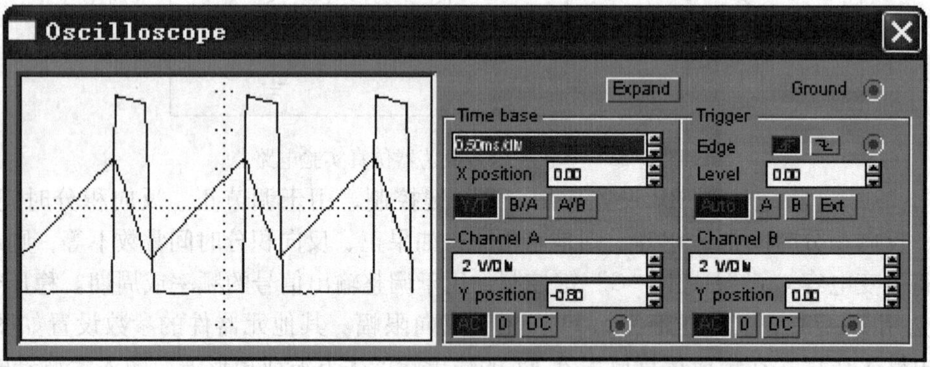

图 C-30　RP 设置为 20% 时显示的矩形波和锯齿波

同理，可以增大 RP 的百分比，观察示波器显示的波形变化。根据仿真实验的结果，分析电位器 RP 上下两部分电阻 R_{P1}和 R_{P2}的相对比值对输出波形占空比的影响。

4）重新将 RP 调至 50%，使输出为方波和三角波。然后按“C”或“Shift + C”键，观察电容 C 改变对输出信号频率或周期的影响。图 C-31 为电容 C 设置为 5% 时的波形，可见周期减小了，频率增大了。

4. 实验报告

1）画出仿真实验电路，分析电路的基本工作原理。

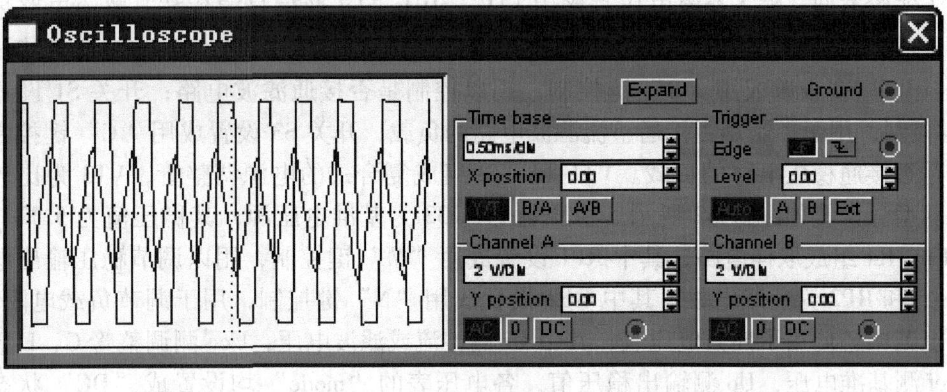

图 C-31　电容 C 设置为 5% 时的输出波形

2）根据仿真实验，记录当 RP 设置为 50%、电容 C 设置为 20% 时，示波器输出的波形，标出信号幅值与周期，计算出信号频率。

3）根据仿真实验，记录当 RP 设置为 20% 和 80% 时的输出波形，估算矩形波信号的占空比。

4）根据仿真实验，记录当 RP 设置为 50%、电容 C 设置为 50% 时的输出波形，估算输出信号的周期和频率，并与理论计算的值相比较。

实验 8　串联稳压电源

1. 实验目的

1）通过仿真实验，熟悉串联稳压电源的基本工作原理。

2）掌握串联稳压电源电路性能分析与测量的方法。

3）通过仿真实验，了解对于串联稳压电源一般故障的分析方法。

2. 仿真实验电路

一个完整的直流电源应由电压变换电路、整流电路、滤波电路和稳压电路四部分组成，它可以将 220V、50Hz 的工频电转化成电子系统需要的各种大小的直流电压。图 C-32 是一种典型的串联稳压电源。

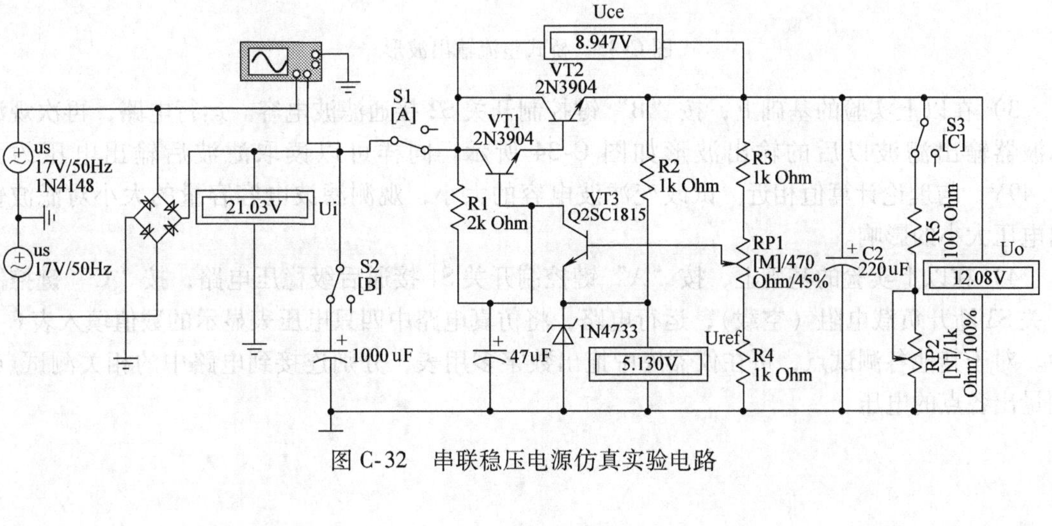

图 C-32　串联稳压电源仿真实验电路

为了实验方便，输入交流电压直接用 17V、50Hz 的正弦信号源代替。整流电路采用桥式整流，四个二极管的型号选用 1N4148，示波器用于观测输入交流信号与整流或滤波以后的波形。开关 S2 设置成用“B”键控制，用以控制是否接通滤波电路；开关 S1 设置成用“A”键控制，用于控制是否接通整流滤波电路的负载；开关 S3 设置成用“C”键控制，用于控制是否接通稳压电路的负载。VT1 和 VT2 组成复合式的电源调整管，VT3 为比较放大管，各管型号设置如图 C-32 所示。稳压管 1N4733 为基准电压源，其稳压值为 5.1V 左右。R3、RP1、R4 组成取样电路，其中 RP1 设置成用“M”键控制，用以调节稳压输出电压的大小。R5 和 RP2 为负载电阻，其中 RP2 设置成用“N”键控制，用于调节负载电阻大小。另外，电路中还使用了四只电压表，其中 Ui 测整流或滤波电压，Uce 测调整管 C、E 极间电压，Uref 测基准电压，Uo 测输出稳压值，各电压表的“mode”均设置成“DC”状态。电路中其他元器件的参数设置如图 C-32 所示。

3. 实验内容及步骤

1）打开 EWB 主界面，在电路工作区按图 C-32 连接好实验电路，并进行适当的元器件参数设置。

2）按“A”键控制 S1 断开后级稳压电路，按“B”键控制 S2 断开滤波电容。运行电路，双击示波器打开功能面板，观测 A 通道的输入交流信号与 B 通道的整流输出信号波形，如图 C-33 所示。另外，在电压表 Ui 中可以读取桥式整流后的直流电压大小约 13.71V，与理论计算的值相近。

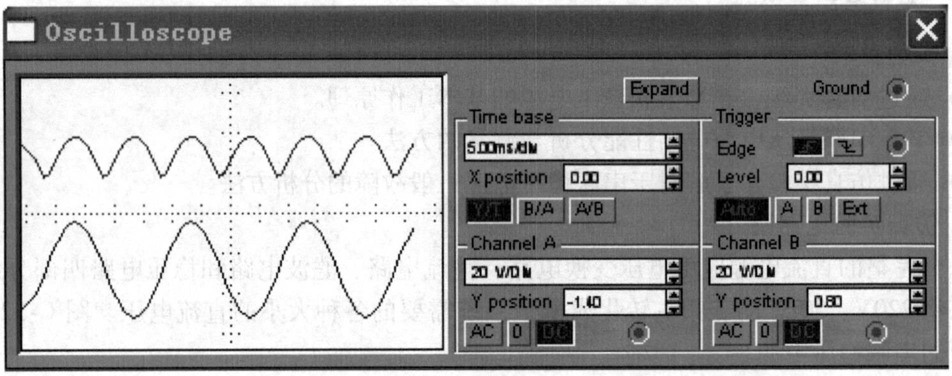

图 C-33　桥式整流输出波形

3）在以上实验的基础上，按“B”键控制开关 S2 接通滤波电容。运行电路，再次观测示波器输出滤波以后的输出波形如图 C-34 所示。同样可以读取滤波后输出电压约为 21.49V，与理论计算值相近。试改变滤波电容的大小，观测滤波电容容量的大小对滤波输出电压大小的影响。

4）在以上实验的基础上，按“A”键控制开关 S1 接通后级稳压电路，按“C”键控制开关 S3 断开负载电阻（空载），运行电路，将仿真电路中四只电压表显示的数值填入表 C-7 中。对于其他各测试点，可在仪器库中拖出数字多用表，分别连接到电路中的相关测试点，测量出各点的电压。

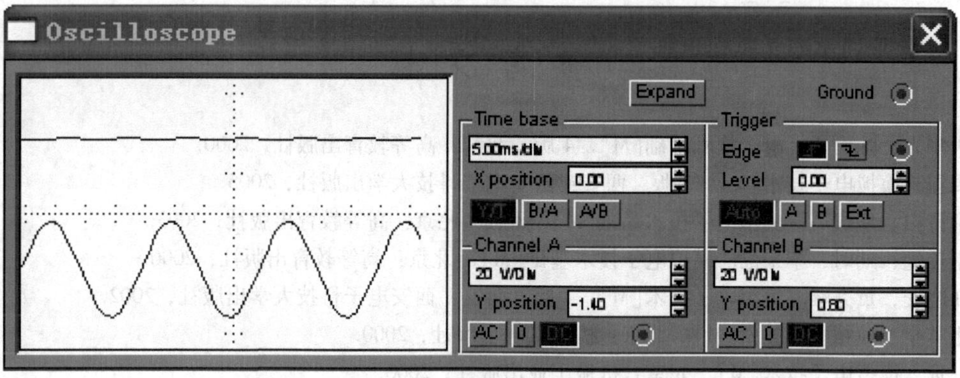

图 C-34　滤波后的输出波形

表 C-7　串联稳压电源仿真实验测量结果

元器件	VT1			VT2			VT3		
测点	B	C	E	B	C	E	B	C	E
电压值									

根据测量结果分析稳压输出电压是否符合串联稳压电源 $U_o \approx U_i - U_{ce}$ 的工作原理。

5）再按“C”键控制开关 S3 接入负载电阻（带负载），观察输出电压的变化。按“N”键或“Shift + N”组合键将 RP2 由最小 0% 逐渐调至最大 100%，观察输出电压与负载电阻大间之间的关系。负载电阻越小，称负载越重，反之称负载越轻。如果负载的变化对输出电压影响很小，则说明此电路的带负载能力较强。

6）在带负载的情况下，按“M”键或“Shift + M”组合键分别将 RP1 调至最小 0% 和最大 100% 处。测量输出电压的调节范围，完成表 C-8。将测量结果与理论计算结果比较。

表 C-8　稳压输出电压调节范围测量结果（RP2 在 50% 处）

RP1 值调节量	0%	50%	100%
U_o/V			

7）调节输入交流电源的大小，观察输出电压的变化，估算该电路的电源适应范围，电源适应范围越宽，则说明电路的稳压效果越好。根据测量结果完成表 C-9。

表 C-9　输入电源变动对稳压输出电压的影响

输入交流电压/V	10	12	14	16	18	20	22	24
稳压输出电压/V								

4. 实验报告

1）画出串联稳压电路，分析其组成部分与工作原理。

2）根据仿真实验，记录整流滤波电路空载时和带负载时的输出电压，与理论分析结果相比较。

3）根据仿真实验，记录负载变化时输出电压的变化情况，分析该电路的带负载能力；根据仿真实验，完成表 C-7、表 C-8 和表 C-9，并对测量结果进行分析。

4）思考如果稳压管击穿、RP1 第 3 脚（中心）与上端 2 脚或下端 1 脚发生短路时会出现的故障现象，在 EWB 环境中仿真实现，记录输出电压的大小。

参 考 文 献

[1] 康华光，陈大钦. 电子技术基础[M]. 4版. 北京：高等教育出版社，2000.
[2] 周雪. 模拟电子技术[M]. 2版. 西安：西安电子科技大学出版社，2005.
[3] 童诗白，华成英. 模拟电子技术基础[M]. 3版. 北京：高等教育出版社，2003.
[4] 李玲远，刘时，李采劭. 模拟电子技术基础[M]. 北京：高等教育出版社，2000.
[5] 江晓安，董秀峰. 模拟电子技术[M]. 2版. 西安：西安电子科技大学出版社，2002.
[6] 张英全. 模拟电子技术[M]. 北京：机械工业出版社，2000.
[7] 王远. 模拟电子技术[M]. 北京：机械工业出版社，2000.
[8] 胡宴如. 模拟电子技术[M]. 北京：高等教育出版社，2000.
[9] 周良权，傅恩锡，李世馨. 模拟电子技术基础[M]. 北京：高等教育出版社，2001.
[10] 王超. 模拟电路[M]. 合肥：安徽大学出版社，2005.
[11] 林春方，杨建平. 模拟电子技术[M]. 北京：高等教育出版社，2006.
[12] 华永平. 模拟电路设计与制作 [M]. 北京：电子工业出版社，2007.